美容行业职业技能等级认定培训教材
世界技能大赛成果转化教材

美容师理论知识

（初级 中级）

人力资源社会保障部教材办公室
中国美发美容协会
组织编写

中国劳动社会保障出版社

图书在版编目（CIP）数据

美容师理论知识：初级　中级 / 人力资源社会保障部教材办公室，中国美发美容协会组织编写. -- 北京：中国劳动社会保障出版社，2021

美容行业职业技能等级认定培训教材

ISBN 978-7-5167-5048-3

Ⅰ. ①美…　Ⅱ. ①人…　②中…　Ⅲ. ①美容 - 职业技能 - 鉴定 - 教材　Ⅳ. ① TS974.1

中国版本图书馆 CIP 数据核字（2021）第 208554 号

中国劳动社会保障出版社出版发行

（北京市惠新东街 1 号　邮政编码：100029）

*

北京市艺辉印刷有限公司印刷装订　新华书店经销

787 毫米 × 1092 毫米　16 开本　21.25 印张　358 千字

2021 年 12 月第 1 版　2024 年 1 月第 4 次印刷

定价：66.00 元

营销中心电话：400-606-6496

出版社网址：http://www.class.com.cn

美容行业职业技能等级认定培训教材 Beauty Industry

各教材目录导图

美容师基础知识

- 美容行业概述
- 美容师职业发展指引
- 美容医学基础知识
- 美容化妆品基础知识
- 美容美学基础知识

美容师理论知识（初级　中级）

- 美容院接待与咨询
- 美容院产品销售
- 美容仪器
- 面部基础护理
- 化妆基础

美容师操作技能（初级　中级）

- 美容师操作姿态要求及基本功训练
- 护理前的准备工作
- 护理后的结束工作
- 面部护理基本流程及操作要领
- 身体护理基本流程及操作要领

美容师理论知识（高级）

- 特殊部位皮肤护理
- 面部常见问题皮肤护理
- 高级美容仪器
- 芳疗美容护理
- SPA 身体护理
- 生活化妆

面部护理基础仪器
身体护理基础仪器
面部淋巴引流按摩
身体按摩
手足护理
脱毛

美容师操作技能（高级）

睫毛嫁接
文绣
美甲基础
脱毛
中医美容
医疗美容咨询
专业英语
教学与培训
美容院公共关系管理
美容院经营管理

美容师理论知识（技师　高级技师）

美容行业职业技能等级认定培训教材

编审委员会

唐德高　闫秀珍　王　芃　郑明明（中国香港）　徐家华　毛戈平
凌雪怡（中国香港）　董元明　罗红英　陈桂钦　王　建　杨　哲
徐　巍　程利国　史先锋　高文红　朱志英　郭　东　孙　琍　刘莉莉
尹海月　高　颖　雷三林　王桂平　李伟成　雷红嵩　肖　莉　王洪宇
夏福标　徐术原　林瑞芳　余一尘　张文英　李　安

主　编　王　芃

副主编　Marisa Wang（美国）　王雪荣　雷红嵩

编　者（按姓氏笔画排序）

万　俊　马艺侨　马莎莎　王　宏　王　佳　王　春　王　铮　王　琦
王　葵　王　珮　王玮玲　王莉博　王雪荣　王维艳　毛晓青　尹海月
孔晶晶　邓　亦　邓　军　古　青　叶丹茗　田　可　冯前荣　冯晓玉
冯鉴鸿　司献凤　曲　娜　邬　芳　邬田红　刘　瑛　刘嘉嘉　许　婷
阮　杰　孙　琍　孙开婷　孙多勇　杜　娟　李　宁　李　伟　李　莉
李　峰　李　娟　李　瑜　李小凤　李文怡　李红丽　李真芹　李桂杰
李继斌　李雪垠　李锋利　杨　欣　杨　婕　杨　韵　肖　军　肖　丽
吴　涉　吴美美　邱莉军　何哲翔　余海燕　宋　婧　宋　勤　宋钰琼
张　月　张　红　张　楷　张小静　张婧姝　张琳娜　张鑫瑶　陈　琴
陈　渝　陈志杰　陈咨言　陈霜露　林敏红　罗杏青　周　放　周　矩
周述娟　周婷婷　郑　芸　郑建勋　郑函乔　郑雅婷　宗诗月　赵　颖
段贺文　姜丽莉　姜勇清　夏　竞　夏雨欣　顾炜恩　殷惠莉　高　颖
高鹏飞　唐　颖　唐春梅　唐雪茹　黄　露　黄冰洁　黄国庆　曹　伟
崔　黎　梁英英　彭　波　程树军　雷　丹　雷红嵩　简　义　廖　英
谭邦兰　戴国红　Marisa Wang（美国）

审　稿（按姓氏笔画排序）

马晨彬　王　佳　王　春　王　铮　王　葵　王桂平　王雪荣　王维艳
尹海月　孔晶晶　邓　军　田乐乐　丛连钢　冯前荣　华雪莲　刘嘉嘉
孙慧玲　玛　丽　李　宁　李　伟　李　安　李　莉　李　峰　李　娟
李小凤　李红丽　李真芹　李雯丽　杨　艳　杨　婕　连沛茹（中国澳门）
肖　军　肖杰华　吴　俊　吴振裘　张秀丽　张艳红　陈　琴　陈树军
陈美香（中国香港）　林敏红　周　放　周述娟　郑　芸　姜勇清
姚　姝　夏　竞　顾炜恩　徐映红　凌　敏　凌雪怡（中国香港）
高　颖　高文红　郭秋彤　唐海燕　黄国庆　董　萍　谢韵婷（中国台湾）
雷红嵩　蔡成功　谭　红　魏晨琛　Janie Eng（新加坡）
Marisa Wang（美国）

前言 Preface

《美容师国家职业资格培训教程》自 2005 年正式出版以来，对中国美容行业美容师职业技能培训和鉴定工作的开展及美容行业人才队伍建设起到重要的促进作用。

在美容行业新的历史发展时期，为对标国际标准，培育更多国际化人才，推动中国美容业高质量发展，满足人们高品质生活需要，提升美容师职业培训质量，在美容师从业人员中推行国家职业技能等级认定制度，中国美发美容协会组织参加美容师国家职业技能标准、国家基本职业培训包和国家题库编写和审定的行业专家，世界技能大赛美容项目中国队专家教练团队和选手，美国、新加坡及国际 CIDESCO 美容组织教育官等国内外美容专家，编写了《美容行业职业技能等级认定培训教材》及世界技能大赛成果转化教材（以下简称《教材》）。

《教材》理论知识部分研究并参考美国、英国等国际美容界有影响力的培训考证教材，如瑞士 CIDESCO、英国 ITEC、CITY&GUILD、IFA 等国际美容师、芳疗师、化妆师培训考证教材，将国际美容行业先进理念、世界技能职业标准融入教材，以知识服务技能为宗旨，以皮肤护理即皮肤管理知识为核心，拓展了医学基础、化妆品、美容仪器、产品及服务销售等核心专业知识的广度和深度，旨在强调掌握扎实的专业理论知识对实践及科学护肤的重要性。同时，增加了职业生涯规划及职业素养知识，强调了美容师良好的职业素养及职业生涯规划能力在职业生涯发展中的重要性。

《教材》操作技能部分的编写贯彻落实《国务院关于印

发国家职业教育改革实施方案的通知》，以活页式、工作手册形式呈现，方便企业岗位培训和学生实操练习、评估和提交批阅作业。实操技能由历届世界技能大赛中国队获奖选手和行业技术能手示范，具有国际水准，符合行业技术标准及规范。

《教材》封面的中国美容师人物形象，由为国家、为行业争光，代表我国及世界青年技能最高水平的世界技能大赛选手塑造，旨在为美容师树立学习榜样，引导、激励更多青年走技能成才之路。

《教材》充分运用信息化手段及方法，以图文并茂、视频示范的形式生动立体地表达重要知识和技术要点，使教材更具科学性、趣味性和创新性，让美容师爱学、易学和易懂。

《教材》既可作为企业、培训机构、技工院校、中职、高职、应用型本科美容专业教学参考教材，美容师、皮肤管理师职业或工种职业技能等级认定培训教材，文绣、美睫、化妆等专项职业能力证书培训教材，社会从业人员职业转换的自学教材，也可作为世界技能大赛及各类行业比赛的培训参考教材。

《教材》与国家职业技能标准、国家基本职业培训包和国家题库形成有内在联系的培训考核体系，能全面、系统地指导职业技能等级认定机构规范开展美容师职业技能等级认定工作。睫毛嫁接、医学美容接待咨询、美甲基础、文绣等内容入编《教材》，起到支撑相关专业课程体系的作用。

《教材》从级别上分为基础知识、初中级、高级、技师高级技师，理论知识分册但不分离，仅为学习者使用方便设置，职业等级的具体认定范围以题库为准。

本书在编写过程中得到人力资源社会保障部职业能力建设司，上海、江苏美发美容协会以及其他各地方协会，王芃技能大师工作室，重庆城市管理职业学院，深圳市巨邦科技发展有限公司，东方美集团，江苏王春美容实业有限公司，深圳市首脑美容美发艺术有限公司，润芳可（北京）科技有限公司，武汉信息职业传播学院海峡美容学院，武汉天姿美容美发化妆学校，福韵施健康管理公司，北京色彩时代商贸有限公司，MAKE UP FOR EVER 中国区，成都大华文绣学校等单位的大力支持，在此也一并致谢。

由于时间仓促，不足之处在所难免。美容行业新理念、新知识日新月异，本《教材》力求紧跟国内外美容市场及时改版更新，为行业提供国际化、专业化的资讯，更好地服务行业。欢迎各界人士提出宝贵意见。

中国美发美容协会

目录

Contents

第一章

美容院接待与咨询

在国际美容界，前台是美容院的重要部门，主要负责接待和咨询业务，也是第一个和最后一个与顾客互动的部门，其服务水平对顾客形成第一深刻印象起着非常重要的作用。美容院的前台接待人员属于专职业务人员，主要职责是负责前台接待区域的服务工作以及与其他部门的协调和沟通等各种综合性服务。在国内，前台的基本功能与国际美容界大致相同，但由于美容院规模及运行模式等方面的不同，前台接待的职责有所不同，通常会单独设置咨询室及美容顾问为顾客提供专业的美容咨询服务和进行项目销售。

本章节将根据目前国内美容院接待咨询的实际工作内容，详细介绍前台接待人员和咨询顾问两个工作岗位的基本职责、工作流程、要求、方法，以及有关注意事项。

要点提示

1. 了解美容院接待的基本内容及要求。
2. 了解美容院咨询的内容与要求。
3. 掌握填写顾客资料登记表、皮肤分析表和护理计划的方法。

关键术语

接待　沟通　咨询
皮肤分析　护理计划

第一节 美容院前台接待简介

一、前台接待的主要环节与职责

1. 主要环节

对新顾客来说，接待咨询的过程既是前台接待人员与顾客产生情感链接及良好互动的开始，也是顾客对前台接待人员专业水平、美容院服务质量和管理水平感知、体验、评估，最终选择及成交的决策过程。因此，作为第一个服务环节的接待工作是否做好，很大程度上左右了新顾客的去留，会直接带给美容院正面或负面的影响，更是美容院之间竞争的主要环节。

对于会员及老顾客来说，每一次悉心、专业、热情周到的接待咨询、迎来送往，都是一次新的体验。对美容院来说，前台接待是增进感情、持续发现和满足顾客需求、提升顾客满意度及忠诚度、提高顾客到店频率和重复购买频率的重要环节。

2. 主要职责

由于每个企业规模、运行及管理模式不同，前台接待岗位职责有所不同，总的来说，美容院前台接待人员的主要职责包括以下几个方面。

（1）根据美容院管理制度准时出勤，按照要求做好开门和关门相关工作。

（2）迎接顾客，了解顾客的美容愿望；带顾客参观美容院，介绍美容院的基本情况、服务项目及服务流程。

（3）接听电话，电话沟通咨询，预订、更改和取消预约，并将顾客信息录入在计算机系统。

（4）积极宣传和协助销售服务项目、产品、会员卡、促销或折扣等。

（5）及时、专业、礼貌地回答或处理顾客的问题和疑虑，对顾客提出的要求及时回应，并给出确切的答复。

（6）为顾客结算费用，同时征询顾客的反馈意见，并及时回馈给相关人员。

（7）送顾客离店，照顾等待的顾客。

（8）随时保持工作区域的整洁，确保产品陈列区域储备充足并摆放整齐、清洁和有序。

（9）负责用电话、网络等工具回访顾客，与顾客保持联系。

（10）与其他部门保持及时沟通，遇到任何疑难问题时及时告知管理层。

二、前台接待沟通的方式

成功的沟通不仅能增进彼此间的了解，拉近彼此的距离，建立相互信任，掌握正确完整的信息，更好地进行交流，更能使顾客认同并乐意接受专业人员的建议，从而使彼此的合作和交往变得更加有效、轻松和愉快。良好的沟通与实际的护理操作同样重要。因此，无论是吸引新顾客还是留住现有的顾客，前台接待人员具备良好的沟通技巧显得十分重要。沟通的方式主要包括语言沟通和非语言沟通。

1. 语言沟通

美容院与顾客的语言沟通主要包括口头沟通、书面沟通、电子沟通，它们之间可以相互加强。

（1）口头沟通。口头沟通是借助语言进行的信息传递与交流。美容院与顾客的口头沟通主要包括与顾客面对面对话，以及电话、视频、语音留言。其中，面对面交流是最正式和最有效的方式，具有灵活、生动、反馈迅速的特点，适合美容咨询、处理美容事故、服务投诉、讨论重要及敏感的话题等。

（2）书面沟通。书面沟通是指以文字、图片等为媒介的信息传递与交流。如填写顾客咨询表，发放通知、信函、签署服务协议等。这些方式具有比较正式、规范、严肃和权威等特点，比口头沟通传达某些信息更加准确。

（3）电子沟通。电子沟通又称 E- 沟通，是指以现代高科技信息技术为基础的网络沟通方式。美容院主要采用电子邮件、微信、抖音等方式发布企业正面积极的信息，具有信息容量大、传递快捷、传播范围广的特点。电子沟通是美容院与外界及顾客沟通和链接的有效方式，对顾客到店、持续消费有一定的促进作用。

2. 非语言沟通

非语言沟通是通过肢体动作、表情、眼神、着装、举止、交往距离、气味等非语言方式进行信息传递的过程，在形成初步印象过程中占据非常重要的位置，甚至可以决定沟通的成败。美容院非语言沟通主要体现在美容师以专业的形象、合适的社交距离、真诚的目光、自然的笑容、自信的举止给顾客留下良好印象，并在语言沟通的过程中强化情感，使交流过程更加丰富流畅，具有帮助达到良好沟通效果的特殊意义。

三、前台接待工作内容

1. 接待准备

充分的准备是接待工作顺利高效完成的必要保障。在顾客到来之前，美容院应该提前做好环境、物品、人员等方面的准备工作。

（1）环境的准备。美容院开门迎客前，应该对整个美容院的环境状态进行检查，时刻保持每个地方特别是角落整洁、有序、舒适和美观。确保灯光、音乐、室温正常，空气清新无异味，可以适度熏香，让顾客在美容院的接待空间里感到放松和愉悦。如店内有绿植或花卉，应确保其状态良好，无枯败花叶。

（2）物品的准备。顾客到店前，接待人员需要将接待过程中可能用到的所有物品准备齐全，如茶杯、饮品、供新顾客填写的各种表格、会员档案、美容院的宣传资料、杂志、浴袍、拖鞋、皮肤检测仪器等。所有的物品需摆放整齐有序，便于拿取。电子产品应确保电量充足、使用正常。检测仪器应干净卫生，准备好消毒用品，以便随时对检测仪器进行消毒。

（3）人员的准备

1）形象得体。前台接待人员应该保持仪容整洁，妆容淡雅，精神饱满，身着干净整洁的制服，佩戴印有姓名的工作牌，时刻准备以热情的态度迎接顾客。

2）熟悉业务。前台接待人员应该对美容院开展的服务项目和售卖的产品及其特点、效果、价格等应做到全面了解，熟记于心，以便详细地为顾客进行介绍。

2. 接待参观

美容院的环境及气氛是顾客选择是否接受服务及成为会员的重要影响因素。精心设计、具有自己的文化及特色、干净整洁、温馨舒适、有亲和力，让顾客有一种如沐春风般感觉的美容院是顾客向往和喜欢的，更是美容院的竞争力之一。

初次到店的新顾客都抱着尝试和期待的心理，为了让顾客快速了解美容院及特色，增强顾客的信心，给顾客留下美好印象，接待人员可带领顾客参观美容院的各个区域并进行讲解。

（1）参观目的

1）展现企业文化，增强客户信心。与单纯的语言介绍相比，通过对美容院的实地参观，顾客可以对美容院的环境氛围、文化及服务理念，功能分区，服务场景有更直观的体验和更立体的了解。在参观过程中，通过讲解，顾客可了解企业的创始背景、发展状况、经营理念、使命愿景、品牌定位等，可以帮助企业获得顾客的认同感；在参观过程中也能展现员工精神风貌和职业素养，增强顾客对美容院的信心。

2）了解顾客需求，提供个性化服务。在带领顾客参观美容院的过程中，接待人员与顾客轻松自然的聊天能拉近彼此间的距离，接待人员可以通过观察、倾听及适当提问增加对顾客的了解，以便推荐更适合顾客的服务项目和提供更加周到的服务。

3）让顾客对成为会员产生期待。通过讲解和体验，让顾客感受到美容院的环境很吸引人，提供的服务很有价值，顾客会在心里形成美好的画面，从而产生对成为会员，享受舒适、温馨、专业服务的向往。

（2）参观流程

1）确认顾客的参观意向。有的顾客会主动要求参观美容院，由于参观护理区域会对正在接受服务的顾客产生一定的影响，接待人员需要对顾客的意向与实际目的进行评估，根据当时的情况决定是否允许参观及参观的范围。对于一些没有主动提出参观要求的顾客，接待人员也可以酌情主动邀约参观。

2）按一定的路线引导顾客参观。根据美容院的环境布局和当时的营业状况，接待人员可以按照一定路线有序地带领顾客进行参观，并配合相应的讲解，倾听顾客的提问，并予以回答。

3）回到接待区域继续下一步接待流程。结束参观后，接待人员应带领顾客回到咨询室或前厅的接待区，招呼顾客坐下，对参观过程中的重点环节及亮点作适当的总结和强调，也可倾听顾客的参观感受反馈，并自然地切入下一步美容咨询的环节。

（3）参观路线及讲解重点。具有一定规模的美容院一般由接待大厅、美容咨询室、产品陈列区、调配间、更衣区、休闲区、护理区、VIP 区、水疗区、梳妆区、仪器室、员工休息室等功能区域组成。

一般情况下，美容院会将顾客服务流程及美容院功能区域划分相结合来设计参观路线。在现实工作中，因顾客参观时，美容院正处于营业状态，为了不打扰正在接受服务的其他顾客，在参观过程中也可根据当时实际情况合理调整参观线路。

美容院的每个区域都会对应一个服务流程，都具有其独有的意义和价值，在带领顾客参观时，需要将这些区域功能设计与顾客的体验关系介绍清楚，让顾客在参观过程中有强烈的带入感，并让顾客感受到美容院为服务好顾客而精心打造和准备的无微不至的细节，并能让顾客感受到安全、专业，并有身心放松、惬意舒适之感，为后续的体验埋下伏笔。美容院各功能区域介绍重点见表 1-1。

表 1-1　美容院各功能区域介绍重点

功能区域	介绍重点
大厅或走廊	企业发展背景及成就、企业文化及服务理念以及美容院风格
美容咨询室	皮肤分析仪及专业、系统的护理表格，强调专业性和个性化护理程序设计
产品陈列区	品牌特色、产品品质、背书，以及特别的效果
调配间	突出配料制的好处，体现专业性和效果的保障
换衣区	实施“一客一换一消毒”的管理措施给顾客带来的安全卫生保障
护理间	对温度、灯光、气味、声音、床品等的严格管理给顾客带来的舒适性和安全性
梳妆区	设施设备的使用，让顾客在休闲放松的空间里整理仪容、梳妆打扮
休闲区	提供给顾客享用的各种养生饮品、食品、书刊等，使顾客放松心情
VIP 区	会员制度及会员专享的特别待遇，激发顾客成为 VIP 的欲望
仪器室	仪器种类及功能，凸显美容院的科技性、专业性及显著的护理效果
水疗区	身体护理的项目及特色，突出水疗给人带来的身心放松的愉悦感
员工休息室	为了给顾客提供更好的服务，美容院对员工的各种后勤保障及关怀

（4）参观时的注意事项。在引导顾客参观时，为了让顾客在短时间内对美容院留下深刻而美好的印象，应注意以下几点。

1）态度亲切、礼貌，言语清晰、温和，语调、语速适中并随时保持微笑。

2）态度诚恳、自信、自然、大方，表述简洁、客观、不夸张。

3）用“请跟我来”“请这边走”“请注意台阶”等礼貌用语带领顾客。

4）主动为顾客开门、按电梯、拿取需要更换的拖鞋或鞋套等。

5）参观至护理区域时，应适当放低声音，避免干扰护理区的正常服务。

6）参观介绍突出重点，避免拖沓冗长。隐私区域或没有参观必要的区域，可以在外面简要介绍，不必带顾客进入。

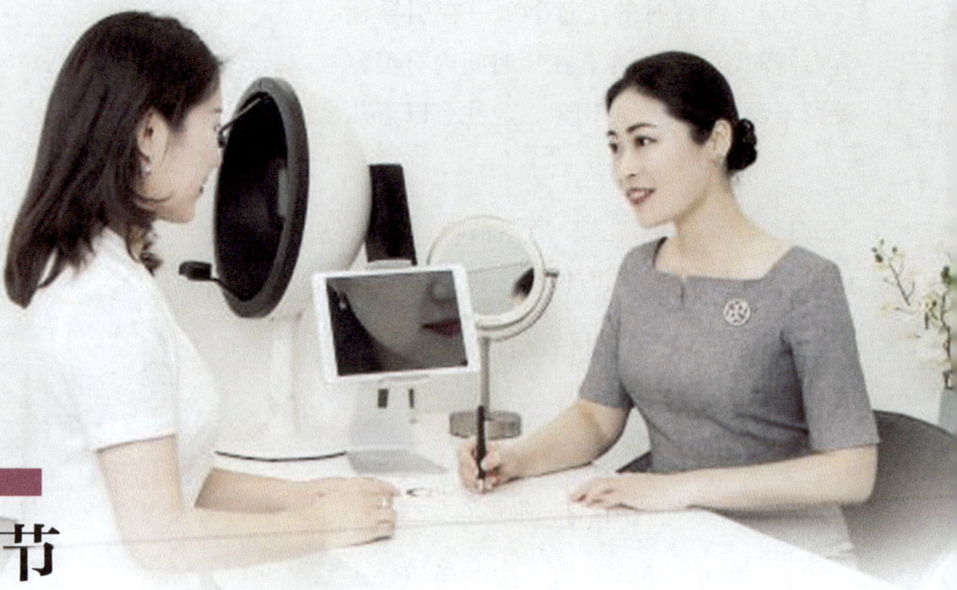

第二节 美容院美容咨询简介

一、咨询的基本内容

在国际美容界，前台接待处通常不单独设置咨询顾问岗位，皮肤分析及美容咨询均由美容师完成。在国内，由于美容企业运行模式、服务模式、销售模式、人力资源成本等因素，美容院大都设置了咨询顾问岗位，以更加有效地促进项目和产品的销售。但美容咨询顾问仍属美容师范畴。

咨询顾问（以下统称美容师）如何在咨询接待环节中更好地展示美容院的服务理念、核心技术价值和产品性能及功效，让顾客快速产生信任并高效成交既是一种销售技巧，也是一门沟通艺术。美容师应该掌握扎实的专业理论知识，具备一定的沟通及销售技巧，口才较好，皮肤分析能力较强，有一定的工作经验才能胜任咨询工作。

1. 美容师在咨询时的主要职责

（1）热情周到地接待顾客，详细了解顾客皮肤和身体状况、需求及想要达到的护理目标等基本情况，填写顾客资料登记表，建立顾客个人档案。

（2）检测、分析顾客皮肤状况，填制皮肤分析表，制定护理方案。

（3）推荐及销售服务项目、产品、会员卡、促销或折扣等。

（4）安排具体操作的美容师为顾客做美容护理，并交代注意事项。

（5）对每次护理情况做详细记录，建立顾客档案并慎重保管。

（6）为顾客设计家居护理计划，推荐产品，讲解产品的性能、使用方法及注意事项。

（7）回访顾客护理后效果，解答顾客疑问，与顾客保持联系并建立良好关系。

2. 顾客资料登记表填写内容及注意事项

填写顾客资料登记表是美容院咨询服务工作中一个非常重要的环节，是开展专业护理工作的基础。真实、全面地记录和更新顾客基本信息是制订科学合理护理计划的重要依据。同时，美容院所建立的顾客资料库也是美容院持续经营的宝贵财富。因此，精心设计、制作一份内容全面且合理、方便实用的顾客登记表显得尤为必要。

（1）美容院顾客资料登记表的主要内容。美容院顾客资料登记表应能较全面地反映与顾客皮肤状态及与护理相关的个人情况，如美容经历、皮肤状况、皮肤诊断结果、护肤及饮食习惯、健康状况、护理方案、效果分析、护理愿望等，以便为美容师制定、实施正确的护理方案提供准确、详尽的信息。

（2）填写美容院顾客资料登记表的注意事项

1）对于新顾客，应先向顾客说明填写顾客资料登记表的必要性，强调对顾客个人信息的保密承诺，并获得顾客的同意和配合。新顾客应进行皮肤测试，正确判断及记录皮肤类型及出现的问题，并有针对性地制订护理计划和推荐项目及产品。

2）顾客资料登记表由顾客来完成填写，如有疑问及时提供帮助。填写内容尽量详细真实，但遇到顾客不愿填写的内容也不必勉强，可以在日后再行补充。

3）填写字迹要清晰，不可随意涂改。

4）随着时间的推移和护理效果的呈现，顾客的皮肤状况、身体状况、生活状况会产生变化，顾客资料登记表的部分内容也需要进行补充、修改或重新填写。

3. 美容院皮肤护理顾客资料登记表范例

某美容院皮肤护理顾客资料登记表见表 1-2。

表 1-2　某美容院皮肤护理顾客资料登记表

编号：　　　　建卡日期：　　　　建卡人：

顾客基本信息
姓名 ______ 出生年月 ______ 联系电话 ______ 电子邮箱 ______ 家庭住址 ______
顾客个人信息
1. 是否怀孕。 □是　□否 2. 是否吸烟。 □是　□否 3. 是否佩戴隐形眼镜。 □是　□否 4. 是否有幽闭恐惧症。 □是　□否 5. 近期是否做过整形手术、化学换肤、微晶磨皮等项目。 □是　□否 如果是，请描述具体时间、部位及内容： 6. 是否曾经对某些化妆品或成分产生不良反应。 □是　□否 如果是，请描述： 7. 生理周期是否正常。 □是　□否　是否已绝经。 □是　□否 8. 有无任何不良健康状况、疾病或近期是否进行过任何手术治疗。 □是　□否 如果是，请描述： 9. 在过去 12 个月内，是否服用过治疗痤疮处方药，如异维 A 酸（Accutane）。 □是　□否 10. 在过去 3 个月内，是否使用过局部抗痤疮、抗皱纹、色素的维生素 A 软膏，如瑞瓦（Renova）、蕾婷 -A（Retin-A），以及强效果酸、水杨酸产品。 □是　□否 11. 有否有心脏起搏器，体内是否装有金属钉。 □是　□否 12. 是否曾经对皮肤护理产生不良反应。 □是　□否 如果是，请描述： 13. 目前是否患有皮肤病。 □是　□否　是否看过医生。 □是　□否 如果是，请描述： 14. 请列举目前使用的护肤产品： 白天： 晚上： 每周： 15. 想要解决的皮肤问题或护理愿望：

二、皮肤分析与方案制定

皮肤分析是指美容师通过肉眼观察、询问、倾听、触摸或借助专业的皮肤检测仪器等方式，对顾客的皮肤类型及状况进行综合性的分析、检测和判断，并通过填写顾客皮肤分析表来记录的过程。皮肤分析应该在面部清洁后进行，如图1-1所示。

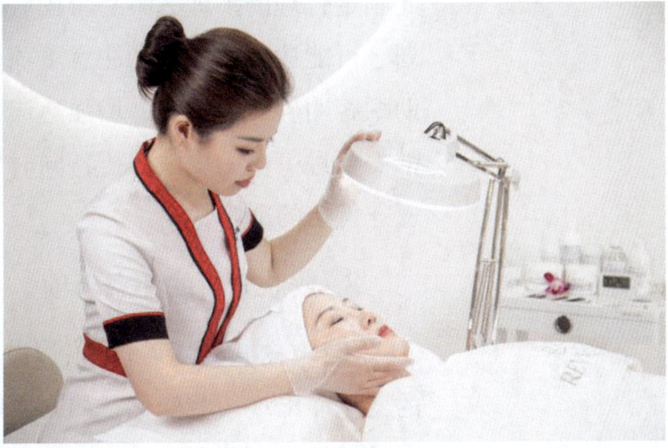

图1-1　皮肤分析

1. 皮肤分析的重要性

对美容师来说,全面正确的皮肤分析是制定正确护理方案和实施护理计划的基础。通过皮肤分析，美容师可以了解顾客皮肤护理历史、皮肤状况，以及护理需求和心理预期，帮助顾客正确、客观地认识自己的皮肤和对美容效果的期望，并建立对美容院的信赖感和对护理效果的信心。对顾客来说，通过正确、全面的皮肤分析，顾客可以正确、全面地了解自己的皮肤状况，判断护理方案的合理性。

2. 皮肤检测方法和程序

（1）肉眼观察。在美容放大镜下观察，主要观察皮肤的湿润度、光泽度、皮脂分泌、粉刺痤疮、毛孔状态、厚薄、纹理、皱纹，毛细血管扩张、发红、敏感度，色素沉着等瑕疵和特殊病变等状况。使用美容放大镜时，要注意保护顾客的双眼，以防因光线刺激造成损害和不适。

（2）询问倾听。根据皮肤分析表的内容，对顾客的护肤习惯、家用产品、关注的皮肤问题、想要达到的护理目的等进行询问和倾听。

（3）触摸。可使用拇指和食指在皮肤局部轻柔地推、按、捏，感触皮肤弹性、质感、粗细、皮下肿块和温度等。

（4）皮肤检测仪。借助皮肤检测仪，更深入、准确地了解皮肤状况。常用的皮肤检测仪器有美容放大镜、紫外线皮肤透视灯、美容光纤显微测试仪、VISIA 面部图像分析仪、皮肤水分测试仪等。具体内容详见仪器章节。

（5）制定护理方案。将分析结果记录在皮肤分析表上，并据此制定合理的护理方案。将皮肤分析的结果、美容院及家庭护理计划、可能达到的效果和注意事项等方面的内容与顾客进行沟通，帮助顾客明确护理目标、增强达成目标的信心。让顾客知晓每次护理都需要进一步的皮肤分析，同时也让顾客明白所有护理程序都必须遵守特定的准则。

3. 皮肤分析的注意事项

（1）皮肤会随着季节、环境、气候、年龄，以及生理周期等的变化而出现一些变化，如同样使用一种化妆品，在某些时期会出现过敏情况。所以，无论是新顾客还是老顾客，每次护理时都要进行皮肤分析，准确反映当时的皮肤状况。

（2）进行皮肤分析时，应以当时皮肤最需要解决的问题为重点，制订出相应的判断和制订护理计划。

（3）在借助仪器检测的同时，仍然需要结合肉眼观察、询问倾听、触摸等方法及经验进行综合分析，以确保分析和判断的准确性。

（4）美容师不能诊断任何皮肤疾病。若发现有超出美容范围的皮肤异常，应建议顾客尽快就医，以得到明确的诊断和有效的治疗。

（5）皮肤分析是对美容师所掌握的理论知识和实践的检验。美容师平时需要不断地学习和提升有关皮肤和化妆品等方面的理论知识，与经验丰富的同事讨论案例，不断总结和积累经验，才能做出较准确分析和判断。

4. 美容院顾客皮肤分析表范例

某美容院顾客皮肤分析表见表 1–3。

表 1-3　某美容院顾客皮肤分析表

编　　号:　　　　填表日期:　　　　美容师:
顾客姓名:　　　　年　　龄:　　　　性　别:

皮肤类型:
□中性皮肤　□油性皮肤　□干性皮肤　□混合性皮肤

皮肤状况:

1. 皮肤含水量 □充足 □正常 □缺水

2. 皮脂分泌 □不足 □适当 □过盛

3. 皮肤厚度 □薄 □适中 □较厚

4. 皮肤质地 □光滑 □一般 □粗糙

5. 毛孔大小 □细 □正常 □明显

6. 皮肤弹性 □好 □一般 □差

7. 皮肤色泽 □正常 □不均 □晦暗

8. 皮肤敏感度 □正常 □较敏感 □非常敏感

9. Fitzpatrick(菲茨帕特里克)皮肤类型:□Ⅰ型 □Ⅱ型 □Ⅲ型 □Ⅳ型 □Ⅴ型 □Ⅵ型

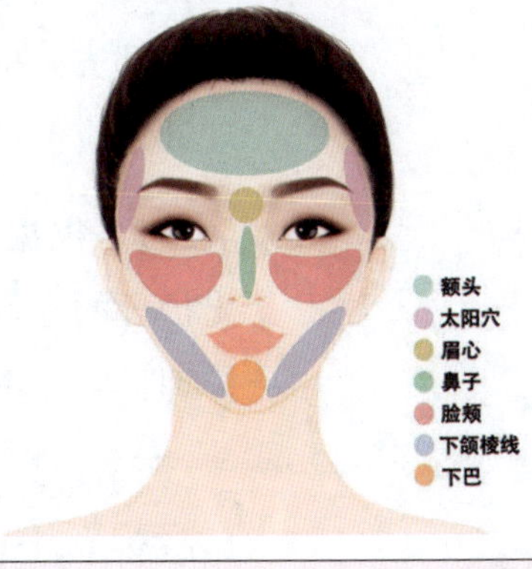

10. 皮肤问题
□色斑 □老化 □光老化 □细纹 □皱纹 □表情纹 □敏感 □过敏 □毛细血管扩张
□日晒伤 □瘢痕 □脂肪粒 □红斑痤疮 □闭合粉刺 □黑头 □白头 □痤疮 □粟丘疹
□其他

特殊问题:
皮肤状况综述:
护理项目名称:（目录上的名称）
护理目的:

5. 制定皮肤护理方案的目的、方法及要求

（1）制定皮肤护理方案的目的。面部皮肤护理方案是美容师根据皮肤分析检测的结果，结合顾客的实际需求与愿望，为顾客制定的护理实施方案。皮肤护理特别是问题皮肤护理通常需要 3~6 个月甚至更长的周期，制定科学、合理的护理方案有助于针对性、计划性及阶段性地进行整体规划和护理，从而达成理想的护理效果。同时，制定护理方案的过程能帮助顾客对护理计划的实施及可能达到的效果有个比较客观、清晰的预期，并清楚自己有责任配合护理，积极配合美容师完成护理计划并达到预期效果。

（2）制定皮肤护理方案的方法。各个美容院会根据自己的实际情况设计和制作面部皮肤护理方案。无论形式如何，护理计划应包括以下基本内容。

1）根据皮肤检测分析的结果，规划出护理的疗程阶段，每个阶段规划相应的护理目标和重点。

2）根据各阶段的护理目标，规划出相应的疗程计划，包括疗程的名称、次数、间隔时间等。

3）明确每一疗程的护理步骤、产品、工具、仪器、护理方法及操作说明。

4）根据各阶段的护理目标及顾客的皮肤状况，制订相应的家居护理计划，提出日常护理的要求和建议。

（3）制定皮肤护理方案的要求

1）内容完整。皮肤护理方案通常应包含皮肤护理的阶段性计划、每次护理的实施计划、护理流程、选用产品、家居护理计划等。

2）逻辑清晰。每次护理的实施计划及家居护理计划应该围绕皮肤护理的阶段性计划拟订，所选用的产品、仪器应该满足护理计划中拟订的护理目标。

3）可实施性。美容师在拟定方案时要充分考虑方案的可实施性，紧密结合所在美容院的具体情况、顾客的护理习惯、健康状况、饮食习惯、生活工作状况、费用计划等，确保方案能顺利实施。

4）灵活性。制定皮肤护理方案时，切忌生搬硬套，应根据顾客的特点进行个性化设计。尤其是对于问题性皮肤，应在皮肤基础护理程序的基础上做相应的调整。如对敏感性皮肤顾客设计护理方案，如果顾客正处于急性过敏期，必须省去“去角质”这一步骤。

5）科学合理。设计护理流程时，应注意操作步骤的科学性和合理性，操作方法应正确、规范，对于较为复杂的综合性问题皮肤应格外慎重，可提交更有经验或高级别的美容师进行处理。

6）规范严谨。填写字迹要清晰，不可随意涂改。用语简洁、表达准确，尽量使用美容专业术语，最好避免使用“大概”“左右”等模糊词或容易引起歧义的语言。

（4）皮肤护理方案表范例（见表 1-4）。

表 1-4　皮肤护理方案表

顾客姓名：　　填表人：　　顾客卡号：　　填表日期：

护理目的	
护理方案	
第一阶段	
第二阶段	
第三阶段	
第四阶段	

第二章

美容院产品销售

经营是根据企业宗旨、使命及确认的价值定位所采取的一系列策略的总称，最终目标是获得经济效益最大化。在激烈的市场竞争中，为顾客提供满意的产品与服务是所有服务行业的宗旨和生命线，而销售则是实现经营目标及创造价值的前提和关键。所以，销售是企业的命脉，没有销售，企业将不复存在。

销售是艺术性地让顾客接受产品或服务的过程，销售能力则是所有行业的通用技能。各个企业产品及服务不同，销售流程及销售话术也会有所不同。在美容院，美容师上岗前都需要经过严格的培训演练，熟练、清晰地掌握销售流程和话术，才能高效推进销售进程，更好地完成业绩目标。在日化线，欧美国家化妆品公司要求化妆品销售人员必须拥有美容师执照，经过产品及销售技巧培训，考核合格后才能上岗。

产品销售是美容师工作的重要组成部分，美容师的销售能力对提高美容师收入和企业的生存及发展至关重要，更是美容院评估和提升美容师的重要指标。初学者应注重学习销售基础知识和培养销售能力，为自己适应和胜任销售工作奠定基础。美容师应该不断提高专业能力及销售能力，为企业的持续发展做出应有贡献。

第一节 美容院的产品及销售方式

美容院的产品销售，是指美容院为了达成销售目标而设计的与销售密切相关的一套完整的、可复制的、有弹性的、标准化接待与服务的流程和话术，包含前台接待、参观讲解、美容咨询、购买建议、美容服务、售后跟踪等所有服务流程，也是美容师与顾客进行沟通交流、激发需求、引导消费、专业教育及服务体验等情感交流的过程。

在美容院产品销售过程中，没有严格意义上的职责划分，顾客在任何服务环节都可能提出涉及美容院服务的各种问题，美容师通常还会扮演接待人员、销售人员、咨询顾问等多种角色，担当接待、销售、建议、帮助和服务等多重职责，但美容院服务及产品不同，销售方式及美容师的职责也有所不同。

本节重点介绍美容院产品的概念、特征、通用销售方式，以帮助初学者认识销售对自身和美容院的重要性，建立销售意识，了解销售方式，为更好地服务顾客与促进业务增长打下良好基础。

要点提示

1. 了解美容院产品的概念。
2. 了解美容院产品的特征。
3. 了解美容院常用的产品销售方式。

关键术语

产品　服务　体验式销售　顾问式销售

一、美容院的产品及特征

1. 美容院产品的概念

在市场营销学中，产品特指能满足人的需要和欲望的任何东西。在美容行业，任何以交易和满足顾客美容需求为目的的活动或行为都可以成为美容院的产品。美容院广义上的产品可分为有形产品和无形产品。护肤品、化妆品及护理疗程等属于有形的实物产品，美容、美体、化妆等美容理念、认知及服务则属于无形的服务产品。

2. 美容院无形产品的特征

（1）不可预知性。美容服务的成效蕴藏在美容师与顾客的沟通交流、服务体验、效果引导及售后服务等一系列无形的服务及体验过程中，即顾客在购买美容院的服务产品之前是看不到、摸不着也感受不到的，只有在顾客购买并实地体验及消费后，美容院的服务产品才被生产出来。因此，美容服务具有一定的不可知性。

（2）差异性。美容服务是一对一或多对一的服务过程，类似于医生治疗病人，同样的疗程、护肤品和美容仪器，会因为美容师的工作态度、性格特点、技术水平及服务经验的差异而在服务品质及美容效果上呈现不同的感受及效果。所以，咨询人员应根据顾客的特点及要求推荐或安排匹配的美容师为顾客提供服务，从而提高顾客满意度。

3. 美容院产品的结构

美容院的产品通常由核心产品、期望产品、延伸产品 3 个部分组成，美容师了解美容院产品构成及内涵，对更好地满足顾客个性化需求具有指导作用。

（1）核心产品。核心产品是顾客在美容服务中所直接获得的护理体验和美容效果，包含护理项目和家居产品，是美容院根据顾客护理需求必须满足顾客的最基本的美容需求。

（2）期望产品。期望产品是顾客在购买该产品服务时期望得到的与之密切相关的一系列属性和条件。包括舒适的环境、周到的服务、先进的仪器、专业的美容师、优惠的价格等物超所值的服务。

（3）延伸产品。延伸产品是指产品与服务带来的特定的个性化服务，即能给顾客带来附加利益的总和，包括各种奖励、讲座、活动、专项服务与关怀等被尊重和自我价值实现的精神满足。

二、美容院的销售方式

随着我国美容业的健康发展，美容消费越来越成熟和理性，消费目标越来越明确。在这个以顾客为中心的时代，以产品及项目为中心的销售模式已经不适应美容行业的发展需要，行业必然回归以服务和技术为根本的健康发展轨道。所以，以满足顾客需求为导向、“不销而销”的销售方式才是美容院销售的最高境界。

“不销而销”，就是美容院及美容师不以单纯成交为目的，遵循以客户需求为导向的根本原则，以专业的技术与舒适体验感的服务为基础，创造与满足顾客需求，帮助顾客养成持续护理与保养的消费意识与良好习惯，从而达到让顾客保持健康美和年轻态的美容目的。

1. 销售的含义

狭义的销售是指向潜在顾客介绍产品，推荐购买合适的产品或服务以满足顾客需求；广义的销售是指以服务体验、广告、讲座、促销、展示等方式向目标顾客宣传自己的理念，让其认同、接受、购买并满意的行为。

2. 美容院常见销售方式

销售方式是指把产品或服务通过特定的形式或手段触达消费者，从而引发购买的一系列行为。各行业性质不同，销售方式也有所不同。在美容行业，顾客接受的、成熟的、行之有效和可以培训复制的美容院销售方式主要包含顾问式销售和体验式销售两种方式，不同的销售方式对美容师的要求不同，运用的场景也不同。

（1）顾问式销售

1）顾问式销售的概念。顾问式销售也称专家式销售，即美容师作为美容专家，在与顾客的沟通交流过程中，综合运用美容专业知识、服务经验、沟通技巧和销售技巧与顾客进行充分的沟通及信息交流，发现和挖掘顾客美容需求，以专业性和权威性赢得顾客信任，为顾客推荐适合的项目和产品，并帮助顾客选择最优的产品组合，从而促使顾客主动购买的销售方式。

2）顾问式销售对美容师的要求

①赢得顾客信任。美容师赢得顾客信任首先要自信。跟权威的医生一样，美容师必须成为美容专家，掌握扎实的皮肤生理解剖知识、皮肤护理知识、仪器护理知识和化妆品知识，具有丰富的服务经验和较强的沟通能力，使自己的专业素养令顾客信服。同时，要让顾客认同美容师销售的动机是为其推荐最佳的解决方案。

②熟悉项目与产品功效。美容师必须对所有项目、疗程及产品的适应证、作用、效果及价值非常熟悉，才能有的放矢地为顾客提供合理化建议，制定个性化护理方案，更好地满足顾客的美容需求。

③掌握顾客真正需求。很多顾客对自己的皮肤问题及产生原因不够了解，需求不够清晰，美容师要像医生分析、诊断病情一样，耐心倾听、引导和启发顾客进行充分的信息交流，了解顾客真实的想法和需求，并对需求的迫切程度进行分层、分级梳理，与顾客达成共识。

④客观地承诺护理效果。改善和解决皮肤问题是所有美容顾客的根本需求，但多数顾客缺乏对美容专业知识的了解，对皮肤护理及效果的理解和认同会有差异，特别是对皮肤问题能改善的程度的认知比较模糊，往往对美容效果给予了很高或不切实际的希望。美容师必须对所有疗程、仪器、产品能达到的美容效果以及个体差异进行客观、清晰的说明，不能为了达成销售目的而夸大或盲目、模糊承诺美容效果，避免发生不必要的纠纷。

（2）体验式销售

1）体验式销售的概念。体验式销售是指以顾客为中心，根据顾客的需求，设计和安排特定的服务体验流程及体验场景，让顾客主动了解产品和服务，亲身体验服务的精髓及美容效果，并在体验中产生美妙而难忘的印象与感受，使顾客不但能看到体验后的护理效果，同时还能获得难忘的精神满足，从而促进顾客主动购买的销售方式。

2）体验式销售对美容师的要求

①精心准备。美容服务体验包含护理前准备、美容护理过程和护理后的服务三个环节。每次服务的房间准备、消毒卫生、环境温度、灯光、音响、美容师操作及解说、美容效果对比等每个环节及其细节都会对顾客体验形成印象。细节决定成败，只有对每个细节都进行精心准备，才能让顾客体验到高品质的服务。

②适当沟通。美容师在服务过程中，对能提升美容院竞争力、能打动顾客的服务细节、有显著效果的核心技术等，可做

自然的、适当的解说或示范，让顾客感受到服务的专业、周到及温馨，有利于强化顾客对服务体验的感受和认同。

③满足个性化需求。每个顾客对美容服务的个性化需求有所不同，例如有的顾客在意环境氛围，有的顾客在意按摩手法，有的顾客在意护理效果。美容师在服务过程中可以通过询问或观察的方式发现顾客的特殊需求，并对顾客在意之处加强沟通或服务。美容师只有深入地了解顾客的个性化需求，才能更好地满足顾客需求。

④强化美容效果对比。是否能达到满意的护理效果是影响顾客持续购买的重要因素。无论当下的护理处于疗程的哪个阶段，顾客对每一次护理都会抱有一定程度的希望。而各美容院护理手段、流程不同，美容效果有所不同。为了让顾客每一次体验都满意，美容师应该了解各项疗程能达到的近期或远期效果。在护理前，美容师可以采取引导顾客在镜子里确认皮肤粗糙、干燥等状态，或以拍照的方式强化记忆。护理后或做完半边脸后，可让顾客以手触摸、照镜子等方式进行护理前后效果的对比。同时，美容师可以引导顾客记住如“光滑”“细腻”等关键词，让顾客明确地认同美容效果，以提升顾客良好的体验感。

第二节 美容院产品销售流程与技巧

销售流程是指在已经具备销售机会的条件下，销售人员遵循一定的销售步骤循序渐进地推进销售并产生结果的过程。销售技巧则是指在销售的各流程、环节中因地制宜、因人而异采取的不同方法。美容师掌握必要的销售流程及销售技巧有助于提高销售质量和促进销售。

本节将介绍美容院常用的销售流程和基本技巧。销售技巧涉及营销、消费心理学、沟通技巧、专业知识等多方面的知识，没有固定的模式，美容师只有不断丰富自己的知识、增加社会阅历和积累工作经验才能不断提高销售技巧及销售能力。

要点提示

1. 了解美容院销售流程。
2. 了解美容院销售技巧。

关键术语

销售　技巧　售后服务
FABE 销售法则

一、美容院销售流程

销售流程就像导航，目的是确保初学者在销售过程中按照清晰、明确、既定的方向，不偏离轨道，一步一步地达成销售目标。虽然每个美容院都有自己的销售方式和具体的销售流程，但通用销售理念及流程基本相似。初学者在销售过程中应注意把握整个流程的顺畅和互动，最终达到忘记流程，因人而异灵活运用及“不销而销”的目的。

1. 销售前准备

（1）公司价值塑造。对于新顾客，建立信任是第一要素。向顾客展示美容院、创始人、美容专家及美容师相关资质、获得的荣誉、公司的背景、化妆品进口批文有助于塑造公司价值，这是让顾客快速认识美容院并建立信任的销售策略。

（2）项目及产品价值塑造。美容顾客的核心需求是改善和解决皮肤问题。在咨询和销售过程中，给顾客展示几例直观、明显的皮肤改善前后对比案例图片，比语言的描述更加有说服力，更能打动顾客，从而让顾客建立信任和信心。美容院收集各种护理成功的典型案例，对顾客的快速成交非常有利。

（3）顾客分析。对已经预约顾客的皮肤状态及需求，护理疗程及日期，家居产品购买的余次、余量，护理效果及满意度等进行分析，梳理出顾客需要补充、更改和复购的疗程和产品，在顾客到店后针对性地提出购买建议，并根据顾客情况和预期目标设定销售时间和流程。

（4）美容师准备。很多美容师初学者对于销售有下意识的排斥，认为销售的目的只是赚顾客的钱，这其实是一种错误的认知。顾客来美容院的目的是解决皮肤问题，美容师必须向顾客推荐合适的护理疗程和家居护理产品才能达到护理目的。但是，顾客通常都有比较齐全的家居护理产品品牌,没有体验过更合适的产品一般不愿意更换。所以，美容师既要有被拒绝的心理准备，也要知道自己的工作职责，即用自己的专业与真诚为顾客推荐合适的项目及产品，满足顾客的需求。

初学者缺乏实际经验，在销售过程中难免会遇到很多难题和压力，虽然只有极少数人能在首次推荐中完成销售，但只要能正确认识到自己是为了帮助顾客解决皮肤问题，就会放下所有顾虑，自信地去推荐产品。只要掌握必备的销售技巧，并做好充分的演练及准备，就会一次又一次地达成销售目标。

2. 销售步骤

销售步骤仅是销售的基本思路和逻辑，不是一成不变的，应根据每个顾客的实际情况灵活运用。以美容师接待新顾客为例，可将销售步骤分为以下 8 个步骤。

（1）建立信任。没有信任就没有买卖，信任是销售的第一步。美容师专业、亲和、真诚的职业形象，自然、亲切、周到的接待礼仪是顾客建立良好第一印象的关键所在。

（2）让顾客开心。让顾客开心是销售的前提条件。从顾客到店开始，接待人员及美容师应营造轻松愉快的气氛，与顾客拉近关系、培养关系，让顾客感到轻松自在、心情舒畅。让顾客开心最好的办法就是发自内心地欣赏顾客、赞美顾客。容貌、衣着、身材、气质、职位、孩子、厨艺、成就等都可以是赞美的话题。投其所好是快速破冰、迅速与顾客建立客情关系的方式。

（3）了解顾客及需求。只有了解顾客的真正需求，才能推荐合适的服务和产品。了解需求先要学会询问需求，引导顾客描述出自己对护理的需求和愿望。同时，通过对顾客年龄、职业、收入、性格特点、兴趣爱好等的分析，美容师可以判断顾客的消费档次、消费习惯、消费偏好，确定相应的沟通方式，也可以对客户进行画像及分类管理，为美容院的私域流量运营奠定良好的基础。

（4）进行需求分析。顾客的需求有时是多元化的，如皮肤出现敏感与衰老迹象，顾客迫切想同时解决这些皮肤问题，但可能还不清楚皮肤还存在其他问题或问题存在的根源。美容师通过询问与沟通可分析、挖掘或创造顾客需求，梳理出目前最需要解决的问题和阶段性需要解决的问题。在这个过程中，一方面可以让顾客对美容师的专业建立信心，另一方面可以让顾客更加清楚自己的问题及需求，激发购买欲望。

（5）确定需求。此环节主要是通过对疗程及产品效果的演示或展示、列举成功案例来吸引顾客，调动兴趣，增加信心。引导、鼓励顾客提问和互动，消除疑虑，并把注意力集中在顾客最关注、最想解决的问题上，进一步确定需求并达成共识，为顾客接受解决方案做铺垫。

（6）制定解决方案。在确定顾客需求后，应从阶段性和家居护理计划两方面来规划皮肤问题的综合解决方案，同时，要考虑顾客的消费能力及消费习惯。在方案制定后，要跟顾客讲解清楚皮肤问题产生的原因，计划采取的护理手段及原理，解决方案的整体性、针对性，以及能达成的预期效果。只有让顾客对解决方案充分信赖才会促成销售。当与顾客达成共识时，需要让顾客签名确认。

（7）报价成交。如果上述程序正确有效，顾客就会传达明确的购买信号，表明意愿或不再有疑问，此时就应报价成交。这个阶段顾客最关心的是整体价值和性价比。美容师应先简明扼要地塑造公司或产品价值，强调护理及产品带来的实际效果和心理价值，然后再报价格。当顾客已被打动但还未及时作出购买决定时，美容师可再告诉顾客当下购买时的特定优惠政策，激发顾客的购买欲望，从而作出购买决定。

（8）处理异议。新顾客对产品性能、疗程效果、价格等提出异议是很常见的，异议既是成交的障碍，也是成交的信号。美容师处理异议的原则一是要有同理心，多站在顾客角度，体谅顾客的感受，真心诚意地为顾客着想；二是要有耐心，认真倾听顾客的心声，适时进行引导，诚恳地解答异议；三是要加强顾客对美容效果的信心，有感染力地进行效果渲染和愿景描绘，鼓励顾客大胆尝试，打消顾客的顾虑。最后，需要确认顾客的异议是否被解决。

二、美容院销售技巧

在销售过程中，仅仅靠强调产品功能不一定能达成销售结果。在推荐产品过程中还需要采取适当的销售技巧。美容院产品销售的核心技巧就是分享，即通过护理前后对比效果的图片、视频等，为顾客展示 2~3 个与之相仿的案例，来佐证产品或服务的效果，让顾客感受到产品或服务能给自己带来实际护理效果和心理满足。

下面以美容院常规销售流程为例，介绍常用且有效的销售技巧——FABE 法则，有助于初学者掌握销售技巧，提升销售水平。

1. FABE 法则的含义

FABE 法则是目前被广泛运用的一种可操作性强且较容易掌握的利益推销方法。它通过以下四个关键环节解决顾客关心的问题，有助于顺利推进并实现产品销售。

（1）F。F 代表 features（产品特征），指将产品与众不同的内在属性和功能客观地表述给顾客，如产品的高科技材料、工艺、专利、特殊功效等。

（2）A。A 代表 advantages（优点），指直接阐述产品或服务的优势，以及该优势如何给顾客带来不同的体验或效果，如产品或服务更安全、更有效、更自然、更健康等。

（3）B。B 代表 benefits（好处），指产品或服务给顾客带来的好处或利益，如产品本身的功效、服务的核心竞争力、打折促销的好处、售后服务的好处等。

（4）E。E 代表 evidence（证据），指提供证据来佐证产品具备上述的特征、优点及能带来的好处。包括技术报告、顾客好评、媒体宣传、前后对比案例等，以消除顾客顾虑，加强客户的信任度。

2. FABE 法则的运用

有关 FABE 法则在美容院产品销售过程中的运用，可以参考以下案例中所用的销售话术：

这是一款针对敏感皮肤修复的常用家居产品类修复精华。它含有蓝甘菊、芦荟、乳木果油、神经酰胺、角鲨烷、beta- 葡聚糖、透明质酸、EGF 表皮生长因子等成分，具有镇静、抗敏、舒缓、保湿、修复皮肤屏障功效，能有效改善或治愈敏感皮肤。

这款产品与市面上同类产品最大的不同，是这些成分相辅相成的作用及独特配方。您皮肤敏感的主要原因的皮肤屏障功能受损，而蓝甘菊、芦荟成分具有镇静、抗敏及缓解过敏症状的作用，但修复皮肤屏障功能还需要补充皮肤自身缺乏的透明质酸、神经酰胺等成分，这些成分共同作用才能起到治标治本的作用。只有皮肤屏障功能恢复健康皮肤敏感问题才能得到彻底解决。

这款修复精华比较适合您目前皮肤的敏感状况。一般使用一次就会缓解发红、刺疼症状。连续用一周左右，这些症状会基本改善。再巩固使用 3 周，皮肤屏障就可以得到修复，皮肤恢复健康状态。在我们美容院，跟您差不多症状或比您更严重的顾客使用此款产品都得到了改善。您看看这是她们护理前后的效果对比图。

3. 美容师在销售时的注意事项

（1）销售过程思路要清晰，销售话术要简洁明了。

（2）可以与同类产品比较，但不能诋毁、打击竞争对手。

（3）不能强制性消费，应根据顾客消费能力推荐护理计划，不过度销售。

（4）尊重顾客的喜好和选择，每个品牌有不同的护理理念与功效，美容师可以说明其优势与差异，把选择权交给顾客。

第三节 美容院售后服务与跟进

美容院售后服务与跟进，是美容师提供顾客服务的最后一个环节，也是不可或缺的一环。它决定了顾客的返店频率、复购率与最终的顾客满意度。

要点提示

1. 了解售后服务的主要工作内容。
2. 了解售后跟进的主要工作内容。

关键术语

售后服务　售后跟进

一、售后服务的概念

售后服务就是在商品出售以后所提供的各种服务活动。对于美容院来说，顾客护理结束只是下一个服务流程的开始。美容师的售后服务是对顾客的“二次链接”及超值服务。在追踪跟进阶段，美容师会跟踪顾客的护理效果以及配套家居产品的使用效果及感受，并及时解答顾客疑问。若发现家居产品使用的时间及方法不正确，应及时提醒与指正。同时，还会根据顾客购买的家居产品疗程做好下次护理的提醒工作。高品质的售后服务，能达到增进感情交流、提高顾客满意度、提高顾客到店频率以及复购的目的。

二、售后服务的重要性

美容院的售后服务的主要作用是留住老顾客。虽然美容院也需要拓展客源发展新的顾客，但是老顾客是维系美容院生存及发展的基础。坚持高质量的售后服务有助于建立顾客忠诚度。而忠实的顾客会乐于为美容院进行正面宣传，为美容院带来新客源，对提高美誉度起到作用。并且，经老顾客介绍的新顾客，其成交的成功率是其他方式进店新顾客的 5 倍。

但是，顾客因服务不满意而带来的负面影响也不可小觑。据研究结果表明：90% 消费者不会再购买不满意的产品和服务，13% 有过不满意经历的消费者会将他们的经历告诉超过 20 个人。互联网时代，信息传播的速度呈指数级增长，传播的渠道是全网络的，差评及负面信息对美容院带来的负面影响可以说是致命的。由此可见，售后服务对美容院的持续经营非常重要。美容师需要持续做好售后服务来提升顾客满意度。

三、售后服务内容

1. 成交后的顾客跟进

交易成功只是服务的开始，要想让成交后的顾客持续满意，美容师需要做好3个方面的跟进服务。

（1）美容效果及感受

1）健康皮肤护理。对第一次或前几次做护理的顾客，美容师要特别关注护理后的美容效果及顾客满意度。美容师在护理结束时就要让顾客记住护理前后的对比效果，在后续跟进时引导并让顾客确定并认同护理效果，才能使顾客对保养及维护美容效果满意。

2）问题皮肤护理。去斑、换肤、光电等特殊护理项目，可能会引起一些泛红、脱皮等正常反应，护理后的跟进非常重要。跟进的主要目的就是了解、掌握顾客护理后的反应是否正常，及时发现和处理异常问题，做好顾客心理疏导，让顾客安心、放心地接受这些不良反应，以增强顾客对护理效果的信心。

（2）家居护理。家居护理跟进主要是提醒顾客按照正确的护理程序和方式进行日常护理，根据顾客需要进行相应的专业教育，推荐一些适合顾客的新产品或新项目。

（3）预约服务。现实中不少顾客因为工作忙碌等原因不能按时按照护理计划到店接受服务。为了提高顾客到店率，美容院通常会制订顾客预约跟进计划，以便及时提醒。但到店及预约时间需要美容师按照与顾客达成一致的护理疗程计划实施，不能让顾客误认为在强制消费而引起反感。

2. 未成交的顾客跟进

在任何行业的销售环节，第一次成交的概率并不大，绝大部分销售是在持续几次的跟进后完成的。美容师要先对未成交树立正确认识，应将之视为正常的销售过程而不是失败，更不能丧失信心和中途放弃。如果对自己的技术、服务、项目和产品效果很有信心，只要有步骤、有计划、有目的、有策略地进行跟进，一定会创造出成交机会。对未成交顾客的跟进需要注意以下几点。

（1）未体验的顾客。许多美容院在开业或推出新项目、新产品期间，会采取免费或者低成本促销体验的销售方式拓展客源。有些顾客从各种渠道获取了体验信息，但出于各种原因没有到店体验。美容师应对这些潜在顾客因人而异地制订跟进计划或策略，并阶段性地进行跟进。除了价格政策不能突破，应巧妙运用销售技巧进行有效沟通，排除顾客顾虑，帮助树立信心，引导顾客到店体验。

（2）未成交的顾客。体验后顾客未成交的情况很常见。通常有两种原因，一是对美容师的服务或技术不满意，二是对护理效果或价格不满意。对美容师技术不满意的顾客跟进，可以许诺下次让经验丰富的美容师为其服务。对护理效果不满意的顾客跟进，美容师需要根据顾客的皮肤问题及需求适时分享同类顾客的成功案例及效果对比图，目的是引导顾客认识到皮肤问题解决后的理想状态以及继续发展下去的不良结果，让顾客有危机感而选择再次体验。

四、售后服务注意事项

由于每个顾客性格、待人处世方式、工作性质不同，有的顾客非常独立，不喜欢被打扰、过度被照护和频繁的服务跟进，有的顾客则很依赖和享受美容师的温馨照顾和各种提醒。美容师在服务过程中应充分了解每个顾客的性格、性情及喜好，尊重顾客的感受，以顾客最接受、最舒服的服务方式为每一位顾客提供适度的服务。

第三章

美容仪器

第一节 美容仪器安全用电知识

近年来，随着科学的进步和美容仪器的更新和发展，越来越多的高科技美容仪器进入美容机构，其应用范围也越来越广，成为预防和解决皮肤问题的重要手段。仪器美容是美容院主要的护理项目，为美容院带来丰厚的利润。除此以外，市场上名目繁多的小型化家用美容仪器层出不穷，为求美者提供了更多的美容便利。

仪器的使用离不开电，电是美容仪器的动力来源，也与我们的生活息息相关。但是，电在给我们的生活和工作带来便利的同时，也存在着诸多安全隐患，甚至可能会造成灾害。所以，美容从业人员必须了解基本的安全用电的知识，才能在护理中安全地使用美容仪器，避免发生潜在的危险。

本节将重点介绍与美容仪器使用相关的安全用电知识。

要点提示

掌握美容仪器的安全用电知识。

关键术语

额定电压　额定功率　火线　绝缘材料
接地线　熔断器　断路器
安全用电守则

一、美容仪器用电常识

1. 美容仪器的额定电压及额定功率

图 3-1　电器铭牌

在第一次使用美容仪器前，美容师一定要先查看这台仪器的铭牌（见图 3-1），了解仪器的额定电压及额定功率，以保证能正常、安全地使用仪器。

（1）额定电压。额定电压是能让美容仪器长期稳定工作的标准电压。仪器在工作时，输入电压高于额定电压，仪器容易损坏；而低于额定电压，仪器将不能正常工作，如灯泡发光不正常，电动机运转不正常。国内大多数仪器的额定电压为 220 V，但不同国家生产的仪器额定电压有所不同，如日本产的美容仪器一般额定电压为 110 V，如果要在国内使用这类仪器，就需要借助于变压器，将 220 V 的输入电压转为 110 V，才能让仪器正常工作。

（2）额定功率。额定功率是指美容仪器正常工作时的功率。若仪器工作时的实际功率大于额定功率，仪器可能会损坏；若实际功率小于额定功率，仪器无法正常运行。如果在同一电路中同时使用多台仪器，几台仪器的总功率大于电路的额定功率，则会导致电路中的电流过强引起事故，这种现象就称为过载。

2. 常用的安全用电设施

在美容仪器的设计过程中，为保证仪器的安全使用，一定会加入一些安全设施。这些安全设施一般分两类，一类是防触电的安全设施，一类是防火的安全设施。

（1）防触电的安全设施

1）绝缘材料。电流对人体的伤害，严重的情况下会导致人的死亡。为防止触电，暴露在外的电线会用绝缘材料保护起来。但应注意的是，很多绝缘材料在受潮时会失去绝缘性，过强的电流、超负荷地使用也会造成绝缘材料损坏。

2）接地线。接地线是防触电非常重要的一项安全设施。所有电器中至少有两种电线：火线（红色）和零线（蓝色），它们通过两脚插头与两孔插座连接。火线提供电流，与零线形成回路，使电器正常工作；零线直接或间接地接到大地上，因与大地的电压接近于零，一般情况下接触零线是不会触电的（同时碰上火线和零线或同时接触火线和地面才会触电）。一些有金属外壳的电器一般会用三脚插头（见图 3–2），插头中多了一条地线（黄绿相间），它的一端连接在电器的外壳上，另一端通过插座与整幢楼房的地线汇集在一起接到大地上，当电器外壳漏电时，电流会经地线迅速流入大地，防止触电。

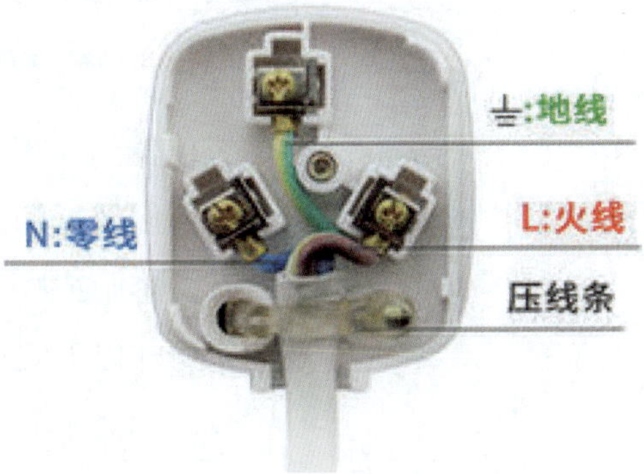

图 3–2　三脚头的接线方法

（2）防火的安全设施。电器使用不当会引起火灾。造成火灾的原因有电器设备选择不当，线路年久失修造成短路，用电量增加，线路超负荷运行等。总结起来就是电流强度过大造成电线温度过高而引起火灾。为避免这种情况发生，一般在美容仪器或美容院的用电线路中会使用熔断器或断路器。

1）熔断器。熔断器中的熔丝俗称保险丝，当它正确地接入电路中时，如果电流异常升高，使电路发热至一定温度，熔丝就会熔断，切断电流，保护用电器和线路不被烧坏。

2）断路器。断路器的作用也是实现线路的短路和过载保护。空气开关就是断路器的一种，当电路中的电流突然加大，超过负荷时，空气开关就会自动跳开，切断电流，保护设备。断路器断开后，只要排除了导致断路的因素，合上开关就能重启电路。因此，在现代的电路中，会更多地使用断路器作为保护装置。

二、美容仪器安全用电守则

美容仪器的使用为美容师的工作带来便利，也加强了护理的效果。但在使用仪器的过程中不遵守一定规则，会导致美容事故，甚至会危及美容师或顾客的人身安全。所以，在使用美容仪器时，一定要注意遵守以下安全用电守则。

1. 定期检查所有仪器设备及用电线路，确保不会因电线老化、接触不良等引起短路而导致安全事故。

2. 使用仪器前，一定要仔细阅读使用说明，了解仪器的使用参数、额定电压及额定功率等。

3. 保持仪器清洁。不要在仪器工作或接通电源的情况下清洁仪器。

4. 避免弄湿仪器的金属部分，避免水、油等渗入仪器。

5. 使用仪器时，工作区域不要有水。不要用湿手操作仪器。

6. 电线不要悬空。放在地上的电线要固定并做好绝缘保护，或提醒有关人员不要踩到电线或被电线绊倒。

7. 尽量避免使用插线板，若要使用，应选择有过载保护装置的插线板，并注意不要加载过多仪器，以免负荷过重。

8. 若仪器或电线过热，应立即切断电源，检查原因，避免事故。

9. 顾客自行使用仪器时，一定要有专人看护，避免出现事故。

10. 关闭仪器时要先关闭电源，再拔下插头。仪器不工作时要拔下插头。拔插头时，切勿拉扯电线。

11. 若仪器故障，切勿自行修理，应由有资质的维修人员修理。

第二节 面部美容基础仪器

广义来说，美容仪器是指利用声、光、电、机械能等不同形式能量，配备有剂量参数及安全标准，采用非侵入式方法，用于维持、改善顾客的局部皮肤、肌肉、皮下脂肪、微循环等状况或预防相关问题，以及恢复人体系统健康状况的机器或设备。

美容仪器种类繁多，应用也非常广泛，不同功能的仪器具有不同的工作原理、主要作用、适用对象、使用方法、注意事项和使用禁忌。为了更加安全有效地使用美容仪器，美容师必须了解及掌握有关基本知识和操作规则。同样功能的仪器市场上琳琅满目，且不断推陈出新，但其作用原理及操作方法大同小异，本节重点介绍具有代表性的常用教学、认定和比赛用基础仪器，为美容师学习和掌握日新月异的美容仪器操作打下坚实基础。

要点提示

1. 了解美容仪器的原理。
2. 掌握检测类仪器操作方法。
3. 掌握清洁类仪器操作方法。
4. 掌握护理类仪器操作方法。

关键术语

声能　光能　电能　机械能　原理　作用　适用人群　禁忌　操作方法　注意事项

一、美容仪器的作用原理

1. 机械能在美容仪器中的作用原理

机械能原理在美容仪器中的应用很常见，一般有以下几种方式。

（1）震荡法。震荡法是利用机械振动，通过仪器，对人体的局部进行刺激性按摩的方法。

1）震荡法的生物效应。震荡法通过有节奏的振动使局部组织的温度升高，毛细血管扩张，血液循环加快，为皮肤组织带来更多氧气，促进乳酸分解，促进机体代谢产物的排出，缓解局部肌肉疲劳，减轻疼痛。

2）震荡法在美容中的应用

①震荡法可促进角质细胞的脱落，达到深层清洁的作用。

②震荡法用于面部按摩，可促进皮肤细胞新陈代谢，具有延缓衰老、舒展皱纹的功效。用于身体按摩，可放松紧张的肌肉，缓解疲劳、减轻疼痛。

③震荡法能加快局部能量代谢，加速脂肪分解，紧致皮肤，具有减肥塑身的功效。

（2）负压法。负压法是以负压对皮肤产生吸力，使皮肤产生各种变化，从而达到美容功效的方法。

1）负压法的生物效应

①促进局部血液循环和淋巴液循环，帮助排出细胞间多余的水分和代谢产物；使局部组织的含氧量增加，激发细胞活力。

②使毛孔内存积的皮脂排出，畅通毛孔，强化皮肤的分泌、排泄功能。

③激活成纤维细胞，促进纤维组织的生长，增强皮肤的韧性和弹性。

④疏通毛孔和汗孔，改善细胞膜的通透性，强化皮肤的吸收功能。

⑤刺激基底细胞活性，加快表皮细胞的新陈代谢，促进角质细胞脱落。

2）负压法在美容中的应用

①利用负压吸引，对皮肤进行深度清洁。

②利用负压吸引，进行淋巴引流，促进淋巴循环。

③利用负压吸引，帮助脂肪分解或合成，达到美体塑身的功效。

④利用负压滑罐的传统中医疗法，达到预防疾病、保健养生的作用。

2. 声能在美容仪器中的作用原理

振动的物体会形成振动波，当振动波的频率为 20~20 000 Hz 时，可引起正常人耳的声音感觉，称为声波；频率在 20 000 Hz 以上时，不能引起人耳的声音感觉，称为超声波。声波和超声波在传递的过程中都会产生能量，这种能量就是声能。超声波在声能中的利用频率最高，它被广泛应用在医疗、美容和通信、探测等领域。

（1）超声波的生物效应

1）机械效应。超声波振动可使细胞震荡、旋转、摩擦，增加细胞膜的通透性，促进新陈代谢，改善组织营养，提高再生机能。

2）温热效应。超声波所产生的机械性按摩，使细胞之间快速摩擦而产生内生热。约 80% 内生热被血液吸收运走，其余的热量则传导至临近组织中。

超声波的温热效应可以增加血液循环和淋巴循环，加速新陈代谢，对人体具有延缓衰老、缓解疲劳、解痉止痛等作用。

3）理化效应

①弥散作用。超声波可以提高生物膜的通透性，使组织细胞代谢加速，可改善组织细胞营养状态。

②软化作用。超声波可使凝胶转化为溶胶状态，对肌肉、肌腱及瘢痕的软化起到促进作用。

③空化作用。超声波持续的单向振动可使细胞膨胀，导致细胞功能改变，形成空化。超声波用于面部护理时要尽量避免产生空化作用，但一些美体仪器可以利用空化作用来减少脂肪的堆积。

④合成与分解作用。超声波能激活人体合成酶，有利于蛋白质的合成，促进组织细胞的更新和修复。超声波还可以激活人体水解酶，有利于大分子代谢产物的排泄，净化组织内环境。

⑤修复作用。超声波可缓解慢性炎症所伴有的局部酸中毒，减轻疼痛，抑制炎症的发展。同时，超声波能促进受损部位血管生成、胶原蛋白合成，有利于受损组织的修复。

（2）超声波在美容中的应用

1）超声波能促进护肤品营养成分渗透吸收，更好地发挥美容效果。

2）超声波在延缓皮肤衰老、收紧皮肤、减少皱纹方面效果显著。

3）超声波能修复受损的组织细胞，软化瘢痕组织，有利于皮肤恢复健康。

3. 电磁能在美容仪器中的作用原理

电磁能是所有带电的物体所具有的能量，将这些能量作用于人体，会使人体产生一系列的物理或化学的反应。医疗及美容服务中用不同类型的电流和电磁场治疗疾病的方法称为电磁能疗法（简称电疗法）。电疗法是物理治疗方法中最常用的方法之一。

（1）直流电。直流电是方向恒定的电流。用于人体的低电压、低电流的直流电又称为贾法尼电流。

1）贾法尼电流的生物效应。根据同性电荷相斥、异性电荷相吸的原理，利用直流电将离子经完整皮肤导入体内。离子导入的电极不同，其生物效应不同，见表 3–1。

表 3–1　离子导入电极与生物效应

极性	生物效应
正极（阳极）	产生酸性反应（HCl），镇静神经，促进胶原蛋白的合成，对周围组织的刺激性较小，减少血流量
负极（阴极）	产生碱性反应（NaOH），使组织柔软，分解角质，使皮脂皂化，对周围组织有刺激性，增加血流量

2）贾法尼电流在美容中的应用

①去角质。常以生理盐水作为电解质，用以去除皮肤老化角质。

②软化橘皮组织。以负极作为活性电极时，可乳化或消散橘皮组织。

③补充皮肤营养。利用不同极性的电极导入不同极性的溶液，补充皮肤营养，达到改善的目的。

（2）法拉第电流。法拉第电流又称为感应电流，是一种作用于人体的交流电，其主要的生物作用是使肌肉产生收缩。在美容方面的应用多见于美体仪、养生仪。

（3）低频电流。美容领域涉及的低频电流指频率在 300 Hz 以下的交流电流。低电流刺激神经肌肉收缩，降低痛阈，缓解黏连，常用于帮助恢复神经肌肉功能。低频电流比法拉第电流更加温和，更接近肌肉的自然运动，比较受欢迎，常用于紧实肌肉、塑造曲线、促进循环、消除水肿等护理项目。

（4）高频电流。高频电流是肌肉神经无法感觉到的频率极高的电流，其输出频率为 150 ~200 kHz。用于美容仪器的高频电流一般是高电压、低电流方式输出的高频电流。在美容应用方面，高频电流常用于改善痤疮皮肤，帮助其消炎杀菌，促进痤疮皮肤清创后的伤口愈合。高频电流的间接使用法也可在电刺激及热效应的作用下，帮助成熟衰老的皮肤活化循环、促进代谢，恢复年轻态。

（5）微电流。微电流的电流强度为 20~600 μA，带有极性，类似于一种低电压（60 V 以下）的脉动直流电。微电流能促使新鲜的活性离子进入人体，补充营养物质，增强新陈代谢，活化细胞，促进组织的修复。在美容应用中，微电流美容仪常用于痤疮后的瘢痕修复，紧实松弛的肌肉、消除皱纹，也用于改善人体功能，养生保健。

（6）射频电流（电磁波）。射频是可以辐射到空间的电磁波频率，频率范围为300 kIIz~300 GHz。当射频电流通过人体时，会使人体组织温度升高到55~65 ℃，促进胶原纤维的收缩与增生，使皱纹变浅或消失。因此，射频电流在医疗美容中主要应用于除皱，是一种非侵入式除皱方式。

4. 光能在美容仪器中的作用原理

光是一系列电磁波，包括可见光和不可见光（见图3–3）。光能是发光物体所释放出的一种能量。不同种类的光能对人体产生的生物效应不同。生活美容中最常用的光是红外线、紫外线等不可见光，以及红、蓝光等可见光。

不可见光			可见光	不可见光				
γ 射线	X 射线	紫外线	紫蓝青绿黄橙红	近红外线	中红外线	远红外线	微波	工业电波

0.01 μm　0.4 μm　0.76 μm　2.5 μm　4 μm　1000 μm

图3–3　可见光和不可见光光谱

（1）红外线。红外线是众多不可见光线中的一种，其波长为0.76~1 000 μm，又称为红外热辐射，是一种具有强热作用的电磁波。

1）红外线的生物效应。当红外线的照射达到一定强度时，就能使局部温度升高而产生热效应，从而引起一系列的生物效应。

①红外线的照射能调节机体代谢功能，增强免疫力，达到防病的目的。

②红外线的热效应能改善局部和全身血液循环，增强新陈代谢。

③红外线的照射能减轻炎症的病理过程，控制炎症的发展，加速病灶的修复，具有消炎、消肿的作用。

④热效应可降低神经末梢的兴奋性，活化循环和减轻水肿，具有显著的镇痛效果。

2）红外线在美容中的应用

①美容护肤。红外线能使毛孔扩张，血液循环加快。一方面促使代谢产物从皮肤排出，另一方面促进营养物质的吸收利用，使皮肤光滑柔嫩。

②减肥。红外线能使体内热能增加，促使脂肪组织分解排泄，达到减肥的目的。

③改善肌肉关节疼痛。红外线的热效应对消除肿胀、缓解酸痛、促进炎症消散效果明显。

（2）紫外线。紫外线是位于光谱中紫色光之外的不可见光，可分为长波紫外线（UVA）、中波紫外线（UVB）和短波紫外线（UVC）。UVA 波长 320~400 nm，会使人的皮肤晒黑；UVB 波长 280~320 nm，会使人的皮肤晒伤；UVC 波长 100~280 nm，长期或高强度照射在皮肤上会致癌。日光中的 UVC 几乎被臭氧层完全吸收，一般不会照射到地球表面。

紫外线具有较强的杀菌作用，因而常用于医院、美容院等场所，以及毛巾、器皿、工具等物品的消毒。适量的长波紫外线照射，具有强健骨骼、有利睡眠、提高免疫力的功效。

（3）可见光。可见光是指波长在 400~760 nm 的光，由红、橙、黄、绿、蓝、靛、紫 7 种颜色组成。可见光的生物效应既有红外线的温热效应，又有紫外线的光化学反应。红、橙、黄色光以温热效应为主，具有促进炎症消散、镇痛、缓解肌肉痉挛与促进组织愈合再生的作用；蓝、绿、紫色光以光化学反应为主，具有消炎和镇静的作用。

可见光在美容中主要应用于暗疮皮肤及敏感皮肤的消炎和受损皮肤的修复。

5. 冷热疗法原理

冷、热疗法利用低于或高于体温的物质作用于人体表面，通过神经传导，引起皮肤和内脏器官血管的收缩和舒张，改变机体循环和新陈代谢，达到美容的目的。

6. 水疗原理

水疗是指用各种不同温度、压力、成分的水，以不同形式和方法作用于人体全身或局部进行美容的方法。

二、检测类仪器

皮肤分析是美容师为顾客提供科学、合理的美容服务的第一步。最简单的分析方法是美容师用目测及手触摸的方式来识别顾客皮肤并进行判断。但这种方法存在一定的主观性，并且有可能由于美容师本身经验不足而导致分析结果不准确。皮肤测试仪则能以其客观的数据或图像为美容师进行皮肤分析和判断提供更准确的依据。先进的检测仪器还能让顾客直观地看到皮肤护理前后的变化，有的检测仪还可以将检测报告以图文并茂的方式展现给顾客，让顾客非常清晰地了解检测结果和皮肤的真实状况。

皮肤分析是美容师必须掌握的主要技能，是一切护理成败的前提。所以，美容师必须了解及掌握常用皮肤分析仪器的原理及操作方法，呈现图像、数据参数及对应症状，才能正确判断皮肤，客观、科学、合理地为顾客设计护理计划。

1. 常见的皮肤检测仪

（1）美容放大镜。美容放大镜又称为放大美容灯，其原理是利用放大镜放大皮肤观感，让美容师能更清晰地观察顾客的皮肤状况。最简单的美容放大镜如图 3-4 所示，除了在做皮肤分析和去粉刺、痤疮时可以放大皮肤外，还可以用于美甲、美睫等服务。

图 3-4　美容放大镜

（2）皮肤检测分析仪。皮肤检测分析仪（见图 3-5）是将光学显微镜与微型计算机相结合，利用显微镜采集皮肤图样，通过计算机进行分析，得出测试结果。这种仪器在检测时可以让顾客直接看到自己的皮肤状况，便于美容师与顾客之间进行沟通与交流。

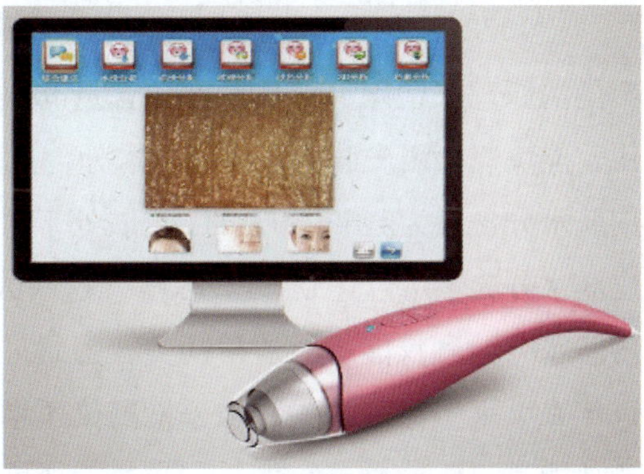

图 3-5　皮肤检测分析仪

（3）紫外线皮肤检测灯。紫外线皮肤检测灯又称伍德灯（wood's lamp，见

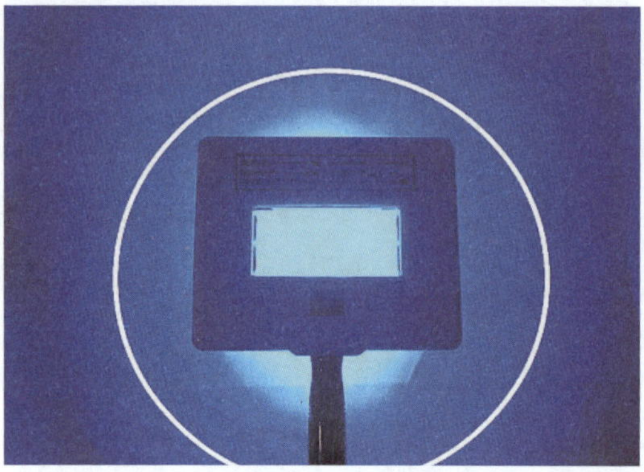

图 3-6 伍德灯

图 3-6），其光源为长波紫外光。医生用其可检测皮肤感染和色素异常等疾病，美容师通常用其评估色素沉着、毛孔清洁状况及皮肤属性。美容师在伍德灯下可以看到用肉眼无法确认的皮肤状态和问题，有助于进行更深入的皮肤分析与判断。

伍德灯需在光线较暗的房间内使用，使用前应确保顾客皮肤清洁，并遮住顾客的眼睛。在测试时，伍德灯与皮肤应保持 10~30 cm 的距离，使用时间不得超过 2 min。正常健康的皮肤在伍德灯下呈现浅蓝色，并且皮肤不会发出荧光，但一些细菌、真菌感染或色素沉着等问题会在伍德灯下呈现出不同颜色的荧光（见图 3-7），不同颜色表示的皮肤具体问题如下。

白色：色素减退，皮肤增厚角化。

淡灰色：正常皮肤。

紫色：干燥或脱水。

棕 - 黑色：色斑 - 色素沉着。

橙黄：皮脂溢出。

黄色混合橙黄：黑头粉刺。

亮黄绿色：某些真菌感染。

珊瑚红色：某些细菌感染，如红癣。

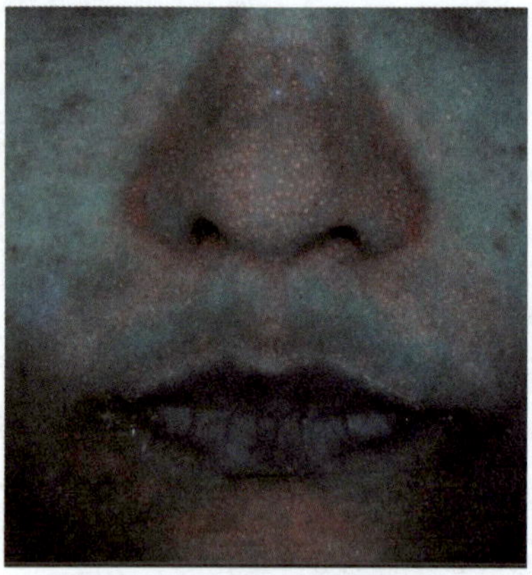

图 3-7 伍德灯下的皮肤

（4）皮肤水分检测仪。皮肤水分检测仪（见图 3-8）是利用水分与皮肤组织电阻不同的原理来检测局部皮肤水分含量的仪器。它用于护理前后或使用护肤品前后的对比，能快速检测皮肤不同部位的水分含量。一般理想的皮肤水分含量为 30%~50%；当皮肤水分含量为 10%~30% 时，皮肤处于缺水状态。通常在美容院护理后的一段时间内，皮肤水分含量可以达到 50%~60%，这些数据的变化可以直观地反映护肤效果的成效。皮肤水分检测仪能有效地帮助美容师制订护理计划及家庭护理计划和促进产品销售。近年来，很多品牌的皮肤水分检测仪还增加了检测油分含量、皮肤弹性和荧光剂含量的功能。

图 3-8　皮肤水分检测仪

2. 综合型皮肤检测仪——VISIA 面部图像分析仪

VISIA 面部图像分析仪（见图 3-9）是目前综合型皮肤检测仪中非常具有代表性的一款仪器。它综合了多种皮肤检测手段，不仅仅是一台高科技皮肤检测仪，还是一种集图像管理、图像分析及项目管理功能于一体的科学皮肤分析系统。此仪器提供的检测结果能帮助美容师更加准确地了解顾客的肌肤状况，有针对性地与顾客进行交流。同时，能让顾客直观面对自己忽视的皮肤状况及皮肤未来的发展趋势，有助于提升美容师的专业形象、增加顾客的信任度和对护理的信心、促进顾客做出护理决定。VISIA 面部图像分析仪的使用界面如图 3-10 所示。

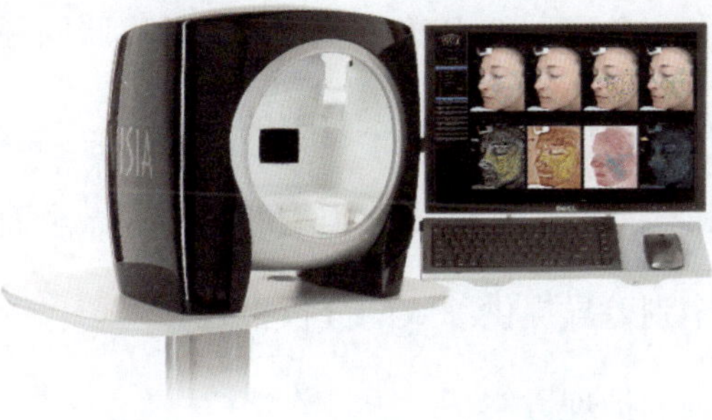

图 3-9　VISIA 面部图像分析仪

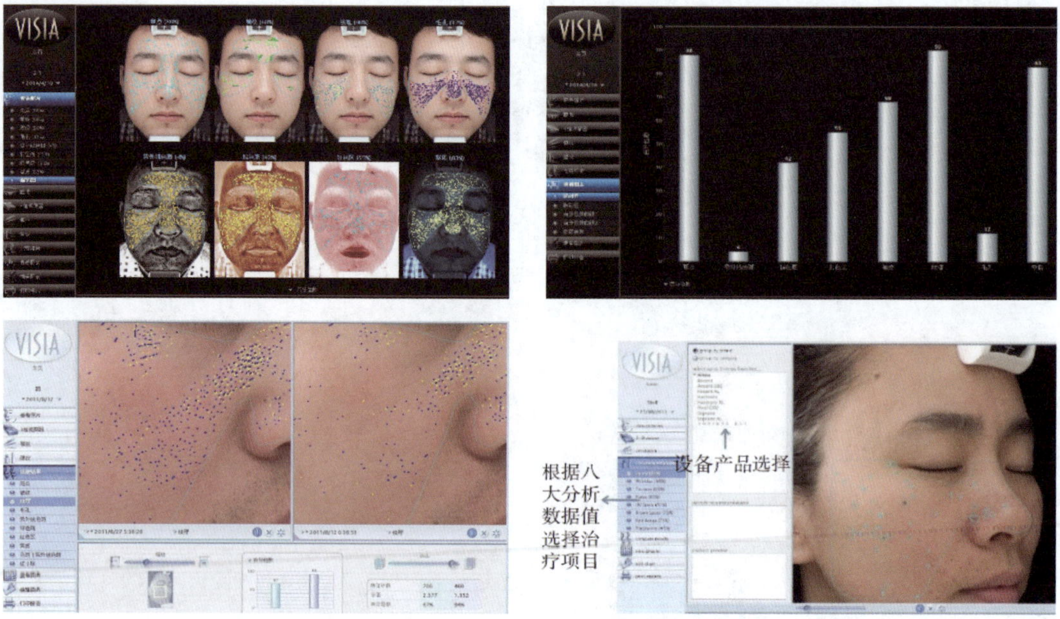

图 3-10　VISIA 面部图像分析仪的使用界面

（1）VISIA 面部图像分析仪的技术原理

1）运用多光谱成像技术。VISIA 面部图像分析仪分别用正常照明、紫外光、交叉偏振光 3 种光源进行拍摄，使成像内容更全面，图像更清晰。在固定灯室拍摄可以使每次拍摄环境一致，避免光线差异造成的成像效果误差。

2）运用 RBX 技术。由摄像系统拍摄到 RGB（红绿蓝）颜色皮肤图像。RBX 技术把 RGB 图像转换成 RBX（红棕 X）色彩空间，让红色、棕色分别代表血红蛋白和黑色素。

（2）VISIA 面部图像分析仪的作用

1）可透视到皮肤真皮层，显示皮肤深层受紫外线损害的程度。

2）对皱纹、毛孔、色斑、红血丝、油脂等 8 种皮肤问题提供专业分析数据。

3）在各个需要改善的区域准确显示改善的进度。

4）可以与同年龄、同性别、同皮肤类型的其他人做全面的量化比较。

5）针对顾客的个别差异提供细致的分析报告。

6）自动生成详细的护理方案。

（3）VISIA 面部图像分析仪的使用方法

1）检测前输入顾客的个人信息。

2）彻底清洁顾客的面部，让顾客将下巴和额头放在校准器里，闭眼不动，3次闪光后完成拍照。

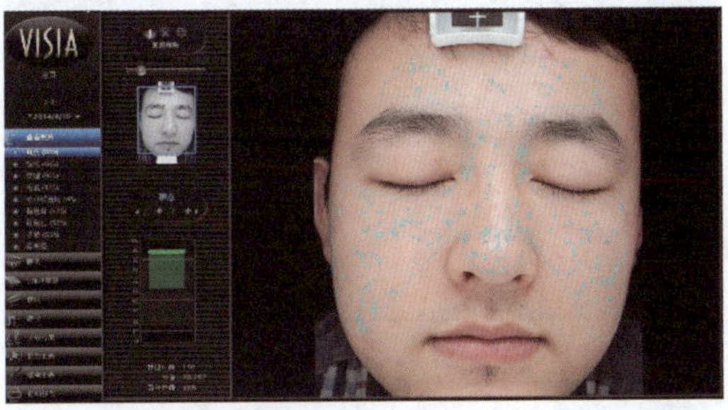

图 3-11 斑点

3）8 项图片分析

①斑点（见图 3-11）。斑点指雀斑、暗疮印、色素沉淀和血管病变等，它们的大小和形状不一，在正常照明的光线下可以被轻易捕捉，并在面部区域以蓝色显现出来。

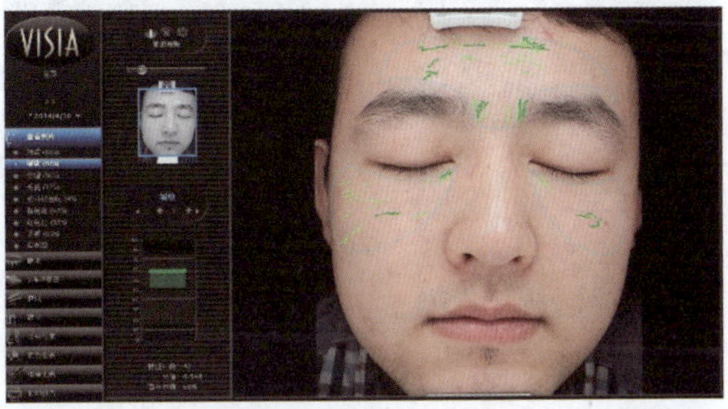

图 3-12 皱纹

②皱纹（见图 3-12）。皱纹是皮肤上的犁沟、折叠或皱褶。在正常光线下，深绿色线条代表的是明显的皱纹，而浅绿色代表的是较浅的皱纹。

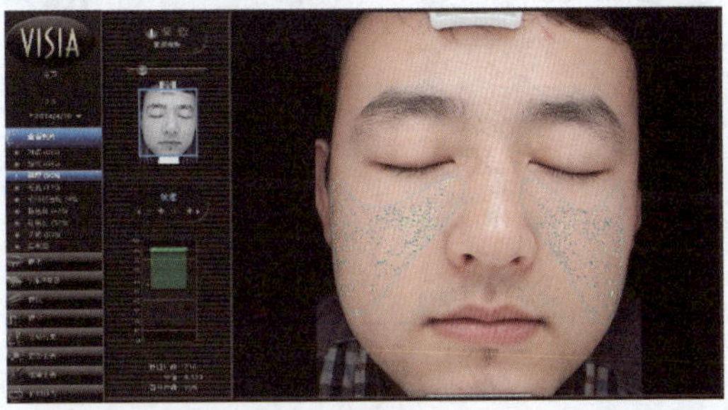

图 3-13 纹理

③纹理（见图 3-13）。纹理可通过辨别周边皮肤的色彩来判断肤色和光滑度来判断。例如，皮肤表面的凹凸度能说明皮肤的表面的变化。在正常光线下拍照，黄色显示凸度，蓝色显示凹度，面部区域的图像能清晰地显示皮肤的表面的纹理。

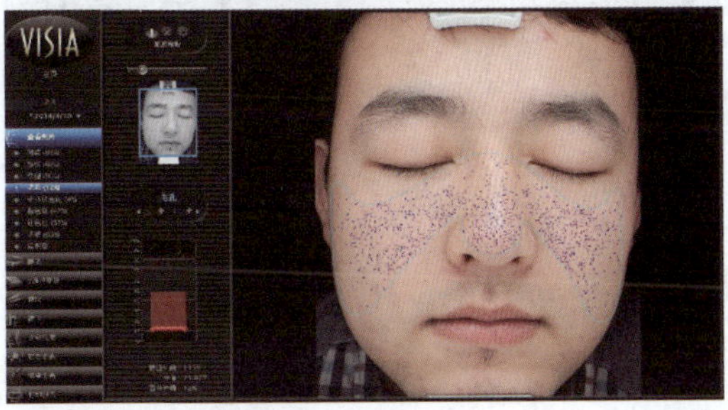

图 3-14 毛孔

④毛孔（见图 3-14）。VISIA 面部图像分析仪通过圆点的大小来辨别毛孔，毛孔的区域比斑点要小很多。毛孔可以在正常光线下拍照，每个毛孔显示为深蓝色圆点，而圆点的大小和毛孔的大小是一致的。

⑤紫外线色斑（见图 3-15）。太阳光过度照射是色素剧增并沉淀成色斑的重要原因。紫外线斑在正常光线下一般无法看到，通过紫外光的照射才能够显示出来。

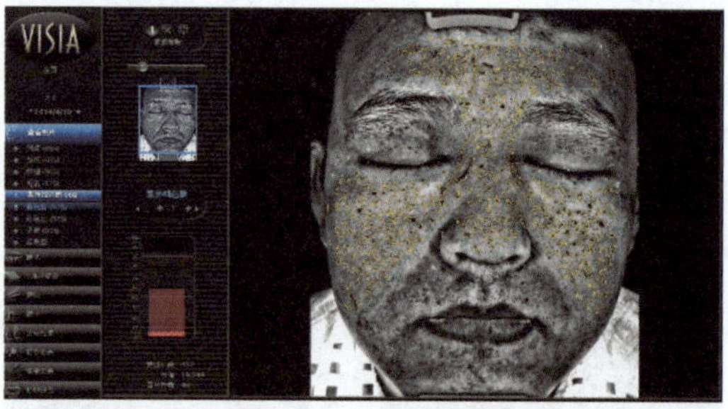

图 3-15 紫外线色斑

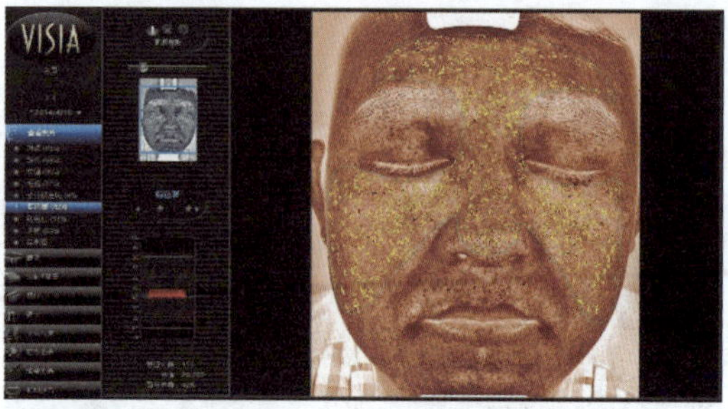

图 3-16 棕色斑点

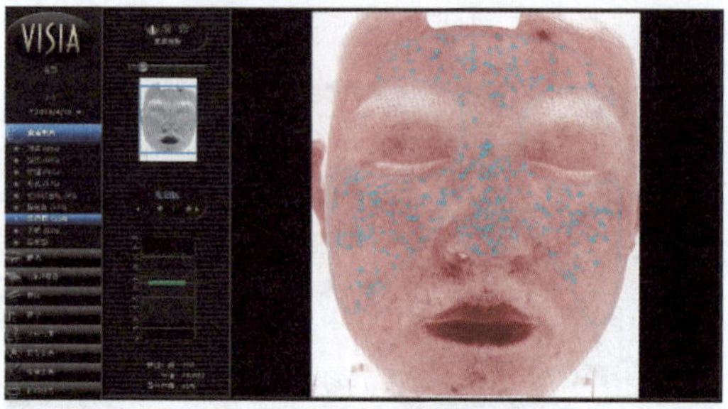

图 3-17 红色区

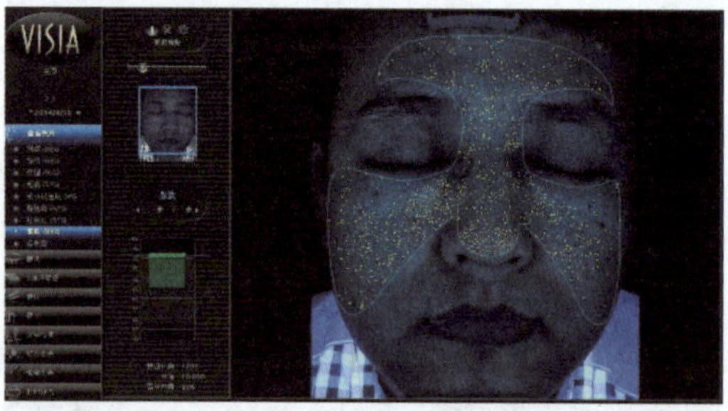

图 3-18 紫质图

紫外线色斑图像用灰色来显示，和周围皮肤的对比非常明显，很容易观察。

⑥棕色斑点（见图 3-16）。色素沉淀、雀斑、小痣和黑色素等不均匀分布在皮肤表面，VISIA 面部图像分析仪使用 RBX 技术检测棕色斑，图像会用黄色显现出来。

⑦红色区（见图 3-17）。痤疮、炎症、玫瑰痤疮（酒渣鼻）或者红血丝等情况，通过 RBX 技术检测，以红色显示出来。痤疮和炎症的斑点大小不一，但基本都是圆形。玫瑰痤疮一般都比痤疮大，有扩散迹象；红血丝大多数比较短而薄，密集分布在网点上。红色区用交叉偏振光拍照，以蓝色光点显示，整个图像通过 RBX 可以得到很清晰的展现。

⑧紫质图（见图 3-18）。卟啉是细菌的代谢物，会堵塞毛孔导致痤疮。卟啉在紫外线下会发出荧光，表现为黄色圆点。

4）数据分析（见图 3-19）

①特征计数。特征计数是指所选区域内所见的皮肤皮损的数量。

②分值。分值是指皮肤问题（如斑点）的大小、密度的分值。

③百分位数。百分位数指测试者的皮肤状态在同年龄、同性别、同皮肤类型人群中的排名，数值越高，状态越好。

特征计数：77
分值：1.777
百分位数：69%

图 3-19　数据分析

5）图表分析

①绝对柱状图与相对柱状图。绝对柱状图（见图 3-20）是各个项目百分位数据的柱状图。相对柱状图（见图 3-21）中，直线表示平均状态，下侧红色柱状表示非正常状态，上侧绿色柱状表示正常状态。

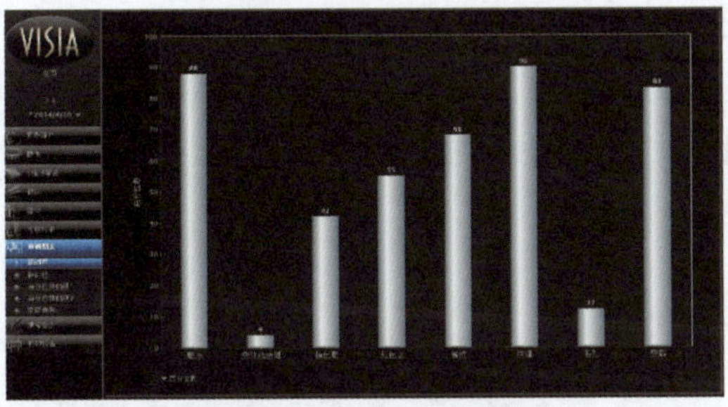

图 3-20　绝对柱状图

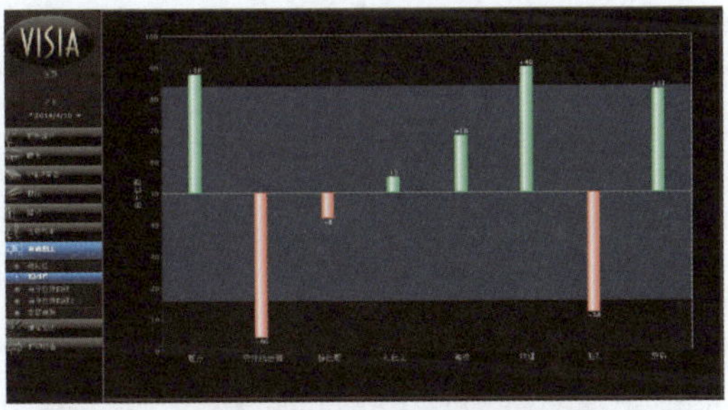

图 3-21　相对柱状图

②百分曲线图（见图 3-22）。百分曲线图用来分析顾客某一项目的某一个数据是否处于正常范围。蓝色阴影属于正常范围，灰色线是中位数，红色表示异常，绿色表示正常。

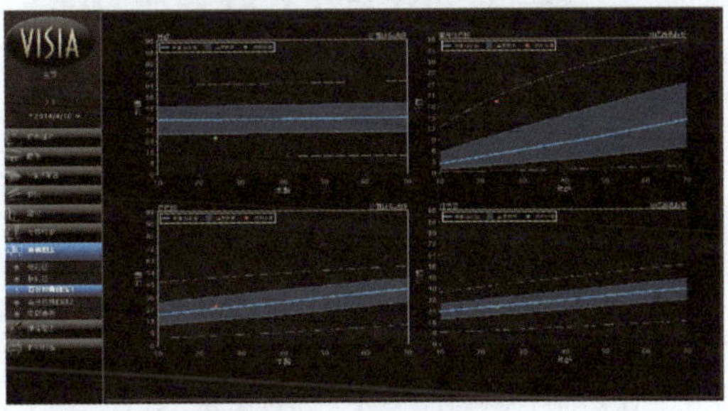

图 3-22　百分曲线图

③进展曲线图（见图 3-23）。进展曲线图用来分析发展方向、变化幅度。通过每次的拍摄，VISIA 面部图像分析仪会自动把每次治疗的数据坐标连成相应曲线，方便美容师实时进行分析以及进

行护理方案的调整。

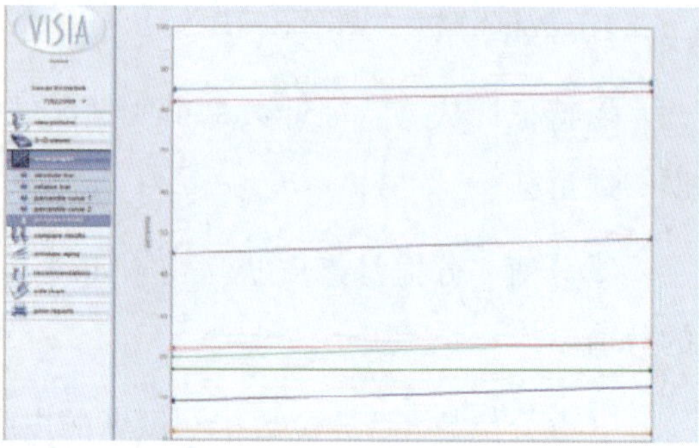

图 3-23　进展曲线图

6）三维立体分析（见图 3-24）。该功能能对整体的皮肤状态进行更加立体的观察。可以挪动白色框架选择分析部位，可选择不同色阶进行更为细致化的观察，对护理前后纹理、皱纹、质地的改善比对提供了非常大的帮助。

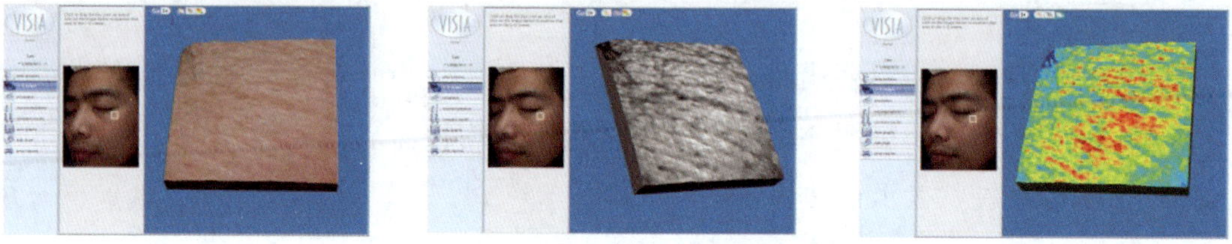

图 3-24　三维立体分析

7）护理前后对比（见图 3-25）。针对即时护理效果或疗程前后效果进行对比，可直观地看到皮肤状态的变化。

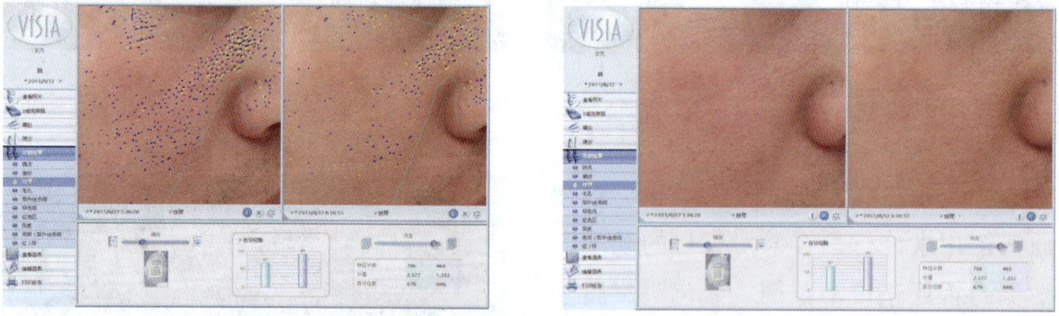

图 3-25　护理前后对比

8）模拟老化及年轻化（见图 3-26）。通过 10 年的模拟空间，让顾客更加直观地了解皮肤现状及发展趋势，明白如果不及时采取护理措施，多年后的皮肤状态会发生的改变，以及如坚持护理，可以改善的状态。

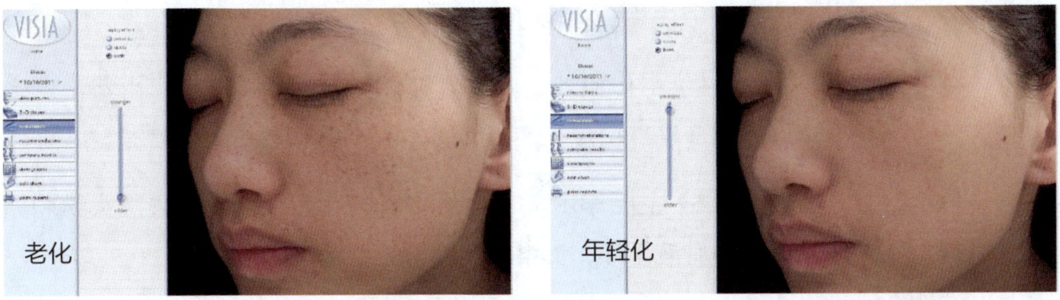

图 3-26　模拟老化及年轻化

9）护理方案制定（见图 3-27）。美容院可将现有设备及各项美容产品录入系统，系统可自动根据各项检测结果，分析并选择所需产品或护理项目，制定综合护理方案。

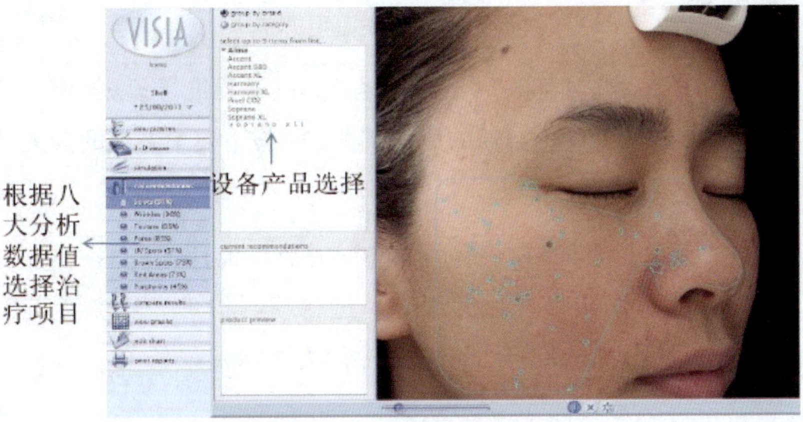

图 3-27 护理方案制定

三、清洁类仪器

皮肤的清洁程度对护理的效果会产生直接影响。高科技洁面仪比普通手洗的清洁效果高出 6~11 倍，能更深层、彻底、有效地清除毛孔里的油脂、污垢和残留化妆品，温和地去除表浅死皮，对预防毛孔堵塞、黑头粉刺的产生、粉刺痤疮的改善，以及加强皮肤对产品的吸收起着重要的作用。洁面仪种类繁多，以下重点介绍几款常用的清洁类仪器。

1. 喷雾仪

目前美容市场上的喷雾仪可分为奥桑喷雾仪和冷喷机。

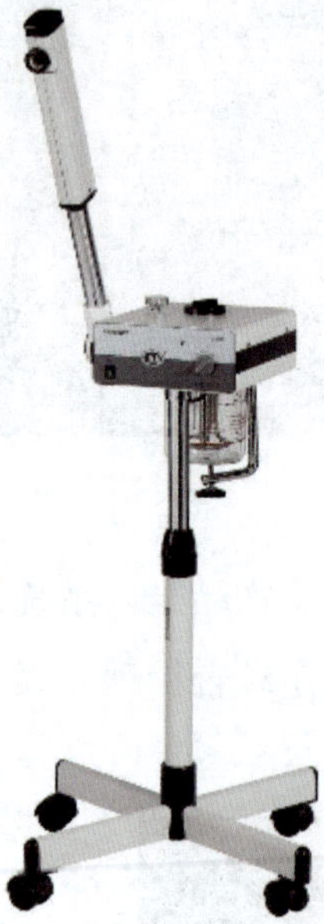
图 3-28　奥桑喷雾仪

（1）奥桑喷雾仪（见图 3-28）

1）工作原理。奥桑喷雾仪又称离子喷雾机，由蒸汽发生器和臭氧灯构成，产生普通蒸汽喷雾和奥桑离子喷雾。

2）主要作用。软化角质，扩大毛孔，便于去黑头粉刺，促进血液循环；奥桑喷雾具有杀菌消炎的作用。

3）使用方法

①注入蒸馏水，加水时的水位以玻璃烧杯的红色标线为准，没有红色标线的烧杯，一般水位注入量为烧杯容量的 4/5。使用时的最低水位要高于电热元件。

②消毒仪器，接通电源。

③预热。打开普通蒸汽开关进行预热，等待 5~6 min，便会产生普通的蒸汽喷雾，再按下奥桑蒸汽的开关，便会产生奥桑蒸汽。

④在顾客眼部垫湿的消毒棉片，待蒸汽均匀喷出后再将仪器移至顾客面部，进行喷雾护理。可参考表 3-2 为不同的皮肤选择合适的喷雾距离和时间。

表 3-2　各类型皮肤护理时间和距离

皮肤类型	普通蒸汽时间（min）	距离（cm）	奥桑蒸汽时间（min）
中性（混合性）皮肤	10	25~30	3~5
油性皮肤	15	20~25	5~8
干性皮肤	8	30~35	1~2 或不做
敏感性皮肤	5~8	35	不做
色斑性皮肤	8	30~35	不做

注：目前，由于果酸、视黄醇以及其他活性成分在化妆品中的广泛应用，敏感皮肤情况日渐增加。因为蒸汽使用不当或时间过长会刺激敏感皮肤和使皮肤干燥，是否使用蒸汽以及所使用的时间应按照产品公司的建议。表中的内容仅供不使用活性刺激成分的传统护理参考。

⑤结束喷雾时，先将喷口从顾客面部移开，再关闭奥桑喷

雾仪的开关，然后关闭蒸汽的开关，并切断电源。

⑥消毒仪器，整理并还原仪器。

4）注意事项

①烧杯在注水之前应检查是否有裂缝。

②将喷口调至从顾客额头向颈部喷射的角度，确保蒸汽能均匀覆盖整个面部；喷口不能直对顾客鼻孔，否则会让顾客呼吸困难。

③根据皮肤性质和护理需要设置喷雾时间，最长不能超过 15 min，时间过长会使皮肤出现脱水现象。

④色斑皮肤、敏感皮肤不宜做奥桑离子喷雾。

⑤当发现喷射的雾气不均匀或有水滴喷出时，必须马上将喷口从顾客面部移开，关闭仪器，以免烫伤顾客，造成美容事故发生。

⑥使用过程和使用后确保电线不贴在烧杯上。

5）使用禁忌

①严重过敏、红血丝和发炎的皮肤。

②玫瑰痤疮。

③晒黑或近期暴晒的皮肤。

④有伤口的皮肤。

⑤近期做过光子嫩肤、激光、射频、果酸换肤、注射疗法等的皮肤。

6）日常保养

①每周清洗两次烧杯，每天使用前换水，并用干布擦拭机体，用毕及时关闭开关，切断电源。

②奥桑喷雾仪尽量使用蒸馏水，以延长蒸汽机的使用寿命。不建议加入精油或中药等其他物质，以确保仪器内部的清洁卫生，防止细菌滋生及喷口堵塞。

③喷口产生喷水现象，可能是水中有杂质将喷口堵塞，使蒸汽不能顺畅排出而形成水珠。可使用 3 ： 2 的白醋、水混合溶液浸泡烧杯 24 h 后，换入干净水打开蒸汽，让蒸汽喷完以清除水垢。

④如蒸汽四散不集中，则应更换烧杯口垫圈。

（2）冷喷机（见图 3-29）

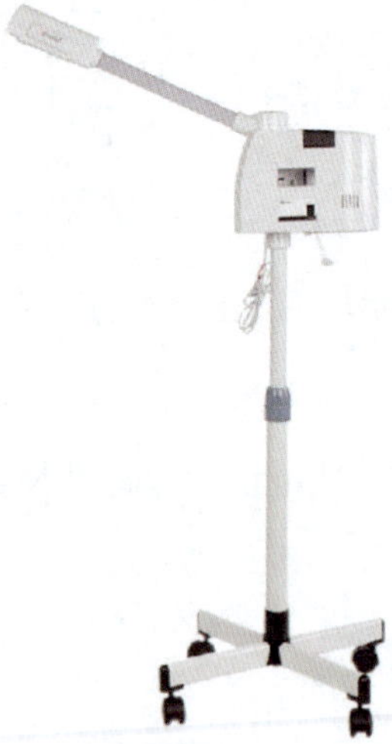

图 3-29　冷喷机

1）工作原理。冷喷机是将正常饮用水通过物理水质软化过滤器，分离出水中的钙、镁等离子，使水质软化、纯净。再经过超声波振荡，产生带有大量负氧离子的微细水雾，在内部风动装置的作用下，变成冷雾喷洒出来。

2）主要作用

①补充皮肤水分，软化角质，缩小毛孔，促进血液循环。

②镇静皮肤，改善皮肤红肿、发炎等现象。适用于轻度过敏的皮肤、暗疮皮肤及用于晒后皮肤的修复。

3）使用方法。根据皮肤需要，在冷喷机的注水口中倒入纯净水或生理盐水。冷喷机无须预热可直接开机使用，其他步骤与奥桑喷雾仪类似。

4）注意事项

①不要使用含有杂质的水，以免堵塞喷口。

②喷口与顾客面部皮肤的距离一般为 25~30 cm，根据顾客的承受力调整雾量的大小。雾量不要过大；喷雾时间不宜过长，一般为 10~15 min。

③每次用完仪器要倒出水箱里的水，下次使用时根据顾客皮肤选择合适、干净的水。

5）使用禁忌。冷喷机适合大多数皮肤使用，特别是过敏、有暗疮、晒后的皮肤。

2. 电动毛刷

传统的电动毛刷是将电流所产生的能量转化为

机械的动能来推动刷子旋转，用以深层清洁和按摩皮肤的美容仪器。近几年比较流行的产品是智能超声波电动洁面仪。这类电动洁面仪配有适合身体和各种类型皮肤（包括敏感性）的刷头，及足部护理磨盘，并可调节振动的强度。电动毛刷如图 3-30 所示。

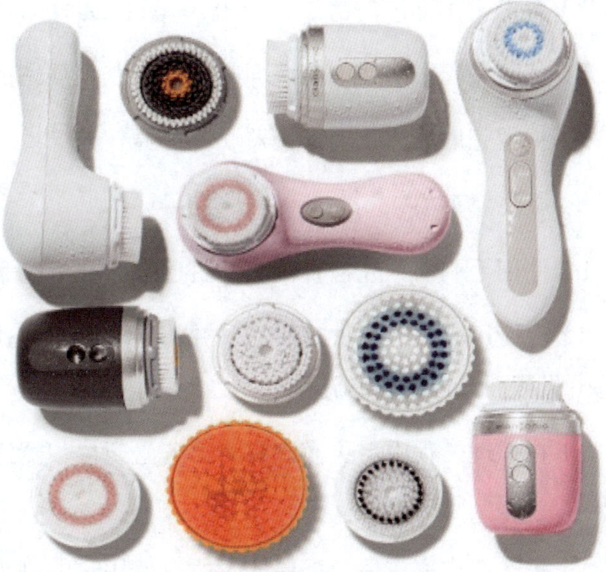

图 3-30　电动毛刷

（1）工作原理。电动毛刷主要是运用超声波使洗脸刷上的细毛往复或旋转振动，从而达到高效、无刺激、彻底深层清洁和按摩皮肤的效果。最有代表性的品牌是科莱丽（Clarisonic），分为日化线和专业线（强度较大，只限于美容和医疗机构使用）两类。

（2）主要作用

1）清洁作用。能去除皮肤表面的污垢、皮脂、化妆品残留物、老化角质。

2）按摩作用。能改善肤质，消除疲劳，促进血液循环，增加皮肤的弹性，使皮肤光滑细嫩。

目前市场上大多数超声波电动毛刷有不同的型号和针对各种皮肤的柔和刷头，适合任何类型的皮肤，如能确保方法正确则可以每天使用（如卸妆）。传统电动毛刷一般建议每周使用 1~2 次。由于市场上品牌繁多，具体使用频率应按照各厂家的建议。

（3）使用方法

1）消毒仪器，将合适的刷头插在手柄上。

2）将清洁产品（洁面啫喱或洁面摩丝）涂抹在皮肤上。

3）将刷头浸湿后在毛巾上擦干多余的水分，打开开关，调整转速，在皮肤上以打圈的方式，匀速轻柔地进行清洁，不用加力按压。

4）着重 T 字部位的清洁，使用 3~5 min 为宜。

5）清洁后先用湿毛巾或洗面布擦拭皮肤上残留的污物，再用清水清洗皮肤。

6）护理完后清洁、消毒仪器，并还原仪器。

（4）注意事项

1）使用毛刷前，先检查刷头是否已插紧在毛刷手柄上。

2）应使用较黏稠的护理产品，并将毛刷的旋转速度降低，以防产品被刷头高速旋转甩出飞溅而造成浪费和污染。

3）在护理过程中需更换刷头时，务必暂停仪器运转，等刷头停止转动后方可卸下更换。

4）每次操作完成后，都要取下所有使用过的刷头，并用温和的中性洗涤剂清洁，再用清水浸透，自然风干，然后放入紫外线消毒柜内消毒，使用时再取出。刷头每 3 个月需要更换一次。

（5）使用禁忌。皮肤在发炎和角质层不健康的情况下，不可以使用电动毛刷进行皮肤清洁。

3. 高频洁肤美容仪

高频洁肤美容仪又称超声波铲皮机（见图 3-31），是一款能快速清洁毛孔和清除老化角质的多功能美容仪器。

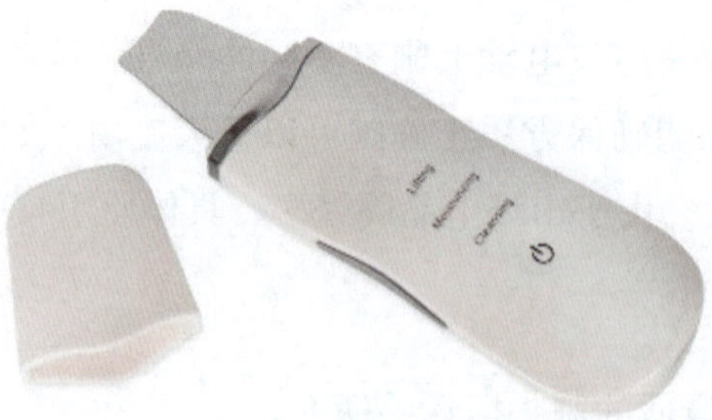

图 3-31　高频洁肤美容仪

（1）工作原理。高频洁肤美容仪利用超声波的高频振荡，使附着在皮肤上的污物产生共振而脱落，同时，高频振荡可以将涂抹在皮肤上的水分快速雾化，雾化所产生的冲击力可以加速污物的脱落而达到清洁和去角质的效果。

（2）主要作用

1）清洁（见图 3-32）。当铲刀凸面朝上进行使用时，高频洁肤美容仪具有深层清洁的作用，能清除毛孔中的油脂和污垢，改善毛孔堵塞，温和地去除皮肤表面老化角质。

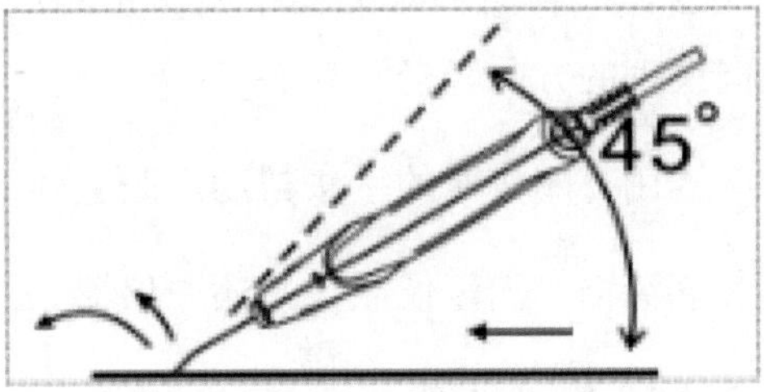

图 3-32　清洁

2）导入及按摩（见图 3-33）。当铲刀凸面朝下进行使用时，高频洁肤美容仪具有导入作用，高频振荡使涂抹在皮肤上的护肤品分子细化，加强护肤品的吸收，同时，振荡产生机械性细微按摩，能促进局部浅表血液循环，增加皮肤弹性。

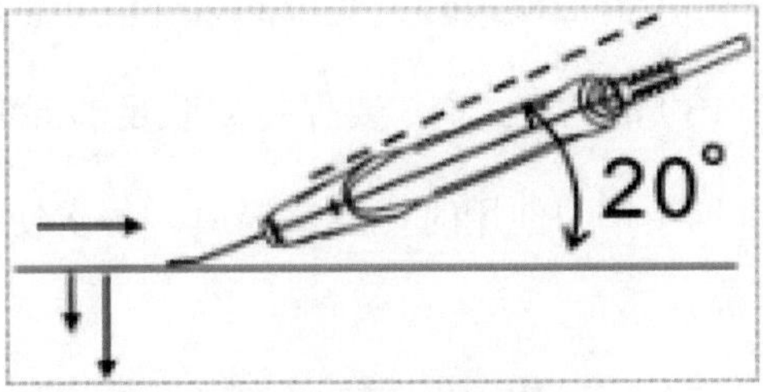

图 3-33　导入及按摩

高频洁肤美容仪是非常温和的去角质仪器，适合任何皮肤，特别是敏感皮肤、玫瑰痤疮。高频洁肤美容仪每周使用 1~2 次。

（3）使用方法

1）清洁模式

①清洁皮肤，消毒仪器，将仪器调到合适的强度。

②仪器测试。在皮肤上涂清水或专用产品，美容师先在自己的前手臂上测试，然后在顾客肩部测试。

③铲刀凸面朝上，以 45° 的角度，逆着毛孔的方向轻轻推动（见图 3-32）。对于较松弛的皮肤，需要绷紧皮肤进行操作。操作时间以 5~7 min 为宜。

④在操作过程中，铲刀上的污物要及时地用棉片擦拭干净。

⑤操作结束，用棉片擦去皮肤上残留的污物，再用清水清洗。

⑥清洁、消毒仪器，并还原仪器。

2）导入及按摩模式

①导入及按摩模式可在清洁模式结束后使用，或在面膜后使用。

②仪器测试。美容师和顾客的皮肤测试同清洁模式。

③在顾客面部涂上精华素，铲刀凸面朝下，以 20° 的角度（见图 3-33），顺着肌肉纹理的方向轻轻滑动 5~7 min。

④用打圈按摩的手法帮助皮肤上残留的精华素吸收。

⑤清洁、消毒仪器，并还原仪器。

（4）注意事项

1）不要将工作着的铲刀静止在皮肤某一部位，以免引起损伤。

2）清洁模式时，使用的力度应非常轻或几乎不用力，振动的强度不宜过大。

3）清洁模式时，要保持皮肤足够湿润，以便产生更好的雾化效果及避免损伤皮肤。

4）铲刀使用时要轻拿轻放，每次使用完后必须清洁干净，但不可将铲刀浸入水中清洗。

5）不要使用表面已经变形、缺损的铲刀，以免损伤皮肤。

（5）使用禁忌。皮肤在发炎和角质层不健康情况下不可以使用，孕妇禁用。

四、护理类仪器

众所周知，美容仪器的美容效果在许多方面比人手、一般化妆品或一般护理的效果高几倍甚至几十倍。市场上各种型号、功能的护理仪器品种繁多，层出不穷，有的能够加强产品的渗透及吸收，有的能紧致、提升及改善肌肉松弛，有的能刺激骨胶原的产生及减少皱纹，有的能杀菌消炎及减少红肿。以下重点介绍适合于教学、认定，以及 CIDESCO①组织认证的最基本和传统的美容护理仪器。

1. 真空吸杯淋巴引流仪

（1）工作原理。真空吸杯淋巴引流仪（见图 3-34）是利用真空负压的原理，用玻璃吸杯吸住皮肤慢慢移动，沿淋巴液流动的方向做吸吮动作，帮助淋巴液流向淋巴结，

① CIDESCO：圣迪斯哥是国际美容组织，其美容认证文凭在世界美容行业具有较高的权威性。

促进淋巴结周围多余代谢废物的排出，减轻浮肿现象，同时促进淋巴系统循环。

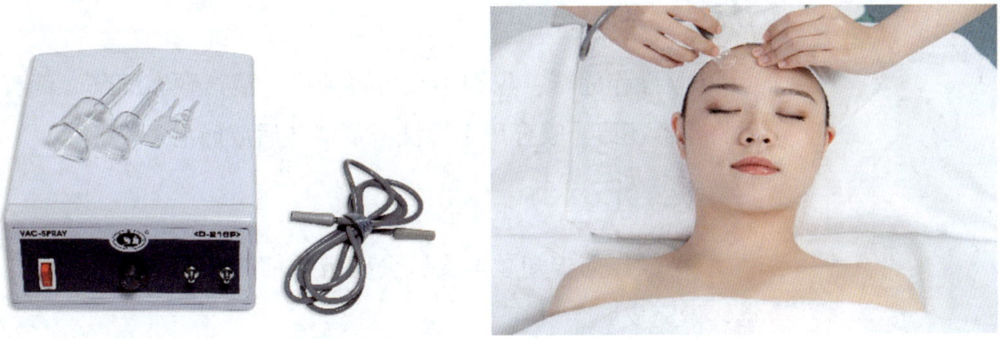

图 3-34　真空吸杯淋巴引流仪

（2）主要作用

1）加速淋巴系统循环，刺激新陈代谢，使面部白皙红润。

2）提高细胞的吸收能力，促进纤维的再生。

3）排出阻塞皮脂腺的废物。

4）减轻因循环不良产生的浮肿现象，修饰面部轮廓。

（3）适用对象

1）皮肤苍白、暗沉，色泽不均匀、有色斑的皮肤。

2）油性、毛孔堵塞、易长暗疮及水肿的皮肤。

（4）使用方法

1）取按摩膏作为介质，准备仪器及各种大小的吸杯。

2）检查吸杯口有无裂痕，消毒吸杯后将干的小棉球塞入吸杯的小口处，消毒仪器，连接仪器配件。

3)开机后先在美容师的手腕内侧测试吸力大小，再在顾客额头进行测试。

4）在顾客面部涂上按摩膏，按照淋巴引流方向（见图 3-35）进行操作，动作不可太快或太慢。

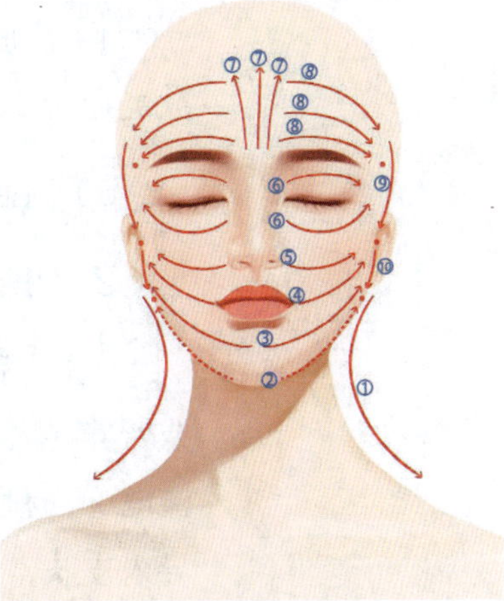

图 3-35　淋巴引流方向图

5）操作过程中如需更换吸杯要关机，更换吸杯后重新测试吸力大小，再进行操作。

6）操作完毕，先调小吸力再关机。清洁顾客面部，消毒仪器后将仪器还原。吸杯用中性洗涤剂清洁后放回消毒柜。

（5）注意事项

1）操作前告知顾客皮肤会有被拉伸的感觉，也可能有热的感觉，做完皮肤会发红。

2）根据操作部位大小选择合适的吸杯进行操作。

3）吸杯将皮肤吸起的高度，面部约占吸杯高度的 10%，身体约占吸杯高度的 20%。

4）每行做 3 遍，换一行则需重叠前一行宽度的 1/3~1/2。

5）每次引流至淋巴结前 1~2 cm 时轻轻松开吸杯，以免淋巴液冲击淋巴结造成回流。

（6）使用禁忌

1）发烧、淋巴结肿胀，肾功能失常而产生的水肿。

2）骨骼突出、皮下组织少的部位，太松弛的皮肤和眼部周围。

3）新形成的疤痕和灼伤、烫伤的皮肤。

4）皮肤病、过敏性皮肤、红血丝明显的细嫩皮肤和严重的皮肤炎症。

5）高血压、低血压或曾患血栓塞症者。

2. 阴阳电离子仪

（1）工作原理。阴阳电离子仪（见图 3–36）又称电离疗肤机或营养导入机，其工作原理是通过低电压、稳定的贾法尼电流（直流电），利用同性相斥、异性相吸的原理，将某些酸性或碱性溶液导入皮肤，在皮肤组织内产生化学反应，达到导入营养或清除杂质的作用，以改善皮肤的不良状态。

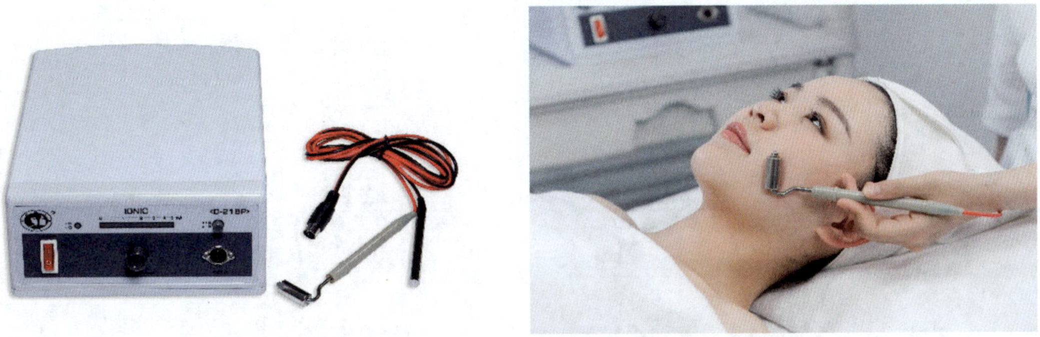

图 3-36　阴阳电离子仪

阴阳电离子仪的配件如图 3-37 所示。美容师手持导药钳于顾客面部操作，金属电极棒由顾客手持。

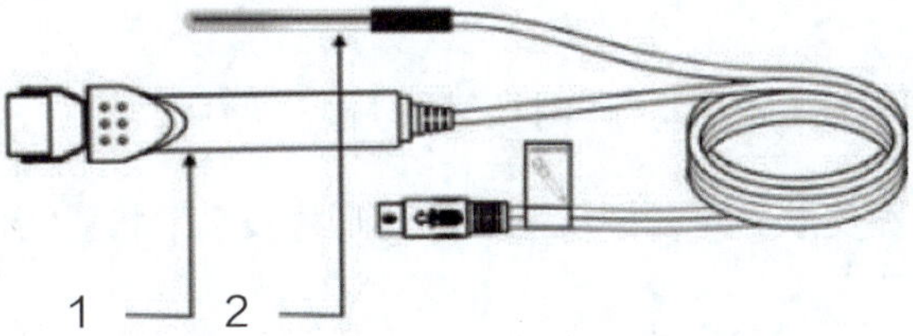

图 3-37　阴阳电离子仪的配件

1—导药钳　2—金属电极棒

（2）工作模式。阴阳电离子仪有正极和负极两种工作模式，当不同极性的电流流经皮肤表层时，会产生不同的化学反应。但不论是处于正极的工作状态还是处于负极的工作状态，美容师手持的电极均为主动的、活跃的电极，顾客手持的则是不主动、不活跃的电极。

1）正电极（阳极）工作时（见图 3-38），能将酸性溶液（带正电荷的溶液）导入皮肤，产生酸性反应（HCl），安抚神经，减少血液供应，强健纤维组织，收缩毛孔减少红痕，加强细胞的通透性，将不易渗透的营养物质导入皮肤深层，使皮肤的深层得到护理。

2）负电极（阴极）工作时（见图 3-38），能将碱性溶液（带负电荷的溶液）导入皮肤，产生碱性反应（NaOH），刺激神经，增强血液循环，软化纤维组织，增强皮肤弹性，溶解皮肤中积聚过多的皮脂，平衡皮肤分泌，同时将皮肤深层杂质及重金属离子排出。

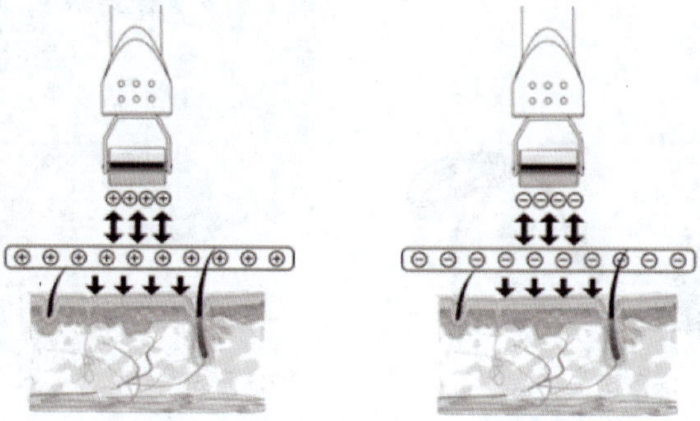

正极工作时　　　　负极工作时

图 3-38　阴阳电离子仪工作模式

（3）使用方法。阴阳电离子仪有去垢法和渗透法两种使用方法。去垢法以负极导入为主，需配合碱性的溶液使用；渗透法以正极导入为主，需配合酸性的溶液使用。

1）去垢法

①主要作用。同上述负电极工作时所述作用。

②适用对象。油性皮肤，混合性皮肤，轻度暗疮皮肤，肤色暗沉和经常化妆的皮肤。

③操作方法

a. 准备适量的生理盐水或带负电的碱性溶液、适量的蒸馏水，消毒仪器及配件，检查电流强度是否归零，将仪器调至负极工作状态。

b. 顾客右手手心垫一张湿棉片，握住金属电极棒。

c. 用湿棉片包裹导药钳，注意棉片不能太厚且厚薄均匀，不能有过多重叠。

d. 在顾客面部均匀地涂抹生理盐水，并告知顾客操作过程中面部会有轻微的刺痛感，是电流通过皮肤时的正常感觉。

e. 将导药钳放入盐水中略浸湿，放于顾客额头，一边移动导药钳一边打开仪器，慢慢加大电流强度至顾客适应后，开始慢慢进行“Z”字形移动。

f. 操作 6 min 后，将导药钳移回到顾客额头后关机。去掉导药钳上的棉片，用干净的棉片将面部擦拭干净，涂上蒸馏水。

g. 将仪器调到正极，同样方法操作 2 min 后关机，消毒仪器后将仪器还原。

④使用禁忌。过敏、有伤口、微血管破裂、晒伤的皮肤，做过脱屑、光电仪器治疗，

怀孕，体内有金属，心脏病，干性、成熟衰老皮肤，严重脱水皮肤。

2）渗透法

①主要作用。同上述电正极工作时所述作用。

②适用对象。干性皮肤、缺水皮肤、混合性皮肤和衰老皮肤。

③操作方法

a. 准备水性精华素或带正电的水性溶液，消毒仪器及配件，导药钳无须包裹棉片，将仪器调至正极工作状态，开机后操作方法同去垢法。

b. 正极操作 6 min 后关机，消毒仪器后将仪器还原。

④使用禁忌。严重过敏的皮肤，有伤口、受过刺激的皮肤（如晒伤、做过光电仪器治疗的皮肤），微血管破裂，怀孕，体内有金属，心脏病。

（4）注意事项

1）操作时请顾客将金属饰物摘下。

2）电流强度必须从弱至强使顾客逐渐适应。在面部使用阴阳电离子仪时，其电流强度一般为 2~3 mA，电流强度不宜过大，大小由顾客承受能力决定。

3）操作过程中导药钳要呈 “Z” 字形在皮肤上不停移动，移动要有节奏，不能太快。

4）操作过程中，导药钳不能离开顾客皮肤，若离开则需关机重新开始，不能直接将导药钳放在皮肤上，否则会灼伤皮肤。

5）通电时金属电极棒与导药钳要避免相撞，电极与仪器的连接软线要理顺，不能缠绕。

6）使用完毕检查电流调节钮是否归零，开关是否关闭。

3. 高频电美容仪

高频电美容仪（见图 3-39）又称为高周波美容仪，使用的是一种高电压、低电流的高频交流电，其输出频率大约为 25 000 Hz。由于这种电流的脉冲持续时间非常短暂，所以不会刺激肌肉的收缩，但会产生热效应。

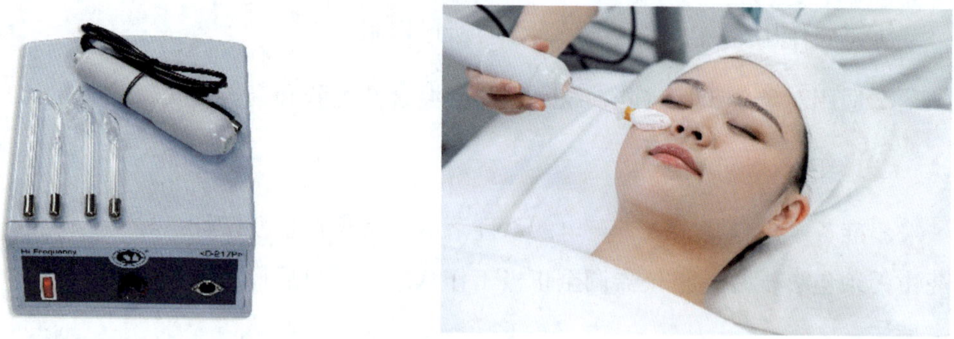

图 3-39　高频电美容仪

（1）工作原理。当仪器工作时，高频率振动的电流使玻璃电极产生放电现象，发出“嗞嗞”的声音和不同颜色的光（玻璃电极内是氩气时发出蓝色的光，是氖气时发出橙色的光），使玻璃电极周围的氧气电离形成臭氧，起到消炎杀菌的作用；快速振荡的电流还能引起皮肤组织中的分子迅速运动而产生热量，从而帮助改善皮肤的血液循环。

高频电美容仪的主要配件是各种不同形状的玻璃电极管，这些电极管内含有氩气或氖气等惰性气体，包括绝缘手柄和玻璃电极管（见图 3-40），不同形状的玻璃电极管适用对象如下。

1）蘑菇形玻璃电极管适用于面颊、前额、颈部等大面积部位。

2）勺形玻璃电极管适用于下颌等中等面积部位。

3）点状形玻璃电极管适用于鼻窝等小面积部位。

4）直棒形玻璃电极管用于间接式使用方法。

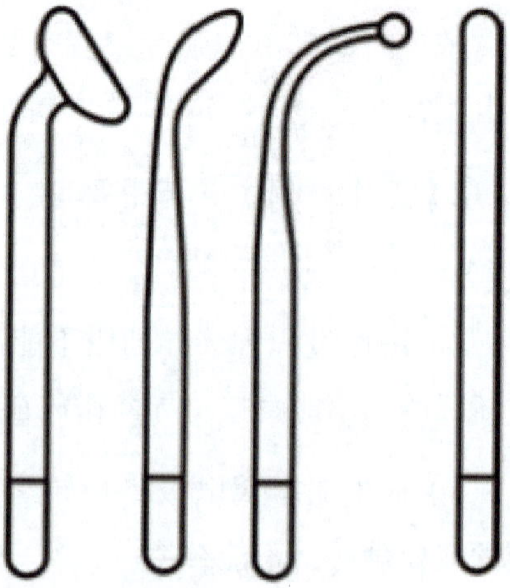

a)　b)　c)　d)

图 3-40　玻璃电极管

a) 蘑菇形　b) 勺形
c) 点状形　d) 直棒形

（2）使用方法。高频电美容仪有两种不同的使用方法，分别为直接式使用法（简称直接式）和间接式使用法（简称间接式）。

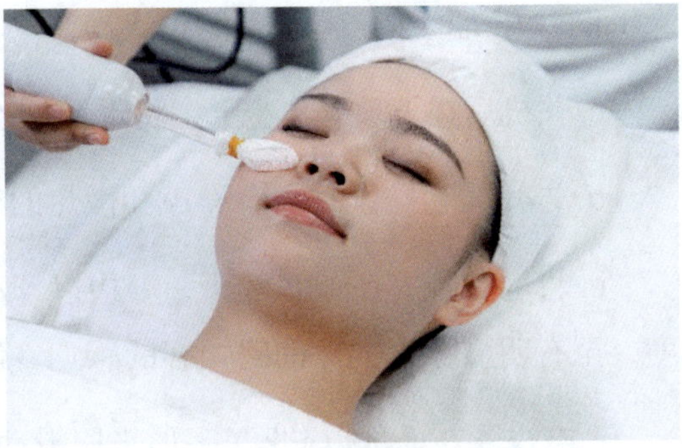
图 3-41　直接式

1）直接式（见图 3-41）。直接式是由美容师手拿玻璃电极管在顾客皮肤上滑动的一种操作方法。在进行直接式操作时，如将玻璃电极管与皮肤呈点状接触，会发出更大的声音和更强的电火花，此时会产生更多的臭氧和较强的高频电流生物效应，起到消炎杀菌、促进伤口愈合的作用。这种方式称为直接火花式，简称火花式。

①主要作用

a. 使皮肤组织产生热量，具有安抚及镇静的效果。

b. 加速血液循环，有利于吸收营养与排泄废物。

c. 促进皮下组织增长。

d. 产生的臭氧具有消炎杀菌、降低皮脂腺超量分泌的作用。

e. 使油性皮肤干燥、爽滑。

②适用对象

a. 油性皮肤、暗疮性皮肤、混合性皮肤。

b. 直接式可以帮助脂溢性皮炎降低皮脂分泌，达到干爽的效果。

c. 火花式适用于有炎症的局部，或在暗疮被针清后的小伤口处使用。

d. 干性皮肤短时间使用直接式可促进皮肤的吸收功能，可用于精华素捏按前或面膜前。

③操作方法

a. 清洁顾客皮肤，并保持皮肤干爽。

b. 消毒仪器及绝缘手柄，从消毒柜中取出玻璃电极管，插入绝缘手柄，开机检测仪器是否能正常操作。

c. 关机后拔下玻璃电极管，将干燥的纱布整齐地绑在电极头处，再插回绝缘手柄。

d. 告知顾客操作时会有噪声和微热的感觉，并请顾客全程不要睁开眼睛。

e. 将电极管放在顾客额头，一边以“Z”字形移动电极一边开机，慢慢加大电流强度，至有明显噪声，并询问顾客的感觉，调至合适强度。

f. 电极管在面部以“Z”字形来回滑动，避开眼部与唇部。滑动到需要做火花式的部位时，先打圈，再将电极管竖起，用边缘快速点状接触皮肤，一个部位 5~10 次后平放电极，再以滑动的方式移至别处。

g. 操作完成后回到额头，一边滑动一边降低电流强度，关机后移开电极。

h. 取下电极管上的纱布，消毒电极管，放回消毒柜。消毒仪器并将仪器还原。

④注意事项

a. 使用仪器时顾客及美容师要取下所有金属饰品，顾客不可接触任何金属物品及仪器。

b. 顾客皮肤要保持干爽，以方便操作，避免使用油质或润肤霜。

c. 使用仪器时美容师不要触摸顾客，否则两者都会感到因电流突然改变而产生的刺痛与不适。

d. 在操作过程中，玻璃电极管要紧贴皮肤，否则产生空隙时会发生强烈的放电现象而引起不适甚至灼伤皮肤。

e. 在面部操作的时间，油性皮肤 8 min 左右，干性皮肤 3~5 min。火花式在局部点状接触的时间不可以超过 10 s。

f. 油性皮肤的电流强度稍大，干性皮肤的电流强度低于油性皮肤。

⑤使用禁忌

a. 干燥皮肤、敏感性皮肤、过敏皮肤、体内有金属者，以及孕妇不可使用直接式。

b. 如果玻璃电极管中含有汞，则会发出紫色的光并释放出紫外线，这种玻璃电极管不适合有色斑的皮肤使用。

2）间接式。间接式（见图 3-42）又称为维也纳式按摩，是顾客手握直棒形玻璃电极管，美容师在顾客的护理部位进行按摩的一种方法。

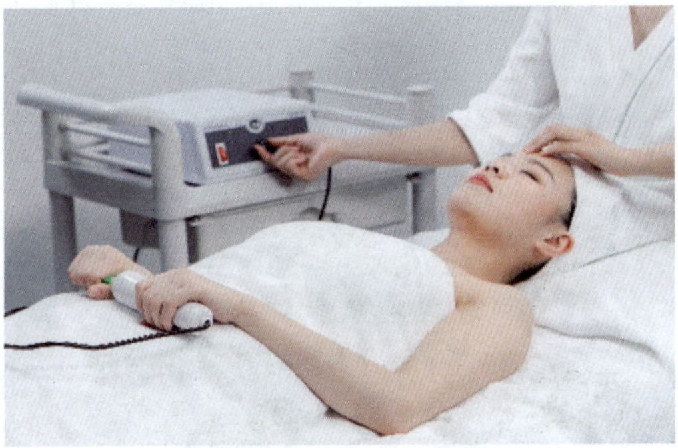

图 3-42　间接式

①主要作用

a. 温暖，刺激血液循环，增进腺体活动，有安抚的作用。

b. 刺激纤维组织，保持和恢复皮肤弹性。

②适用对象。干性皮肤、衰老性皮肤、混合性皮肤。

③操作方法

a. 准备面霜或精油，仪器的准备及测试工作同直接式。

b. 用爽身粉擦拭顾客右手以保持皮肤的干爽。顾客右手握玻璃电极管，左手握绝缘手柄，横放于身前远离心脏处。

c. 在顾客面部涂上面霜或精油。美容师一手紧贴顾客额头，一手开启机器，逐渐调强电流强度，直到顾客所接受的程度。

d. 以缓和的手势如按抚法按摩，按摩时双手不能同时离开皮肤，避免电流中断。

e. 按摩时间一般为 10 min。操作结束时，美容师一手放于顾客额头，一手慢慢调低电流强度至关闭。

f. 清洁顾客面部，取回顾客手握的电极管，消毒电极管放回消毒柜，消毒并还原仪器。

④注意事项

a. 操作时顾客及美容师要取下所有金属饰品。

b. 使用的产品要为容易吸收的按摩产品。

c. 按摩时不可以停留在一个部位，以免电流集中在一处

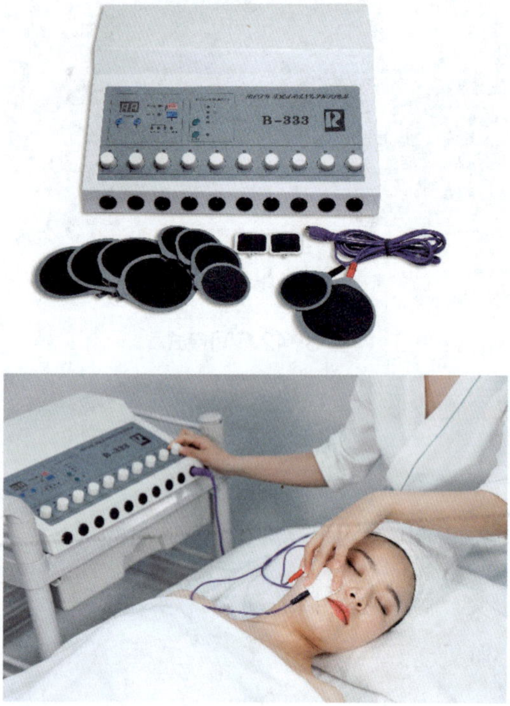

图 3-43　法拉狄

引起顾客不适。因此，按摩时不可以用揉捏法、扣抚法、震颤法、捏按法等按摩方法。

⑤使用禁忌。敏感性皮肤、过敏皮肤、体内有金属者，以及孕妇不可使用间接式。

4. 电子肌肉收缩仪——法拉狄

法拉狄（见图 3-43）是法拉第的谐音，它通常是指利用法拉第电流（又称为感应电流，见图 3-44）刺激神经使肌肉收缩而形成被动运动的一种仪器。国内把这类仪器称为电子肌肉收缩仪。目前，大多数法拉狄使用的是一种间断的直流电（见图 3-45）。这种电流是单向的脉冲电流，其频率、脉冲时间、间歇时间固定，相对于法拉第电流而言，它使肌肉收缩的效果更好，而且舒适度也更好。

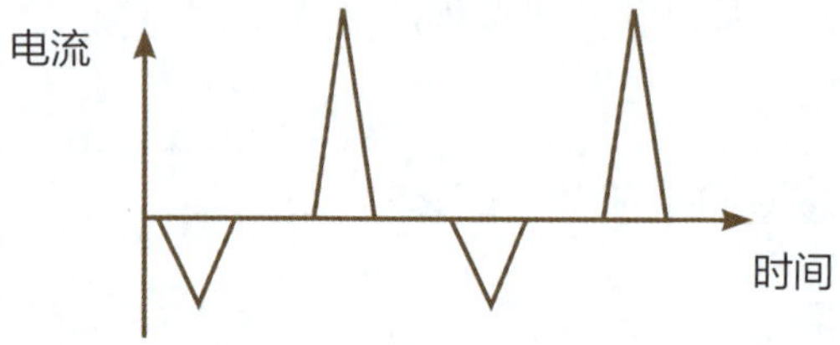

图 3-44　感应电流

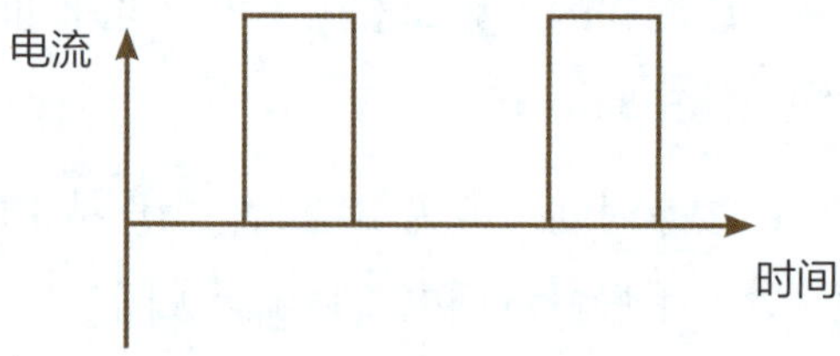

图 3-45　间断直流电

（1）工作原理。法拉狄所引起的被动运动并不会对皮下脂肪有任何直接影响，而是使肌肉收紧令体态变得苗条，同样地可使下垂和松弛的肌肉获得改善，恢复弹性。

（2）主要作用

1）收紧松弛的肌肉，令肌肉结实，改善面部轮廓。

2）增加血液循环及淋巴循环，改善皮肤组织的内环境。

3）刺激神经末梢，促进神经的敏感度。

（3）适用对象。面部法拉狄适合于所有有抗衰老需求的人士使用。

（4）常用参数

1）收缩与舒张（见图 3-46）

①收缩。代表脉波输出，刺激神经、血管和肌肉收缩的时间，最长 30 s。收缩时间一定少于舒张时间。

②舒张。代表脉波暂停输出，肌肉暂时休息的时间，最长 60 s。

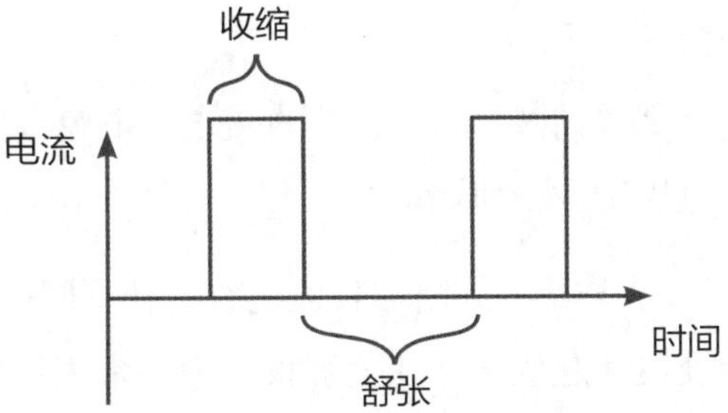

图 3-46　收缩与舒张

2）频率。频率是指脉波在每秒输出的次数。频率越高，刺激越表层的肌肉、神经，以及皮肤组织的表皮层和真皮层；频率越低，刺激越底层的肌肉、神经。低频率与较宽波宽配合，也可触发交感神经的感受点，促进血液循环（最高 150 Hz）。

① 1~10 Hz。只能对耐受力非常高者使用，主要针对深层的红肌，有分解脂肪的作用。

② 10~60 Hz。刺激肌肉深层，包括红肌与白肌。

③ 60~90 Hz。治疗一般肌肉，主要针对白肌。

④ 120 Hz。主要针对面部、颈部，以及循环系统。

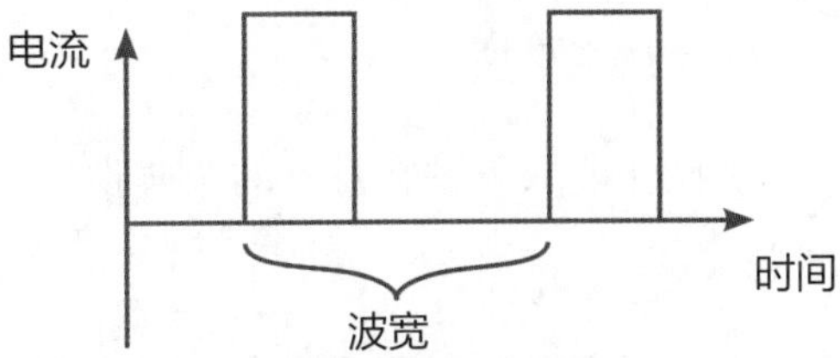

图 3-47　波宽

3）波宽（见图 3-47）。波宽是指脉波流动于肌肉上的时间长短。宽波宽，可配合低频率，刺激底层神经与肌肉，宽阔脉冲是能量刺激；窄波宽，可配合高频率，刺激表层神经肌肉，狭窄脉冲是一般刺激。

4）双向波与单向波

①双向波。双向波为交流电，电流方向来回反复，放于顾客身上的电极没有正负极之分。

②单向波。单向波为直流电，电流方向恒定。负电极为活跃的电极，放于肌止端；正电极则放于肌始端。

5）波形。间断的直流电有 6 种不同的波形，分别为疏波、密波、疏密波、间升波、断续波和起伏波，在美容仪器中，常用到以下 4 种。

①疏波。放松、舒缓疼痛，一般用于面部法拉狄。

②密波。收紧、提升，适于常规使用。

③疏密波。促进淋巴循环。

④间升波。具有高强度刺激，可分解脂肪，减重。

（5）使用方法

1）准备仪器，消毒电极片；准备导电啫喱；清洁顾客面部，使皮肤洁净没有油脂。

2）打开电源开关，根据顾客需要设置仪器各项参数。

3）在电极片上均匀地涂上导电啫喱，按照肌肉走向将电极片贴于肌肉的起始端。

4）一手固定电极片，使其完全贴合皮肤，一手慢慢调节电流强度至看到肌肉跳动。

5）肌肉跳动 6 次后，将电流强度归零。拿起电极片，均匀涂抹导电啫喱，至下一组肌肉进行操作。整个面部的操作时间不超过 20 min。

6）操作完毕，将电流强度归零，关闭电源，消毒仪器。

7）从仪器上取下电极片，用中性洗涤剂清洁，放在阴凉通风处晾干。

（6）注意事项

1）操作前取下顾客身上的金属物品，并提醒顾客操作时会有微微的刺痛和肌肉收缩的感觉。

2）放置电极片时要注意电极片不能挨到一起，电极片之间不能重叠；放置电极片时要注意避开骨骼部位。

3）熟悉面部肌肉的分布，按照肌肉的走向（见图 3-48）摆放电极片。使用单向波的法拉狄设备时，要注意将负极放在肌止端，正极放在肌始端。

4）先做顾客的右侧，再做左侧，从下往上，一组肌肉、一组肌肉地依次进行操作。

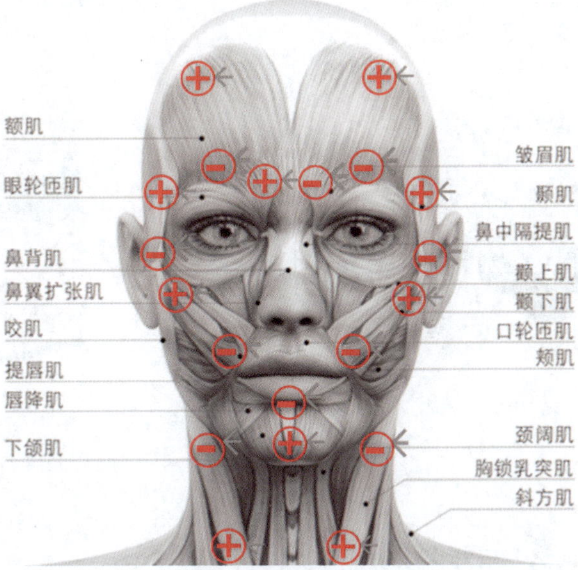

图 3-48　面部肌肉走向图

5）如果顾客能感觉到电流的刺痛感而肌肉没有收缩，有可能是电极片没有放在肌肉的起止端，或者电极片没有贴紧皮肤，或者电极片上的导电啫喱不够充足。如果不是电极片的问题，则说服顾客稍加忍耐，加大电流强度，肌肉跳动起来后刺痛感会消失。

（7）使用禁忌

1）一般皮肤失调、皮肤病、局部性感染、损伤、割伤或疤痕、瘀伤。

2）循环系统问题。微血管扩张、安装心脏起搏器、高血压。

3）神经系统问题。癫痫、神经麻痹、神经炎、偏头痛等神经系统疾病。

4）精神障碍问题。精神分裂症、心境障碍（情感性精神障碍）、恐惧症等神经症性障碍。

5）造血系统问题。再生障碍性贫血、血管性紫癜、血友病等。

6）局部性敏感，极度紧张者，体内有金属者，孕妇。

7）极为松弛的皮肤。

5. 超声波美容仪

（1）工作原理。超声波美容仪（见图 3-49）将每秒振动频率达 20 000 Hz 以上的超声波作用于人体，产生各种生物效应，以达到美容的功效，是美容院最常用的美容仪器之一。

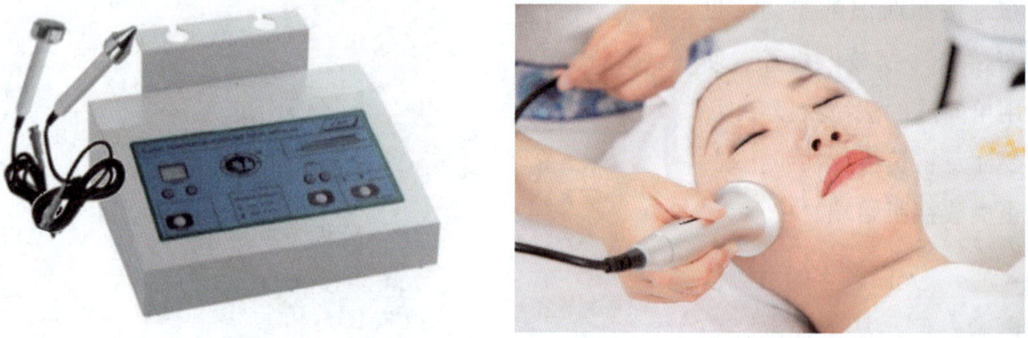

图 3-49　超声波美容仪

（2）主要作用

1）温热作用。超声波美容仪能产生温热的作用，使血液循环加速，增加皮肤细胞的养分；使神经兴奋性降低，起到镇痛的作用；使痉挛的肌纤维松弛，起到解痉的作用。

2）机械性按摩作用。超声波作用于皮肤可以使皮肤细胞随之振动，产生微细的按摩作用，改善局部血液和淋巴液的循环，增强细胞的通透性，提高组织的新陈代谢和再生能力，软化组织，活化细胞，使皮肤富有光泽和弹性。

3）化学作用。超声波具有合成与分解作用，能帮助蛋白质的合成，促进细胞的更新与修复还可分解大分子的代谢产物，净化皮肤组织的内环境。

（3）适用对象

1）黄褐斑、雀斑、皮下色素沉积、暗疮印及暗疮疤痕。

2）黑眼圈、眼袋。

3）干纹、皱纹、松弛的皮肤、成熟衰老的皮肤。

4）毛细血管扩张，碰撞的瘀青。

5）较大的、红肿坚硬的痤疮。

（4）使用方法

1）配件。超声波美容仪的配件如图 3-50 所示。大声头一般用于面部、颈部等大面积的部位，小声头一般用于眼部或薄而敏感的皮肤。

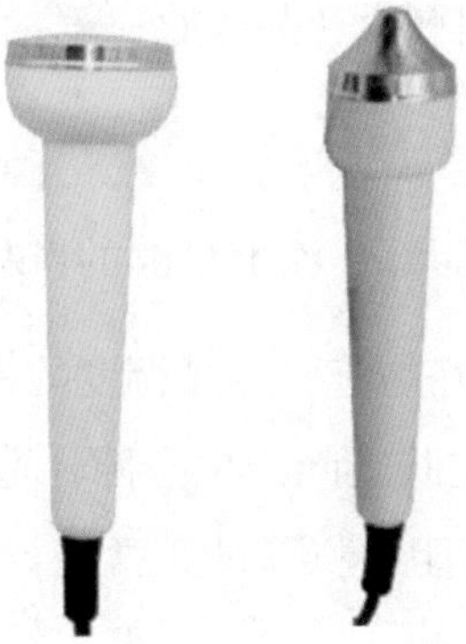

图 3-50　超声波美容仪的配件

2）波形。超声波美容仪的声波有两种类型：连续波与脉冲波。

①连续波。超声波不间断地连续发射，其强度始终不变。连续波波形均匀，热效应明显，一般配合大声头，适合于大多数皮肤使用，能量范围为 1~1.5 W/cm^2（3~5 格能量条）。

②脉冲波。超声波有规律地间断发射，每个脉冲持续时间短，产生的热效应不明显。脉冲波一般配合小声头，适合较敏感的、较薄、有毛细血管扩张的皮肤及眼部使用。也可在导入较高活性产品时使用，以免产生较高的热量使产品失活。其能量范围为 0.5~0.75 W/cm^2（1~2 格能量条）。

3）操作方法

①清洁顾客面部皮肤，准备产品，消毒仪器和配件。

②取少量产品放在声头上，开机检测仪器是否能正常工作。

③在顾客面部涂上足够的精华素，将大声头放在顾客额头，一边慢慢打圈，一边用另一只手打开仪器，调节仪器至连续波，调至合适的能量进行操作。

④声头保持垂直、服帖的状态，缓慢地在皮肤上以打圈的方式或“Z”字形移动的方式在顾客面部不停地移动。

⑤操作结束时，将声头移回到顾客额头，一边移动声头，一边将能量归零。拿开声头，关机。用捏按的手法帮助面部剩余产品吸收，消毒大声头，消毒并还原仪器。

⑥若需做眼部，则先在两侧眼周涂上产品，将小声头放于额头开机，在眼周以螺旋打圈的方式进行操作，结束时回到额头关机。

用按抚的方式帮助眼周剩余产品吸收，消毒小声头，消毒并还原仪器。

（5）注意事项

1）使用前要清洁面部，涂上足够的产品再开机，否则操作时生热会使皮肤受损。

2）使用的产品最好是有一定黏稠度的精华素、啫喱，或水分含量较高的乳霜、药膏等，以防止声头与皮肤之间产生空隙，造成声波的反射，不利于吸收。浓度小的水剂易引起皮肤的干燥，阻碍操作的正常进行，甚至引起皮肤不适。

3）整个面部操作时间应少于 15 min，眼部少于 10 min，时间过长会使皮肤细胞疲劳，吸收力下降。

4）操作时，能量不能太大，太大会灼伤皮肤，甚至起水疱。

5）敏感性皮肤输出能量要低，力度要轻。敏感性皮肤用后可能会出现红肿现象，但会很快消退。

6）操作时，不可以出现声头有能量输出但不进行美容操作的情况，否则会导致声头过热而损坏。

7）疗程应根据皮肤状况而定，一般每周 1~2 次，10 次为 1 个疗程，2 个疗程之间要间隔 1 周，否则皮肤会疲劳。

（6）使用禁忌。超声波美容仪是适用范围最广的美容仪器之一，除了严重过敏、严重的毛细血管扩张、严重发炎的皮肤、有皮肤传染病者不可以使用外，一般皮肤都可以使用。但要注意操作时避开眼球部位，以免刺激视网膜，引起眼部不适。另外，孕妇不建议使用超声波美容仪。

第四章
面部基础护理

第一节 面部皮肤护理概述

面部皮肤护理是美容院、SPA（水疗）服务机构和皮肤管理工作室的核心业务，也是医疗美容机构开展的基础服务项目。皮肤护理可分为美容院护理和家居护理两个方面，主要工作内容包括皮肤分析，制定护理方案，实施皮肤护理，提供家居护理产品购买建议、家居护理指导和跟进等专业服务。

近几年来，韩国、中国等亚洲国家也将皮肤护理称为皮肤管理。由于皮肤护理和皮肤管理属于同一行业性质的不同称谓，国际美容界及权威组织机构均统称为皮肤护理（skin care），故本书统称皮肤护理。

每一个领域发展至今，都离不开国内外无数杰出的创造者、研究机构、行业组织、竞赛组织和优秀从业者的不懈努力和奉献。皮肤护理领域同样如此，这些专家和机构通过几十年不断的尝试和探索，将皮肤护理领域的知识系统和实践经验挖掘和总结出来传给后人，服务大众。一个系统而完美的皮肤护理，不仅需要美容师的专业知识和技术，高质量和功效性的护肤品，先进的美容仪器，更需要高品质的服务。美容师只有掌握开展美容服务所涉及的各种专业基础知识、系统化护理流程和技术标准，并具备一定服务和销售能力，才能在实际工作中为顾客提供高品质的服务，从而为企业创造更多的商业价值。

本节和后续相关节将对国际通用的皮肤护理知识和方法进行系统的介绍，有助于美容师全面、系统地掌握皮肤护理知识技能，为护理实践打下扎实基础。

要点提示

1. 了解面部皮肤护理基本概念。
2. 了解美容院护理的作用。
3. 掌握面部皮肤护理基本程序。
4. 掌握面部护理注意事项及禁忌。

关键术语

面部皮肤护理　卸妆　清洁　润肤
去角质　按摩　面膜

一、面部皮肤护理概述

1. 概念

面部皮肤护理，是指在科学的美容理念指导下，运用科学的方法、专业的美容技艺、适当的美容仪器及相应的美容护肤品，来维护和改善面部皮肤，纠正皮肤的亚健康状态，使皮肤在形态和功能上保持良好的健康状态，延缓其衰老进程。同时，带给顾客放松舒压的体验。美容院面部皮肤护理范围包括面部、肩颈和上胸部。

由于面部皮肤常年暴露于紫外线中，并受到气候变化、空气污染等因素的影响，往往比身体其他部位的皮肤提前衰老，容易出现干燥、敏感、痤疮、光老化等皮肤问题。如果一个人的皮肤具有良好的基因基础，在日常生活中保持均衡的饮食、充足的睡眠，对皮肤进行正确的居家护理，通常可以让皮肤保持健康状态。但当皮肤老化或出现各种问题的时候，家居护理不足以解决皮肤问题，需要美容师运用专业知识、专业线功效性产品和各种科技美容仪器才能更好地改善皮肤问题。坚持定期去美容院接受系统、专业的护理，既能改善现有的皮肤问题，又可预防各种潜在皮肤问题，改善皮肤的质感和外观，延缓皮肤衰老，让皮肤保持最佳状态。

2. 美容院面部皮肤护理的分类

（1）预防性皮肤护理。预防性皮肤护理也称为保养型基础护理，是利用清洁、去角质、按摩、面膜、美容仪器等护理方法来维护皮肤的健康状态，适合常规保养。

（2）改善性皮肤护理。改善性皮肤护理又称功能性护理，是针对色斑、痤疮、老化、敏感等常见皮肤问题，制订系统、科学的护理计划，运用具有特定功能的美容仪器、功效性护肤品对皮肤进行特殊的修复和改善，使皮肤恢复到正常和健康的状态。

3. 美容院护理的作用

正确的皮肤护理有助于预防及改善皮肤问题，延缓皮肤衰老，保持皮肤的健康状态。面部皮肤护理可起到以下 5 个方面的作用。

（1）深层清洁作用。通过使用专业去角质剂、去角质仪器和去黑头粉刺技术，能深层和彻底地清洁皮肤，有效保持毛孔通畅，减少粉刺痤疮的形成，改善皮肤暗沉、粗糙，促进产品的吸收，使皮肤保持清洁和健康。

（2）预防作用。定期在美容院进行护理，有助于预防黑头粉刺的形成，减缓皮肤老化的进程，从而保持皮肤健康和年轻。

（3）改善作用。专业线功效性产品和专业美容仪器能有效改善皮肤干燥、色素沉着、敏感、粉刺痤疮、光老化、细纹和衰老等状况。

（4）减压作用。专业按摩手法能放松面部神经和肌肉的紧张，疏通颈部经络，缓解肩颈肌肉酸痛，缓解疲劳，促进血液循环。同时，安静舒适的环境、轻松的音乐、植物精油的芳香有助于放松紧张的情绪，舒压解乏。

（5）心理美容作用。面部护理在改善皮肤不良状况的同时，更能增添顾客的自信心。

二、面部皮肤护理基本程序

国际美容行业通用的面部皮肤护理流程有一个相对统一的标准。本节介绍的面部皮肤护理程序和标准根据世界技能大赛技术文件、CIDESCO 组织认证标准而编制，将重点介绍基本操作流程中各程序的目的及其重要性。详细操作要求、技术要领和注意事项在后续各节及操作技能教材中具体介绍。

初学者应先掌握护理操作的标准流程，在经过深入学习和实践后，在美容院实际操作中，根据仪器、产品说明，顾客皮肤状况、护理目的，以及护理重点的不同做相应的调整。

1. 护理前的准备工作

准备工作的目的是确保后续护理程序能有序地开展。护理前的准备工作主要包括美容师准备、护理室准备和顾客准备。美容师应在每天营业时间前 15~30 min 到店，做好各项准备。护理准备室如图 4–1 所示。

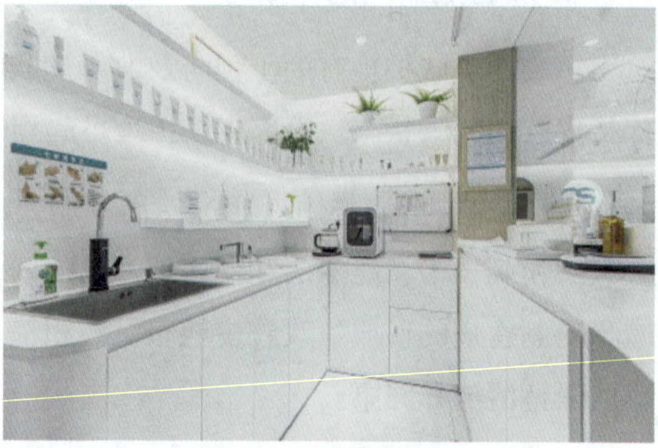

图 4–1 护理准备室

（1）美容师准备。每一次高质量、

顾客满意度高的护理都离不开美容师的精心准备。美容师在护理准备工作中，首要任务是先让自己进入工作状态，对顾客及每一次服务有高度的责任感，包括随时保持专业的形象和热忱的态度，认真查看顾客咨询表、护理档案及护理计划，从中了解顾客需求、护理目标、护理历史、禁忌和注意事项。

（2）护理室准备。护理室是顾客体验和享受美容服务最重要的场所，专业和舒适的护理环境是顾客对美容服务的期望，也是吸引和留住顾客的关键因素之一。而美容师工作时的舒适感与顾客的舒适感同样甚至可能更加重要。创造一个符合人体力学和工效学（环境工效）的操作环境，以防止和纠正不正确的姿势，随时维持身体的最佳状态，对于美容师保持长久的职业生涯来讲至关重要。护理室准备如图 4-2 所示。

图 4-2　护理室准备

从美容师职业角度来说，人体力学（body mechanics）是指四处移动时能维持和掌握身体的平衡，转换姿势时身体能有效协调。符合人体力学的环境能使人们在日常工作和活动中避免肌肉疲劳和受伤。工效学（ergonomics）也称人因工程学，是探讨人与工具、机器以及所处环境之间相互联系与制约的学科。工效学要求设备、工具的使用尽量适合人体的自然形态，使操作者的身体和精神不需要主动地去适应机器和环境，以提高工作效率，使人与物的互动最为有效、安全和健康，从而尽量减少操作造成的身体紧张和疲劳。

护理前，美容师最基本和重要的工作是将护理室布置得既符合护理标准和有吸引力，又符合人体力学和工效学的操作环境。护理室准备包含床上用品、产品、工具、热毛巾准备，推车摆放，仪器准备，以及灯光、音乐、香薰和室温等。具体内容如下。

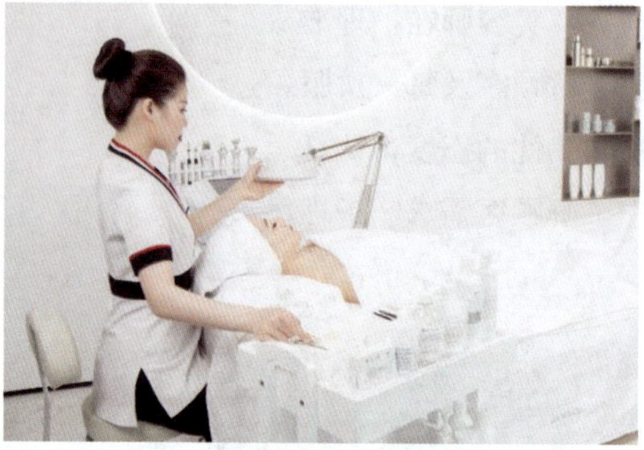

图 4-3　工位准备

1）工位准备。美容师操作时应能采用舒适、自然的作业姿势，让身体处于一种自然放松的状态。美容床和凳的高低和设置角度不合适、美容凳不舒服、推车高度和摆放角度不合适、采用不正常的姿势等，都会使手腕、手臂、肩颈、腰背等部位的肌肉紧张和疲劳，长此以往会造成疼痛、受伤甚至职业病。所以，美容师应该为自己准备一个舒适、良好和安全的工作环境，在设置床凳的高低时应符合人体工学和工效学，并注意正确的坐姿和站姿。工位准备如图 4-3 所示。

①美容床。最好选用可以电子调节的美容床。适当的床位高度可以减轻美容师背部的压力，改善动作的流畅性，为顾客提供更令人满意的护理。建议将床头调到大约 45°，让美容师的双腿能伸到床头下方，这样能使身体更靠近床头，便于操作离自己较远的上胸部位，并且让顾客躺得更加舒适自如。应避免床头平放，否则美容师的双膝周围会顶到床头，导致双腿叉得太开，身体会因离床头太远而前倾，操作姿态不自然、不放松，会使腰部、臀部、腿部的肌肉处于紧张和疲劳的状态。美容床如图 4-4 所示。

②美容凳。应将美容凳 / 椅子调到适合的高度，以便让美容师坐下后双足能自然舒适地置于地面，双膝屈曲后不高于髋部，肩和手臂能自然地下垂，手能在胸部以下操作。最好选用符合人体工学，带靠背并可调高低的美容马鞍凳，其坐垫舒适，贴合臀部形状，有益于减轻美容师背部的压力，缓解腰背部的疲劳和疼痛，易掌控并能减少晃动。美容凳如图 4-5 所示。

图 4-4　美容床

图 4-5　美容凳

③推车、垃圾桶（放垃圾袋）。放大灯或仪器尽量放在美容师的右前方，以方便顺手拿取物品。检查前一晚的结束工作是否到位，是否需要补充用品用具。

图 4-6　推车摆放及垃圾桶

推车摆放及垃圾桶如图 4-6 所示。应将产品和用具有序、整齐地放在推车各层上。推车摆放规范如下。

第一层：消毒工具范围。此范围用于存放干净的、经过消毒的用品用具，用过的物品不可再放回消毒工具范围内。在整个护理过程中，应始终保持此范围内的整洁卫生。

摆放建议：在手推车上先放一条消过毒的毛巾，再在毛巾上摆放 2 张清洁的纸巾，作为消毒工具摆放范围。将产品依次摆放在毛巾上后，再将所有经过消毒清洁的工具及用品整齐地摆放在纸巾上。每次护理完毕后应为下一位顾客更换纸巾。

第二层：可存放毛巾、纸巾盒、水盆以及操作过程中用过的用品。

第三层：其他物品。

2）仪器准备。检查美容仪器、设备的电路是否畅通和安全，运转是否正常，并将仪器设备配件消毒就位。

3）其他准备。预热毛巾，调节好房间温度、床的温度、灯光和音乐；如在护理室更衣，将浴袍和一次性拖鞋放在规定的位置；在洗手池旁边放一条小毛巾，随时保持洗手池周围清洁干爽。

4）整体检查。确保房间看起来温馨舒适、干净、整洁和专业。

（3）顾客准备。美容师应协助顾客做好护理前的准备工作，其目的是提高服务效率和质量，提升顾客满意度，也是顺利完成护理的一个非常重要的步骤。细心周到的准备工作能给顾客留下专业和有序的良好印象，让顾客感觉从一开始就受到精心的照顾和重视。主要准备工作包括协助顾客更换衣服，与顾客确认护理内容，房间的温度、音乐、灯光适合顾客要求等。顾客躺下后帮顾客盖好毛毯，并将床单、毛毯整理好，放好枕垫、脚垫（膝下），保护好头发，确保顾客感到温暖、舒适。

2. 卸妆、清洁

不洁净的皮肤会直接影响到护理效果。卸妆、清洁是进行皮肤护理的第一步，也是重要的护理步骤，其目的是彻底去除皮肤表面的污垢、化妆品、油脂和汗液等，为后续护理做好准备。

（1）卸妆。卸妆是指利用眼唇卸妆产品、洁面乳等专用卸妆品、棉片、棉签等，将面部的眼妆、唇膏、粉底等彻底清除。肌肤保养从清洁皮肤开始，而卸妆是清洁皮肤的关键步骤。

（2）清洁。清洁是指选择适宜的清洁产品，在卸妆的基础上对皮肤进行再次清洁。一般使用乳状、啫喱状或泡沫状清洁产品，在面部用轻柔打圈的手势，以适当的频率进行揉搓，从而将面部残留的污垢及化妆品彻底清洁干净。

3. 皮肤分析

皮肤分析是美容师通过询问、倾听、观察、触摸或借助皮肤分析仪器，对顾客皮肤状况和皮肤类型进行全面信息收集，并综合运用专业知识对信息进行处理分析，制订出科学、合理的护理计划的过程。准确的皮肤分析和判断是制订护理计划的重要依据，分析的准确与否会直接影响护理效果。美容师需要牢固掌握皮肤基础知识，并不断地积累经验才能做出正确的分析判断。具体的皮肤分析表及皮肤护理方案表模板详见表 1–3 和表 1–4。

4. 去角质

去角质又称为深层清洁，其目的是去除皮肤表面死皮细胞，深层清洁毛孔，使产品更深入地渗透，让皮肤更加光滑亮丽。去角质大致分为物理去角质和化学去角质。

5. 去除粉刺痤疮

大多数人都有不同程度的黑头粉刺、白头粉刺、痤疮，去除粉刺痤疮是美容院重要的护理程序之一，其主要目的是深层清洁毛孔，使皮肤表面看起来更加清洁和光滑，预防粉刺痤疮的形成，加速痤疮的愈合。去除粉刺痤疮的方法分为手工和粉刺针。

6. 仪器护理

美容仪器按照作用的皮肤层次，划分为生活美容仪器和医疗美容仪器。其中，生活美容仪器因能提升护理效果，成为美容院常规的护理手段。美容仪器按功效主要分为去角质、导入、提升紧肤、抗衰老、消炎杀菌等类别。目前美容院常用的高科技美容仪器有超声波仪器、微电流仪器、LED 光疗仪器等。

7. 面部按摩

面部按摩是借助外力和按摩介质的润滑和营养作用，使面部肌肉做出一系列被动而有规律的运动，达到促进面部血液循环、增加产品吸收、紧实肌肤和放松肌肉等美容和保健作用。面部按摩是美容院护理程序中最受顾客喜爱、最放松享受的重要程序，也是美容师应该掌握的核心技能。

8. 面膜

面膜种类繁多，功效各异，包括去角质、保湿、镇静、抗皱、紧肤、淡斑、消炎杀菌等多种品类。根据其功能，面膜可在护理中的不同环节使用，如去角质面膜应在去黑头粉刺前使用，镇静、保湿、抗皱、紧肤等面膜则应在面部护理最后使用。面膜因功效比较显著，成为美容院及家居护理必不可少的护理程序。

9. 爽肤、润肤和防护

清洁后的皮肤清爽通透，为产品吸收提供了有利条件。此时，应给予皮肤相对充足的水分、营养和保护来达到全面的护肤效果。主要护理程序如下。

（1）爽肤。爽肤可使用爽肤水。爽肤水又称化妆水，其主要作用是再次清洁和调节平衡皮肤表面的 pH 值，为保养品的更好吸收做准备。不同配方的爽肤水具有不同的作用，如保湿平衡、控油杀菌、净化皮肤、镇静舒缓。爽肤水可用喷洒、手拍、浸湿棉片涂抹的方式使用。

（2）润肤。使用各类保湿品能防止皮肤水分丢失，维护皮肤屏障功能，使皮肤滋润、光滑、有弹性，是一切护理的基础。润肤产品包括精华素、精油、眼霜、唇霜、润肤乳（霜）、润肤油等。这些产品除具有基本的保湿滋润作用外，不同的复合配方具有不同的功效，如修复、抗衰老、淡化色素、减轻痤疮、镇静消炎等。润肤产品应根据皮肤类型、状况、年龄、气候和护理目标选择使用。

（3）防护。白天在护理结束后及时涂抹防晒霜的程序很重要，能有效保护皮肤免受紫外线的损害，特别是去角质和换肤后。防晒霜分为不同防晒指数的化学性、物理性、化学和物理混合性三种类型。

10. 修眉

修眉是美容师根据眉毛的测量标准，确定好眉头、眉峰及眉尾位置，用修眉镊子顺眉毛生长方向迅速拔除周围散在杂毛的专项技术。修眉是美容院比较受欢迎的服务项目之一，是美容师必须掌握的技能。

11. 结束工作

结束工作包括顾客照料和房间整理工作，特别是对顾客的细心照顾至关重要。美容师应让顾客感觉善始善终的周到服务，包括帮助顾客起身、提醒顾客携带好随身物品、准备好茶水等。护理结束后，美容师必须重新整理护理室，以全新、干净、整洁的环境迎接下一位顾客。房间整理分为营业期间和当天工作结束后的整理，目的都是为下次护理做好准备，具体内容如下。

（1）顾客结束工作

1）告知顾客护理结束，再次提醒顾客护理后的注意事项。

2）将床头调高，放好拖鞋，询问顾客是否需要辅助下床。

3）告知顾客带好随身物品，更衣时自己会在门外等候，询问顾客是否需要茶水。

4）顾客换衣服时，美容师准备好茶水在门外等候。

5）顾客出来后，美容师递上茶水，引导顾客到休息室或前台。

6）感谢顾客，祝愿顾客度过美好的一天 / 周末。

7）美容师把推荐的家居护理产品放在前台，填写好产品使用说明单，之后离开。

（2）房间结束工作

1）更换所有床单、毛巾、浴袍、拖鞋。

2）用洗涤液清洗所有用具用品，擦干水分，放进消毒柜或消毒液里消毒。

3）消毒后，将所有用具从消毒柜取出，或从消毒液里取出后用清水冲洗干净、擦干，放回原处。

4）用消毒酒精 / 消毒纸巾将放大镜、推车、毛巾柜把手、门把手、美容床和美容凳的调节器、台面和所有的产品进行清洁消毒，并放回原处。

5）将毛巾柜里剩余的毛巾拿出来，倒掉接水盘中的水，清洁、擦干接水盘，然后放进柜子里，把毛巾柜的门打开通气。

6）清空垃圾，换上干净的垃圾袋。

7）将毛巾、床单准备成待客状态。

8）关闭所有开关。填写好每日清洁清单，签名后离开。

房间结束工作如图 4-7 所示。

图 4-7　房间结束工作

三、面部护理注意事项及禁忌

面部护理有许多好处，几乎适合所有的皮肤状况、皮肤类型和人群，但有些特定的情况，不适合做面部护理。不同类型的皮肤护理有不同的注意事项和禁忌，以下重点介绍皮肤护理中最基本的注意事项。面部按摩、去除粉刺痤疮和去角质等特殊注意事项详见相关章节。

1. 面部护理注意事项

（1）美容师在护理开始前，应按照洗手标准认真清洗双手。

（2）应使用调棒取产品，严禁用手直接取用，取完立即盖好瓶盖并放回原处。

（3）护理过程中，如手接触到没有消毒的物品，应立即消毒双手。

（4）在护理前，美容师要与顾客确认是否对任何护肤品有过敏反应，以及本次护理的重点。

（5）护理过程中应避免产品进入眼中。护理结束时应检查眼部，确保没有产品残留，顾客睁开眼睛时不会感到不适。

（6）在使用美容放大镜时，应用棉片、纸巾、护眼罩保护好顾客的双眼。用完后，应先移开美容放大镜，再取掉棉片等护眼物，以免顾客受到亮光刺激。

（7）使用面膜（软膜）时，如果需要盖住眼部和唇部，应事先征得顾客的同意。在经过顾客同意的情况下，必须确认顾客是否有幽闭恐惧症。在操作中，如果顾客感到任何不适，应立即快速清洗眼部和唇部的面膜。

（8）对于种植睫毛的顾客，卸妆时应避免棉片勾挂引起不适。避免使用蒸汽而导致胶水融化使睫毛松脱。不能用软膜直接盖住眼睛，否则撕脱时面膜容易粘在种植的睫毛上，难以去掉。

（9）了解顾客的心理需求，友善解答顾客的问题。护理中，应尽量让顾客放松休息，不主动提及与护理无关的事情，不能强行推销产品或附加项目。

（10）整个护理过程中，美容师不可以离开顾客，若有特殊情况需要暂时离开，应在保证顾客安全的情况下告知顾客自己会马上回来。

相关链接

幽闭恐惧症是指顾客在封闭空间里出现惊慌、恐惧、焦虑、呼吸急促、心跳加快、脸红、流汗等症状，严重时会出现窒息。在护理过程中，多数顾客并不知道自己有幽闭恐惧症，但当眼睛、嘴巴被面膜封闭，或做身体包敷时双臂被紧紧包裹，有的顾客就会出现幽闭恐惧症症状。

2. 面部护理的禁忌

（1）皮肤损伤、患有传染病性皮肤病、严重炎症和化脓性感染者。

（2）严重敏感皮肤或正值过敏期者。

（3）处于哮喘发作期者。

（4）精神高度紧张者。

（5）医生不建议做皮肤护理的顾客。

第二节 卸妆和清洁

面部皮肤长年累月地暴露于外，空气中飘浮着的污物、尘埃、细菌会附着在皮肤表面，再加上油脂、汗液、死细胞和化妆品，如果不及时、彻底地清除，皮肤正常生理功能会受影响，皮肤会逐渐失去光泽，进而出现肤色暗淡、肤质粗糙的现象，甚至会引起皮肤过敏、发炎、痤疮、斑疹，以及老化加快。因此，使用清洁产品对皮肤进行清洁既是皮肤保养的开始也是非常关键的一步，它不仅能保持皮肤的清洁健康、预防各种皮肤问题的产生、防止细菌滋生、促进产品的吸收，而且能使皮肤得到放松、休息和呼吸。

卸妆和清洁皮肤是两个不能相互替代的程序。卸妆液可以溶解睫毛膏和唇膏，但不一定能清除脸上残留的底妆和污垢。一般的洗面奶不但不能完全清除防水眼妆，还会对娇嫩的眼部皮肤造成刺激。所以，美容师应学会针对不同的部位和肤质选用适宜的产品，掌握轻柔的手势和高效的方法，在彻底清除污垢的同时，减少对皮肤的摩擦、拉扯和刺激。本节重点介绍卸妆清洁产品的选择和操作要领。

要点提示

1. 了解卸妆、清洁产品的选择。
2. 掌握卸妆和清洁的要领。

关键术语

卸妆油　卸妆乳　卸妆水

一、卸妆、清洁产品的选择

1. 卸妆产品的选择

卸妆产品种类繁多，美容院常用的卸妆产品包括卸妆油、卸妆乳、卸妆水。家居常用的卸妆产品有卸妆膏、卸妆湿巾、卸妆笔、卸妆啫喱、卸妆毛巾等。卸妆时可根据皮肤类型、妆面的浓淡、部位、特定场所和喜好来选择合适的产品。

卸妆水的卸妆能力较弱，适合卸淡妆；卸妆油以油溶油（脂溶性）的方式溶解含油抗水性化妆品和防水型防晒霜，卸妆能力强，适合卸眼唇浓妆；卸妆乳的卸妆能力介于卸妆油和卸妆水之间，适合卸一般浓度的妆面；卸妆湿巾适合旅游、特定场所的卸妆和喜欢简易方式的人群；敏感型皮肤则应该选用抗敏卸妆品等。

2. 清洁产品的选择

应该选择性质温和的清洁产品对皮肤进行清洁，避免使用碱性强、易使皮肤干燥的含皂基的洁肤产品。通常，清洁产品的泡沫越多，清洁力越强，所以泡沫型和凝胶型产品适合油性和痤疮皮肤；较温和的乳状产品泡沫少，适合干性或中性皮肤；含有非常温和的表面活性剂的洁肤品适合敏感性皮肤。

二、卸妆和清洁的要领

1. 卸妆的要领

由于持久的彩妆、防水性睫毛膏、眼线和防晒霜对水有顽强的抵抗力，除了使用卸妆油和具有卸妆效果的洗面奶以外，水和一般的清洁用品很难达到卸妆的效果。卸妆需要使用专用的卸妆品，较浓的妆面则需要重复多次。卸妆的常规顺序依次为：睫毛、眼线、眼影、眉毛、唇部、面部。具体步骤和细节详见实操章节，以下重点介绍几个部位的卸妆要领。

（1）眼部

1）眼周的皮肤很敏感，而眼妆常用的防水睫毛膏和超漆黑防水内外双重眼线很难清洗，所以眼部卸妆应选用卸妆力强、含油和温和成分的无刺激眼唇专用卸妆产品，而不能用一般洗面奶代替。洗面奶与卸妆产品成分不同，无法乳化油性化妆品，如用力搓擦，还可能导致睫毛脱落或引起皮肤刺激。

2）由于眼部皮肤比较嫩薄，所以卸妆产品的用量要适当，太多可能流进眼里，太少会增加摩擦或拉扯，导致皮肤受损。卸掉眼妆后，可再用一块干净的棉片将多余的油分擦拭干净。

3）先用浸湿卸妆产品的化妆棉轻轻按压在眼睛上并停留10~20 s，以溶解顽固的眼妆。卸妆时手法要轻柔，可由内眼角往外眼角或按睫毛生长方向擦拭，避免来回擦拭。应用干净棉片或棉签仔细清洁睫毛根部、内眼线及外眼角的残留物，不要将污垢推进眼里。

4）嫁接过的睫毛应避免用油性卸妆液，否则会因胶水溶解而使睫毛脱落。棉球会留下纤维，清洁时用表面纤维少的棉垫最为理想。

眼部卸妆如图 4-8 所示。

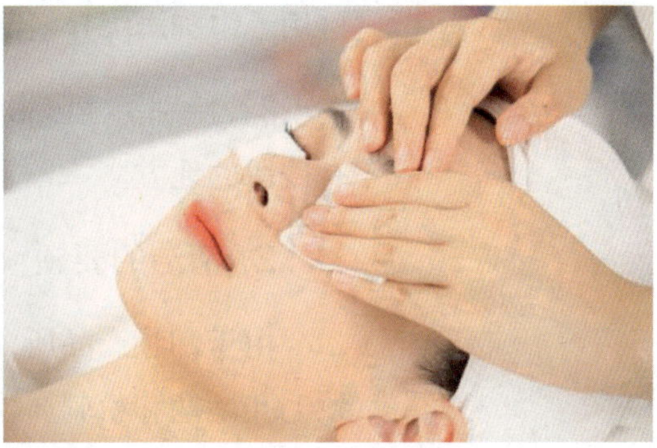
图 4-8　眼部卸妆

（2）唇部

1）如果唇彩、唇膏很浓厚、油亮，建议先用纸巾以按压的方式吸掉油分和部分唇妆。

2）唇部娇嫩易干裂，应多加注意。大部分口红用普通卸妆乳即可卸掉，但不脱妆唇釉、持久性口红、重色唇膏卸妆时建议使用含油的专用眼唇卸妆产品，可以在卸除眼妆前，将浸湿卸妆产品的化妆棉敷盖在双唇上，以便有足够的时间来融化唇妆。

3）卸唇妆时，应水平方向稍微绷紧唇部，动作轻柔，留意检查嘴角和唇纹间的残留，避免将产品推进嘴里。

唇部卸妆如图 4-9 所示。

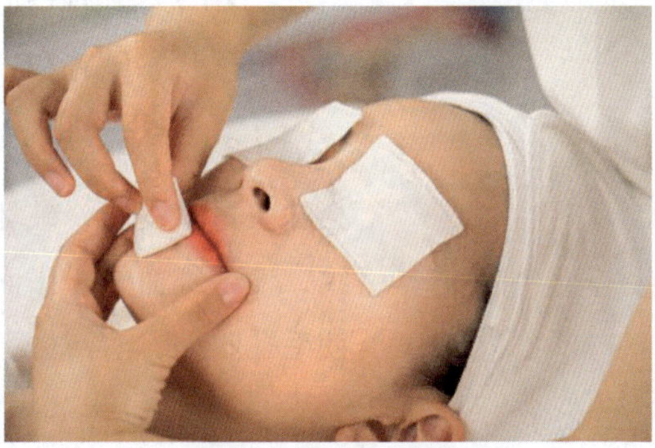
图 4-9　唇部卸妆

（3）面部

1）将卸妆乳按摩融入粉底时力度要适中，脸颊部位的皮肤娇嫩，应稍微减轻力度，T 字部特别是鼻翼两侧可以稍微用力。

2）建议先用纸巾将污垢擦干净后，

再用毛巾和海绵扑清洁，这样效率更高。

3）特别留意发际线、下巴下方、耳朵周围、鼻翼两侧等容易有残留的地方。

2. 清洁的要领

由于卸妆产品所含的油脂和乳化物容易残留在皮肤上，从而导致毛孔堵塞和粉刺产生，因此，卸妆后应该用洁面产品对皮肤进行进一步清洁。如果需要，可以重复1~2次，直到用棉片检查时无任何残迹。美容师应根据顾客的皮肤类型来选择适宜的清洁产品。清洁时最好选择卫生的一次性洁面巾。如果使用海绵扑或毛巾，应选择质地柔软的，以免对皮肤产生过多的刺激，并且需要清洁消毒和定期更换。

（1）清洁皮肤早晚各一次即可。洗脸次数太多会过度洗去皮脂膜，削弱皮肤的天然屏障功能，使皮肤变得干燥，破坏水油平衡，刺激皮脂腺的分泌，使皮肤出油更多。

（2）清洁应恰到好处，不能过度，以确保皮肤保持正常的pH值和最佳状态，有利于护肤品的充分吸收。

（3）用温水洗脸能扩张毛孔，溶解油脂，软化皮肤。水过热会除去过多皮脂，破坏皮肤的屏障功能，使皮肤干燥而容易出现细纹，使毛细血管扩张而产生红血丝或加重红血丝的症状。水太冷会使毛孔收缩，清洁力不够，对皮肤太过刺激。

（4）清洁面部的动作以按摩打圈的方式沿肌纹进行，从下到上，从里向外，力度柔和均衡。

（5）清洁后的皮肤摸起来应该润滑且无紧绷感。清洁后应立即用爽肤水对肌肤做最后的清洁，平衡肌肤的pH值。

第三节 去角质

健康皮肤的表皮细胞在整个生命周期结束时会自然脱落，人体全身每小时会脱落 30 000~40 000 个死亡细胞。随着表皮死亡细胞的脱落，位于基底层的新细胞随之上推到皮肤表面以取代旧的死细胞，形成新的角质层。新旧细胞的更新交替速度会随着年龄的增长而减慢，这个减慢的过程会导致过多的死细胞堆积在皮肤表面，随之会出现皮肤暗沉、肤色不均匀、纹理粗糙、干燥细纹、毛孔堵塞、黑头和暗疮等皮肤问题。特别是当死细胞、污垢和油脂堵塞毛孔时，会给暗疮厌氧菌——痤疮丙酸杆菌的繁殖和生长提供一个良好的温床环境。因此，在专业皮肤护理中，去角质（peel）是一个很重要的护理程序。

本节主要介绍国际通用的去角质理论知识。美容师要做到安全和有效地去角质护理，就必须牢固掌握去角质的理论知识和基本技能，经过严格训练并严格按照厂家说明规范使用产品或仪器。

要点提示

1. 了解去角质的目的及作用。
2. 了解去角质的种类及方法。
3. 了解去角质的注意事项。

关键术语

酵素　胰蛋白酶　羟基酸　微晶磨皮
果酸　水杨酸　化学去角质　物理去角质
视黄醇及其衍生物

一、去角质简介

1. 去角质的目的及作用

随着科技的发展和高科技产品开发的不断深入，去角质已不仅限于传统意义上的作用，不同种类的化学、物理、生物去角质疗法还具有更广泛的护肤效果。

（1）促进新旧细胞更新，改善新陈代谢和氧气供应，帮助皮肤恢复正常功能。

（2）均匀肤色，改善粗糙肤质，使皮肤更加光滑细腻。

（3）疏通毛孔，减少黑头、白头粉刺的产生。

（4）促进产品渗透和吸收。

（5）低浓度乳酸、水杨酸和酵素 / 酶等针对敏感皮肤的去角质配方可镇静和缓解玫瑰痤疮的发红、发炎症状。

（6）高浓度药妆和生物更新疗法能刺激胶原蛋白产生，紧肤，改善细纹、皱纹、皮肤老化等，减轻毛发向内生长，辅助治疗痤疮及其色素和表浅疤痕。

去角质前后对比如图 4-10 所示。

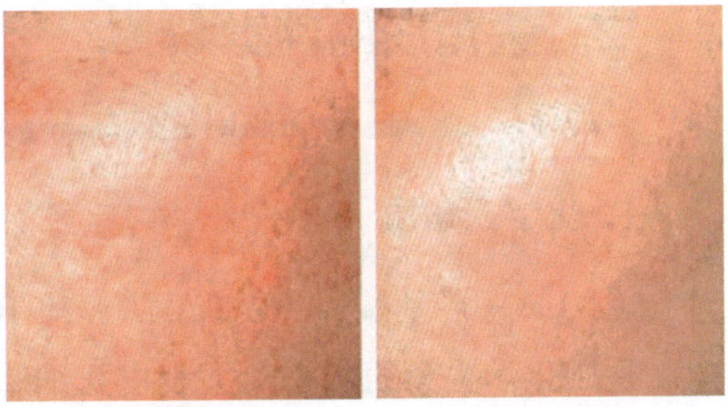

去角质前　　去角质后

图 4-10　去角质前后对比

2. 去角质的方法

随着美容科学技术的发展和医疗美容技术的普及，现代美容去角质方法和技术更加科学和安全，美容效果也更加显著。目前，有许多种涉及皮肤不同层面的去角质方法，从传统的磨砂、电刷、酵素 / 酶、超声波去角质、微晶磨皮术到轻至中度具有保养和治疗作用的药妆去角质、生物皮肤更新疗法，以及只能由医疗美容师、护士、皮肤科医生和整形外科医生操作，针对问题皮肤的医疗美容换肤。在国际美容界，很多国家的美容院、SPA、皮肤科诊所及整形医院等机构，都广泛地使用浓度较高或渗透较深的化学、生物去角质疗法来达到更快速有效的护理和治疗效果。

相关链接

表皮细胞更新周期

表皮细胞更新的周期因人而异，并受到年龄、皮肤状况、健康状况、环境和压力等因素的影响。对此周期时间的描述没有一个统一的标准，最普遍的理论为：婴儿和儿童表皮细胞更新周期约 15 天，青少年为 14~21 天，成年后为 28~42 天。随着年龄的增长，人在 40~50 岁时细胞更新周期为 45~60 天，50 岁以上为 60~90 天。年龄越大皮肤的新旧细胞更新周期越长。

二、去角质的种类

1. 化学去角质

（1）α－羟基酸 / 果酸（AHA）和 β－羟基酸 / 水杨酸（BHA）去角质。化学去角质是用化学去角质剂来除去表皮死细胞。最常用的化学去角质剂是 AHA 和 BHA。羟基酸能松解表皮层连接细胞之间的“黏合物 / 胶质”，诱导表层干燥鳞屑的脱落。化学去角质在国际上深受美容师和顾客的喜爱。专业线及药妆美容产品包括各种剂型、不同浓度和作用深浅的去角质产品，名称包括新陈代谢 peel、抗氧化蓝莓和石榴 peel、抗衰老肽 peel 等系列。家居护理产品包括日化线、专业线和药妆美容去角质精华素（浓度 10%~50%）、去角质棉垫（包括磨砂棉垫 + 浓度 10%~15% 果酸）、去角质面膜（浓度 10%~15% 果酸混合配方）和各类护肤品（浓度 5%~20%）。

（2）视黄醇及其衍生物（retinol and all-trans retinoic acid）去角质。视黄醇是维生素 A 的一种，其化学去角质成分为脂溶性，有较深的渗透性。在欧美国家，与羟基酸一样，视黄醇及其衍生物已广泛用于化妆品和皮肤病学中。非处方 retinol（视黄醇）类剂量为 0.2%、0.5% 和 1%，处方 retin-A（维 A 酸）类剂量为 0.025%、0.05% 和 0.1%。这些种类的家居护理局部药妆品用于粉刺、衰老、表面皱纹和光老化的治疗。强效视黄醇类产品用于专业化学换肤，而有的产品则与 AHA/BHA 按配方混合使用，以达到更佳的疗效。视黄醇被认为可能对刺激细胞再生、促进细胞角化代谢正常具有深远的影响。

相关链接

peel 直译为“剥去（水果、蔬菜的）皮”。美容行业中的 chemical peel 可译为化学换肤、化学脱皮术、果酸换肤。但 peel 不是都会脱一层皮，供美容师操作的 peel 大多数都不会使皮肤脱皮，它实际上是一种安全、作用广泛的表面去角质技术。能让皮肤脱皮的 peel 通常在各类 SPA 和医疗美容机构使用，具有更好的治疗效果。

（3）酵素 / 酶（enzyme peel）去角质。酵素是酶的旧译。酶不是酸，有的理论将它归为生物化学性去角质剂。酶能消化分解角质层中的蛋白质成分，松解连接细胞的胶质，温和地去除多余的坏死细胞，能刺激新旧细胞的交替并加速皮肤的自然脱落。由于酶去角质很温和，所以常被称为微去角质（micro-exfoliate），它不会导致皮肤光敏感，适合任何皮肤，特别适合娇嫩的眼唇部。木瓜蛋白酶是这种去角质方法运用最广泛的原料。这种酶在医疗上用于治疗烧伤、抗菌、消炎、促进伤口的愈合，还能抗氧化、减少充血、净化和保湿。

酵素 / 酶去角质特别适合敏感皮肤，有助于镇静和减轻发红和炎症。酶可以与酸性去角质产品交替使用或替代酸性去角质产品。酶催化反应的速度随着温度的升高而增加，这就是为什么在使用传统酵素 / 酶产品的同时需要使用蒸汽的原因。随着化妆品配方的不断改良，各类活性成分能自身发挥其作用，包括用于激活蛋白酶的活性和皮肤酶促反应的天然植物提取物——刺梨仙人掌叶提取物和低浓度果酸等，这些成分有助于加速去角质进程。由于热温与活性成分同时使用会刺激皮肤，所以使用这些产品时不建议同时使用蒸汽。

酵素 / 酶去角质产品通常可分为面膜和霜状凝胶两大类。

1）面膜类。通常为粉末（需要时用温水调配）和面膜 / 面霜型产品。使用方法是将产品薄涂于面部，轻柔按摩 1~2 min，停留 5~10 min（具体方法需参照使用说明），再用温水清洗。深层清洁后的皮肤通透柔软，有利于清除黑头粉刺。

2）霜状凝胶类。因产品含有石蜡或燕麦类成分，涂在皮肤上 5~10 min 会变干。去除时需用机械性的方法，用手将凝胶搓揉至产生碎屑，同时去除死皮细胞。

2. 物理去角质

物理去角质也称机械去角质，一般是用物理摩擦的方法，即使用工具、仪器和磨料等将角质层表面的死细胞“抛光”或“磨掉”。物理去角质在美容院护理、SPA 服务和家居护理中很常见。如果操作不当或过度使用磨砂膏、粗糙面布和面刷，会过多地破坏死皮细胞、酶和健康油脂，刺激皮肤导致发炎、发红，甚至色素沉着（特别是深色皮肤）。物理去角质更积极和有效的方法是微晶磨皮术，可到达不同的角质层深度，但过度或过于频繁也会产生上述副作用。去角质在追求获得最佳效果的同时，应注意确保将副作用降至最小，并做好修复、补水和防晒的家居护理。一般性物理去角质通常适合于无问题皮肤。主要方式如下。

（1）磨砂膏或啫喱。磨砂（见图 4–11）是较为传统的去角质方法。磨砂膏或啫喱去角质产品中的颗粒分为两类：较细软和温和的化学聚合物颗粒，较粗糙、效果较强但刺激也相对较强的天然植物颗粒。使用方法通常是洁面后将产品涂抹在皮肤上，用手指以打圈的方式，力度适中地搓揉按摩，随后清洗。此方法能达到较表层去角质和清洁的作用，即清洁毛孔开口，使皮肤看起来洁净和光亮。

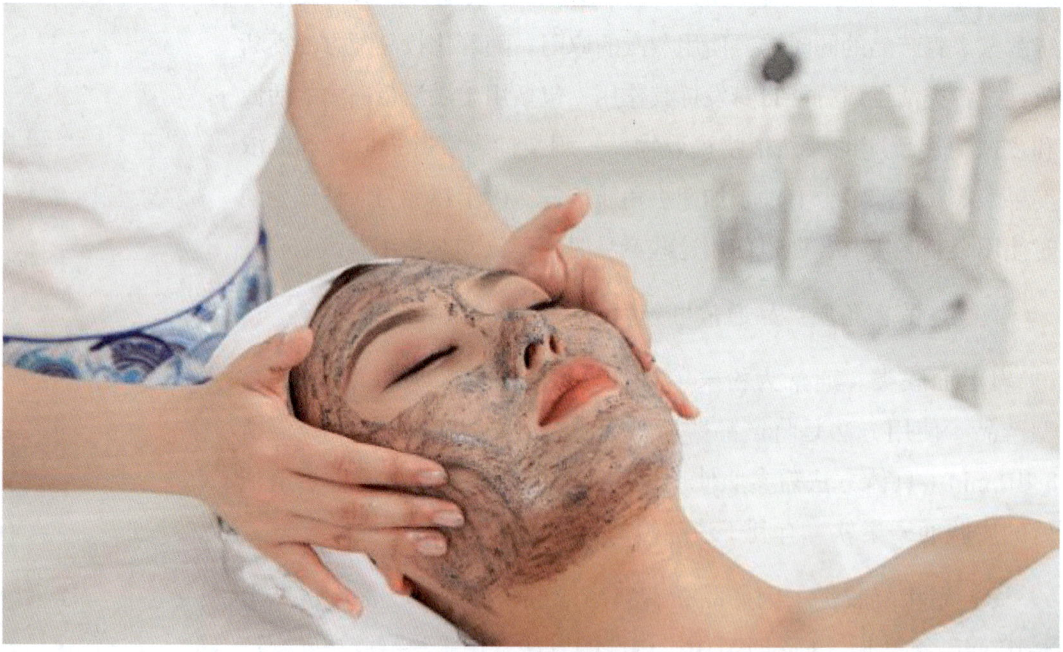

图 4–11　磨砂

由于有些磨砂颗粒摩擦系数较大，可能会有导致皮肤细微撕裂和发炎的风险，如果需要操作，建议选择磨砂颗粒小和较温和的成分，如荷荷巴颗粒，避免使用杏仁类粗糙成分。操作手法一定要轻柔，全脸操作时间控制在 2~5 min。操作时应避开较易晒红和敏感的“苹果肌”和眼周，重点在油脂较多的 T 字部位。

由于传统磨砂膏或啫喱比较粗糙和刺激，去角质效果也不明显，已经逐渐被温和而有效的酵素/酶、果酸、草本取代。磨砂膏或啫喱在专业皮肤护理和家用护肤品中已不被广泛使用。

（2）手动或电动洁面工具

1）手动洗面刷。与牙刷相似，手动洗面刷没有电动刷的清洁效果彻底。手动洗面刷是利用细软的刷毛，用物理方式清洁皮肤及毛孔开口处。通常以打圈的方式轻柔地清洗 2~5 min，使用频率依皮肤情况而定。手动洗面刷也可以与洗面奶一起使用。目前这种传统的去角质工具已经被高科技的电动洁面仪代替，且通常用于身体。

2）电动洁面仪。电动洁面仪清洁力较强，近年来比较流行。电动洁面仪主要运用超声波原理让洁面仪刷头上的细毛往复或旋转震动，从而达到高效无刺激、彻底深层清洁和按摩皮肤的效果。

（3）微晶磨皮术（microdermabrasion）。微晶磨皮是美容院常用的物理去角质方法。此法是利用微晶粒摩擦皮肤表层来使死皮细胞脱落，能促进皮肤细胞的更新，刺激胶原蛋白再生，改善肤质，使皮肤变得更加光滑、柔软和健康。

微晶磨皮主要分为喷砂和钻石晶体两种形式。喷砂技术是利用沙粒状氧化硅晶体等去角质材料，通过真空高压喷射在皮肤上，以此与肌肤摩擦而使角质细胞脱落，同时吸回微晶体和剥落的死皮细胞。钻石晶体技术是利用镶嵌钻石晶体的磨砂盘和真空吸力装置，在皮肤上划动来摩擦掉表层角质，并在去角质的同时吸回脱落的死皮细胞。

（4）皮肤整平术（dermaplaning）。皮肤整平术又称微刨，是一种较新的去角质方法，近年来在欧美的医疗美容和美容机构比较流行。它的作用原理与剃刮相同，即将高科技无菌去角质刀片以45° 紧贴皮肤并轻微地刮擦，以刮掉皮肤表层死皮细胞和“桃绒毛”，使皮肤看起来更加光滑和年轻，也有助于产品的渗透，特别适合脸上绒毛多的人。在医疗美容机构，医生可根据患者的需要，在微刨护理后可添加化学换肤程序，有益于果酸的吸收，可达到更好的换肤效果。微创必须由训练有素、手下力道稳准的美容师操作，否则有刮伤皮肤的危险。

除上述方法外，还可借助超声波仪器去角质。

3. 生物去角质（biological peel）

生物（生物 & 物理）去角质是一种借助纯生物成分的去角质疗程，对于皮肤深层次结构的重建和细胞的再生能发挥很好的效果。生物去角质分为纯草本植物和深海植物两大类，主要采用适合作用于皮肤更新的生物活性成分组合。其去角质的作用原理类似“微针”，即通过物理性的方式将具有穿刺作用的草本纤维或海洋珊瑚硅酸盐微粒按摩进入皮肤，造成皮肤微创，目的是打通皮肤微通道，促进皮肤代谢和营养成分的吸收，而微创能触发身体本身的创伤愈合机制。随后，含有丰富的植物精华、无机盐、微量元素、维生素等纯生物活性成分深入皮肤后继续发挥一系列后续的护肤作用。这些“微针”能穿透角质层，促进真皮胶原和弹力蛋白的再生及皮肤的更新过程，去除受损表皮，重建表皮结构，增加真皮的完整性和饱满度，从而达到改善痤疮及其瘢痕、顽固色斑、皱纹、光老化、妊娠纹、橘皮组织等问题，使皮肤变得更加年轻和健康的目的。草本换肤如图 4–12 所示。

图 4–12　草本换肤

最具代表性的草本去角质疗法是其发明者——德国“雪媚格医生”药妆品牌推出的护理流程。最具代表性的深海植物疗法是美国药妆奢侈品牌 Cosmedix、以色列品牌 Rose de Mer 采用的护理流程。这些品牌都已进入中国并开始推广应用。

4. 医疗美容去角质

医疗美容去角质也称医疗美容换肤，包括激光换肤、高浓度和低 pH 值的化学换肤、生物换肤等强效的深层去角质方法，能有效地改善或治疗皮肤老化、日晒伤、暗疮、色素沉着、表浅瘢痕等皮肤问题。这些换肤方法通常在美容院和医疗美容机构里进行。医疗美容去角质的具体内容详见本系列高级教材的问题皮肤护理和换肤部分。

5. 各种去角质方法比较

各种去角质方法从穿透深度角度由浅到深的比较见表 4-1。

表 4-1　各种去角质方法比较

深度	去角质方法	主要成分、来源	适用皮肤 / 状况	美容主要功效	潜在的副作用
穿透深度仅限于角质层表层的去角质方法	磨砂和手动刷	磨砂主要化学性成分：聚乙烯 磨砂机械性成分：荷荷巴颗粒，红糖颗粒，咖啡、坚果和其他各类种子 手动刷：动物毛、人造毛、硅胶	各类皮肤，除敏感皮肤外	清洁污垢，除去皮肤最表层的干死细胞	皮肤刺激、敏感、微伤害
	电动洗面刷	硅胶	温和，各类（包括敏感）皮肤	深层清洁，温和去角质	无
	超声波去角质仪	100% 不锈钢铲	温和，各类（包括敏感）皮肤	深层清洁，温和去角质	无
	酵素 / 酶	胰蛋白酶、木瓜蛋白酶、南瓜酶、菠萝蛋白酶	各类（包括敏感）皮肤、玫瑰痤疮、户外活动喜爱者、手术后、使用维生素 A 酸类产品、对果酸去角质特别敏感和需大量去除黑头粉刺的皮肤	去除皮肤表面老化细胞，加速皮肤再生过程，减少炎症，使皮肤更加透亮光滑，年轻健康	无。使用前查看过敏成分

续表

深度	去角质方法	主要成分、来源	适用皮肤/状况	美容主要功效	潜在的副作用
穿透深度为角质层加表皮(0.06~0.08 mm)的温和换肤法(mild peel)	微晶磨皮术	砂粒状氧化硅晶体、金刚石	粗糙暗沉、非常表浅的痤疮疤痕、纹细、棕色斑点	去除表层死皮细胞，促进细胞更新，改善肤色，减少细纹，淡化棕色斑点，改善非常表浅的疤痕	轻微发红，皮肤干紧、轻微瘀伤，皮肤敏感，炎症后色素沉着，小擦伤，出血
	AHA，浓度高，可达 50%	乙醇酸（甘蔗）、乳酸（牛奶）、苹果酸（莓果）、柠檬酸（橙、柠檬）、酒石酸（葡萄）等、人工合成物果酸	粗糙暗沉、毛孔粗大、日晒伤、细纹、老化皮肤、色素沉着、痤疮、疤痕	促进表皮细胞新陈代谢，改善粗糙暗沉皮肤，淡化色素，疏通毛孔，帮助治疗粉刺，改善毛孔粗大，减少细纹，促进产品的吸收	有刺激性，对阳光敏感，不适用于敏感或发炎皮肤、单纯疱疹感染，炎症后色素沉着
	BHA，浓度高，可达 14%	白杨树和柳树皮、冬青树叶、金菊花属植物、人工合成物	油性皮肤、黑头粉刺、白头粉刺、日晒伤、细纹、老化皮肤、色素沉着、痤疮、疤痕	抗氧化，抗菌，干燥皮肤，阻止和减少黑头粉刺的形成，辅助治疗暗疮和毛囊角化，减少敏感红肿，促进皮肤新陈代谢，淡化色斑，促进产品的吸收	皮肤干紧，可能导致皮肤敏感，高浓度水杨酸不适用于敏感皮肤和发炎部位。用前检查是否对阿司匹林过敏，孕妇和哺乳期不能使用
	视黄醇及其衍生物	维生素 A 自然存在于动植物及人体内，动物类脂溶性维生素 A 来源于肝和卵（蛋），植物性维生素 A 来源于胡萝卜和菠菜，另外还有人工合成的维生素 A	痤疮、玫瑰痤疮、日晒伤、细纹、老化皮肤、色素沉着、光线性角化病	促进细胞角质化代谢正常和细胞再生，刺激胶原及弹力蛋白的产生，减少皱纹、瑕疵、日晒伤、老化皮肤，改善毛孔扩张、毛孔阻塞，辅助治疗粉刺和玫瑰痤疮，减少色素沉着和黑变病	刺激，光敏感，使皮肤干燥、发红、脱皮、敏感，孕妇和哺乳期妇女不能使用

续表

深度	去角质方法	主要成分、来源	适用皮肤/状况	美容主要功效	潜在的副作用
深度可达表皮底层或真皮上部的乳头层的中度去角质法	中度生物去角质（如纯草本植物去角质、深海植物去角质）	鞣酸（tannic acid）、草本植物纤维、深海珊瑚硅酸盐、深海植物提取物	痤疮、日晒伤、细纹、色素沉着、表浅痤疮瘢痕、细纹、老化皮肤、色素沉着、表浅细妊娠纹和橘皮组织	刺激胶原及弹力蛋白的产生，促进肌肤新生，帮助治疗痤疮，减少日晒伤、细纹、老化皮肤、色素沉着、表浅瘢痕、表浅细妊娠纹和橘皮组织	轻微发红，可能有刺痛感，脱皮

注：表中主要功效和副作用不是绝对的，主要由产品的浓度的高低、pH值的大小、传递剂和操作方法等因素而定。

三、去角质注意事项

1. 避免过度去角质

过度去角质是皮肤护理中常见的错误，通常由两方面原因导致。一是美容师缺乏护理前与顾客的沟通咨询或缺乏皮肤辨识经验，不能正确把握顾客皮肤状态及需要，未制定正确的护理方案，或者没有严格按照产品说明使用。二是顾客自己过度或频繁地使用含有去角质成分的化妆品，过度地去角质。过度或频繁地去角质，皮肤会出现干燥、脱皮、发红、发炎、瘙痒、刺痛、小丘疹等症状，同时增加对其他产品的敏感性。在两次护理间必须有一定的间隔时间，让皮肤有充足的时间来恢复正常，具体的间隔时间应根据产品的要求及皮肤的具体情况而定。

如果已经出现过度去角质的情况，应按以下方法处理。

（1）当皮肤出现发红、瘙痒、刺痛、小丘疹等症状时，应立即停止使用任何含有去角质成分的护肤品，直到症状完全消失并恢复到正常状态。

（2）可用纯净水和一次性洗面巾轻柔地清洗面部，可用冷敷来减轻灼伤。

（3）不能使用蒸汽和热毛巾，不能挤黑头粉刺。

（4）可以使用 LED 光疗仪进行光疗，起到消炎、抗敏、帮助镇静和修复皮肤的作用。

（5）使用温和洗面奶和无化学、酒精、香料等刺激成分的护肤品，或使用适合敏感皮肤，具有保湿、镇静、消炎和修复功能的润肤霜和面膜。

（6）皮肤护理程序和品种保持简单，主要注重保湿、修复及防晒。

（7）可以使用氢化可的松乳膏或芦荟凝胶来处理患部，以减轻发红和发炎。

（8）受损的皮肤通常需要一个月或更长的细胞更新周期才能恢复正常。

2. 不可以去角质的皮肤状况

（1）皮肤受损、刺激、局部发红、发炎、有开口或伤口和各类皮肤病。

（2）在一周内有长时间的日晒，或有发红或掉皮的晒伤症状。

（3）近期做过激光治疗、美容手术和任何类型的去角质护理。

（4）使用果酸、视黄醇类去角质成分的护肤品和药妆淡斑等功效性产品，在去角质前后都需要停用至少一周,具体的停用时间因护肤品使用建议和去角质的种类而定。

（5）近一周内做过脱毛的部位。

（6）近期口服可的松、治疗粉刺的维 A 酸类处方药（如异维 A 酸胶囊）等。

（7）遵循医生的建议不能去角质。

3. 去角质应遵循的原则和规范

（1）美容师操作的任何去角质的方法，所使用的任何去角质产品，其作用仅限于除去表皮角质层的多余死细胞及改善皮肤外观。

（2）禁止使用会导致破坏表皮以下层面的去角质技术和方法。必须严格按照制造商的说明使用所有去角质的产品。

（3）去角质的频次和方法要根据顾客肤质类型、健康状态、皮肤问题及需求、产品所要达到的效果来确定，并综合制定护理方案，方法要正确，不能过度或频繁地去角质。

（4）在去角质后的一段时间里，必须叮嘱顾客应涂抹含有修复皮脂膜成分的保湿修复霜，以保护和恢复皮肤屏障。叮嘱顾客做好防晒工作，至少严格防晒一周。

四、顾客常见问题答疑

敏感皮肤可以去角质吗？

图 4-13 忍受性酶去角质霜

答：敏感皮肤的成因有多种，如果敏感皮肤存在死皮堆积、毛孔堵塞、皮肤角质细胞代谢不良等情况，在非敏感期，可以在保证安全的前提下选用适当的去角质产品及方法，来恢复和保持皮肤的健康。对于敏感皮肤，目前多选用以自然原料为主、高质安全、专门针对敏感皮肤的温和去角质产品对症进行护理。例如，国际品牌 Natura Bissé 的 Tolerance enzyme peel（忍受性酶去角质霜，见图 4-13）产品，专门针对娇嫩眼唇部和敏感皮肤，含有各类减少敏感的成分，如木瓜蛋白酶（消炎、抗菌、净化和保湿）、低浓度水杨酸（抗菌）和乳酸（保湿），以及用于修复和保护皮肤的尿囊素等。在去角质的同时也起到了消炎、滋润和保护皮肤的作用。所以，敏感皮肤在一定条件下也可以通过去角质来达到清洁污垢、舒通毛孔、预防和阻止细菌繁殖、镇静消炎的目的，有助于改善敏感状况，恢复皮肤健康状态。

去角质会使皮肤变薄吗？

答：对于这个问题，美国著名皮肤科医生 David Hansen 的解答是："不会，因为被剥落的是皮肤的死细胞，身体会自然地补充它。大多数化学换肤和激光治疗都不会使皮肤变薄。如果酸或 TCA 换肤，根本不会使皮肤变薄，它们会去除皮肤表层，使你可以从下面产生新的皮肤。因此，皮肤总厚度不会改变。做的化学换肤越多，通常看起来就越年轻。"

美国著名皮肤科专家 Gabriella Fabbrocini 对这个问题的解答是："不会，实际上是从好的方面使你的皮肤变厚。去角质能刺激胶原蛋白的产生，而胶原蛋白是一种使皮肤增厚的好方法。"

绝大多数皮肤科医生和专业人士认为，无论是物理性（如微晶磨皮）、化学性（如果酸）或激光换肤，绝大多数都是去除表皮层已死的薄皮，而非真皮或活性组织，不具有侵略性。

皮肤变薄的真正原因是什么？

答：厚的真皮纤维组织主要由胶原蛋白和弹性蛋白组成。皮肤变薄主要是真皮变薄的结果，而真皮变薄通常与衰老有关。人体中的胶原蛋白随着年龄的增长会慢慢流失，皮肤因失去弹性而衰老和变薄。其他使皮肤变薄的原因还有日晒、生活方式、吸烟、饮酒及某些药物等。这些因素均会加速皮肤衰老，并随着时间的推移导致皮肤变薄。其中，紫外线对皮肤的老化影响非常大，会加速胶原蛋白的流失，让皮肤老化和变薄。长期大量使用局部类固醇软膏可以损坏皮肤，使皮肤萎缩变薄。

化学换肤和微晶磨皮术等方法安全吗？

答：化学换肤和微晶磨皮术等是通过去除皮肤表层来起作用的去角质方法，新长出的皮肤通常更光滑，皱纹更少，色素更淡。化学换肤和微晶磨皮术如果操作不当会引起一些副作用，但是由经验丰富和具有专业知识的专业人员来操作时，它们是安全和有效的。当旧的皮肤脱落时，新的皮肤组织变得更加紧致和光滑。①

需要强调的是，大部分去角质产品和方法本身是安全的，出现不良反应的主要原因是美容师缺少专业的训练和经验，对护理前期皮肤准备工作和皮肤状况判断不准确。另外，出现不良反应与顾客后续的保湿、修复和防晒防护没有得到有效保证也有直接的关联。

①引自世界著名医疗机构、美国权威的医疗中心——梅奥医学中心（Mayo Clinic）的解答。

第四节 提取术

提取术主要用于去除痤疮、粟丘疹、毛发内生等。大多数人在不同年龄都会不同程度地受到慢性痤疮问题的影响，这不仅会影响人的皮肤和容貌，还会对人的社交、心理，甚至就业等方面产生一定程度的负面影响。

痤疮（acne）具体分为其原发皮损的非炎性黑头粉刺（blackhead）、白头粉刺（whitehead），以及由白头粉刺形成的炎性丘疹（papule）、脓疱（pustule）、囊肿（cyst）和结节（nodules）。提取（去除）是指通过各种方法从毛囊中去除内容物的过程，是皮肤护理中一个重要和基本的护理程序，其作用是深层清洁和疏通毛孔，使皮肤更加光滑，改善皮肤外观，降低皮肤状态对人的心理影响，还可以预防产生炎症性痤疮，促进炎症性痤疮的愈合。通常状况下，综合使用各类改善和治疗痤疮的产品和仪器，绝大多数的痤疮都会得到很大程度的改善。

痤疮的好发部位主要是脸颈部、上胸部、背部和肩膀等皮脂溢出部位。有经验的美容师通常会混合使用各种不同的方法、工具和仪器，从不同的角度和位置来彻底有效地去除各种类型的痤疮。但因操作不当而导致的皮肤发炎、瘀伤、色素和疤痕等问题也时有发生。所以，美容师必须掌握去除痤疮的基础知识和技能，才能做到安全有效地去除各类痤疮、粟丘疹（milia）和毛发内生（ingrown hair）。本节将详细介绍提取的各种方法、安全操作规范、要点及注意事项。

要点提示

1. 掌握手动提取痤疮、粟丘疹的方法。
2. 掌握粉刺针、棉签提取痤疮、粟丘疹的方法。
3. 掌握各种操作方法的注意事项。
4. 掌握顾客常见疑问的答疑方法。

关键术语

开口粉刺　黑头　闭口粉刺　白头　丘疹　脓疱　囊肿　结节　粟丘疹

一、手动提取痤疮、粟丘疹的方法

手动提取（manual extraction）也称人工提取，是指用手指从毛囊中去除内容物的方法。其操作方法是使用包裹纸巾的双手食指，用指尖或指尖内侧在患处的两侧，轻缓和均匀地施加外力来挤推出毛囊内的内容物。必要时也可换个角度，或采用手指在患处两侧来回轻微揉动的手法来帮助从不同的角度使内容物松弛并挤出。

上述方法适合所有面积较大的部位。对于鼻翼角、鼻尖、眼周、耳里或耳后等指尖难以放置的狭小部位，以及对于额头、背部和上前胸等肌肤紧致结实、手指难以往上推和挤压的部位，可用粉刺针的环、小镊子、棉签代替或与手指混合使用。手动提取在欧美使用广泛，美容师普遍认为，与粉刺环相比，用指尖从两侧施加的力度更加集中，手的触感更强，易判断患处的深浅和软硬，易控制，触及面更深，去除得更彻底干净，尤其适用于需要用力才能去除的深小或顽固的黑头粉刺。特别是鼻部，更适合用手动提取的方法一次性挤出许多较深和大面积的黑头。而使用粉刺针的环可能会留下较深的钢圈印痕或伤害皮肤。通常，在使用粉刺针的环后再用手指，会挤出更多深层的油脂和污垢。

1. 准备工作

（1）工具用品准备。在推车的第一、第二层应整齐有序地摆放好所需要的工具用品，包括粉刺针、一次性采血针、棉签、各种尖头小镊子（针对已露出一部分的黑头和鼻部皮脂细丝）、小护目镜、手套、纸巾、棉片、护肤品、消毒杀菌产品、时钟，以及高频率和LED光疗仪、美容放大镜等，具体根据实际需要准备。工具用品准备如图 4-14 所示。

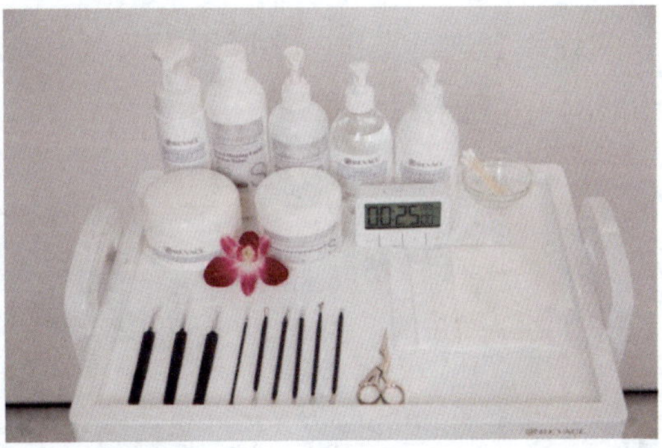

图 4-14 工具用品准备（部分）

（2）皮肤准备。目前，皮肤准备有许多方法，包括深层清洁、蒸汽、各类去角质的产品和仪器、按摩、热敷等，这些方法在效果上各有千秋。在方法的选择上，要根据皮肤状况、产品或仪器制造商的建议、美容院的规定和美容师的偏爱来做皮肤准备。皮肤准备完后涂上爽肤水，使皮肤保持湿润。

（3）顾客准备

1）美容师应告知顾客，护理后的部位可能会出现短暂发红或小肿块，通常会在几小时到一周内恢复，具体时间长短，要视患处的严重程度、深度、硬度、所在位置、顾客自身的敏感程度，以及家居护理的有效性等方面的情况。美容师在操作之前，要与顾客确认在护理后一周内是否要参加重要的活动。如顾客不需要此程序，应尊重顾客意愿。

2）美容师应告知顾客，在操作过程中，可能会产生一些可忍性疼痛或不适，顾客只需要做好配合。每个人的忍痛力不同，所以应告知顾客如果承受不了，要立刻告诉美容师，美容师会立即停止操作。

3）大多数顾客不能忍受长时间的挤压，美容师通常应将每次提取的时间控制在 20 min 以内，以避免使顾客长时间感到不适、疼痛，减少对皮肤的刺激，避免皮肤损伤。如果顾客需要提取的内容物太多，一次无法清除，应告知顾客需要分次护理。如果因特殊原因，需要延长提取时间，美容师应关注顾客的感受，如有不适，立即终止。

4）用棉片、纸巾或小护目镜保护好顾客的眼睛，以免受美容放大镜灯光的刺激。

（4）美容师准备。美容师提取操作应在美容放大镜下进行。操作前要固定好美容放大镜头端，以免操作期间松懈脱落。为保持卫生，预防交叉感染，美容师必须戴上一次性手套进行操作，之后用无菌纸巾或 4×4 型洗面棉布包住双手食指，包手的方法如图 4–15 所示。

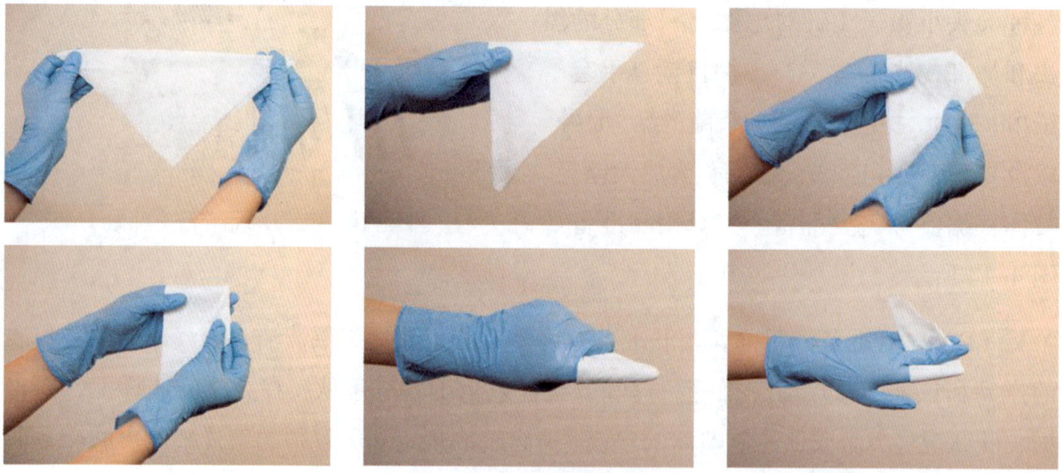

图 4–15　包手的方法

2. 手动提取黑头粉刺的方法

黑头粉刺又称黑头、开口粉刺（open comedones），“开口”意味着没有表皮覆盖在粉刺表面，所以较容易去除。一般情况下，黑头粉刺不需用粉刺针或一次性采血针刺破开口，但对于深紧和顽固的黑头粉刺，可配合使用针头和不同形状的尖头小镊子将其挑松和夹出。对于背部大而深的黑头还需要从不同角度才能完全去除。不同部位的黑头粉刺，提取方法有所不同，以下列举 3 个主要部位进行说明。

（1）鼻翼两侧。鼻翼两侧往往黑头粉刺和白色油脂粒较多，而且面积窄小，还有一些死角，不正确的操作方法既难以挤出黑头粉刺，又容易损害皮肤。操作时，应先保护和稳定好鼻翼部，同时轻轻将其稍往一边拉紧，这样可绷紧另一侧鼻翼，使其变得更加平坦，以便操作。可用食指将鼻孔边缘往上顶住，同时用另一手食指以往下推挤的方式来去除黑头粉刺。施力时动作要轻柔、持续、平稳、均衡。如果黑头粉刺多且深，可以稍用力挤出一部分，然后用尖头镊子夹住露出的部分并拔除，这样可以避免因过多的挤压而导致的不适或疼痛。鼻翼两侧部位提取操作如图 4-16 所示。

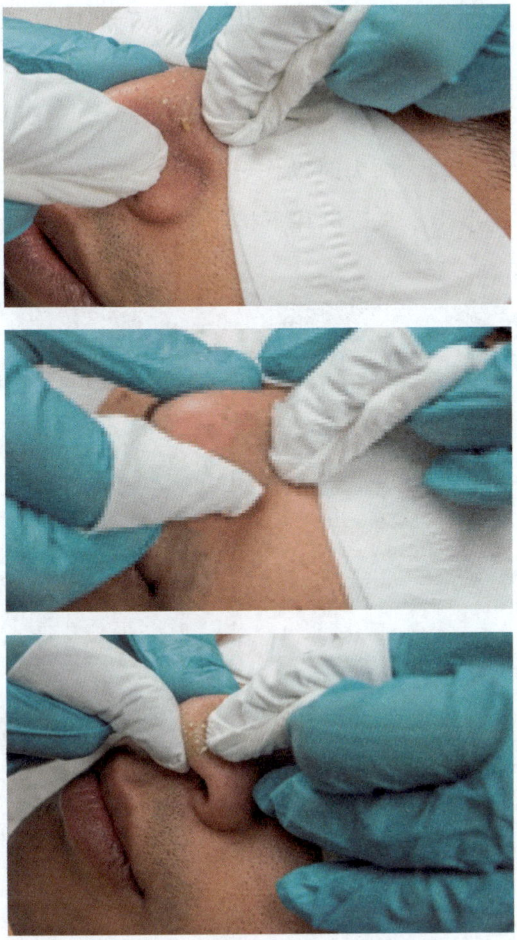

图 4-16　鼻翼两侧部位提取操作

（2）鼻梁。由于鼻梁骨较脆弱，自身修复能力较低，面积窄小，所以建议边做边用中指或大拇指对称地保护鼻梁，以避免鼻梁左右摆动，用力时会更加均匀和平稳。不能向下大力压鼻梁软骨，特别是对做过鼻部整形的顾客，应避免大面积的挤压，可用粉刺针上的粉刺环或棉签细致地去除黑头，而且动作要非常的轻柔，挤压时间不宜过长。挤黑头时，应将双手食指置于黑头粉刺两侧，用轻柔、持续和均衡的压力来挤压出黑头粉刺。鼻梁部位提取操作如图 4-17 所示。

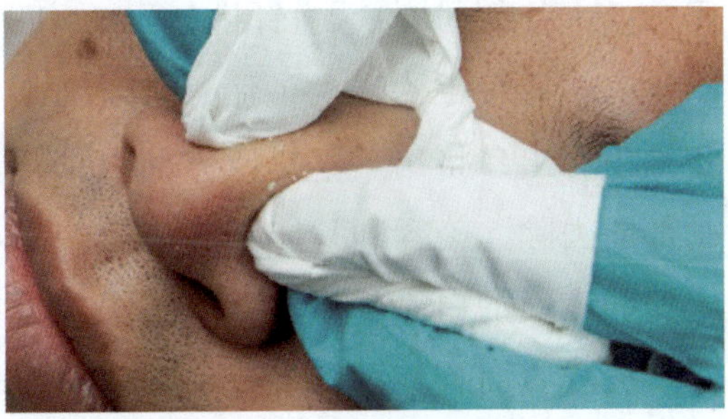

图 4-17　鼻梁部位提取操作

（3）下巴、额头和脸颊。这些部位

的面积相对较大和平坦，皮下有肌肉支撑并相对没有鼻部敏感。操作时，应将双手食指置于黑头粉刺两边，将皮肤往两边拉紧，特别是皮肤较松弛的部位，这样可使黑头粉刺更加显露。之后使用往下按压、往里推进、往外推出一系列连贯动作来挤压出黑头粉刺。施力时动作要轻柔、持续、平稳、均衡，用阴力（内力）而不是硬力（直接用手指）来逐渐往下挤压。下巴、额头和脸颊部位提取操作如图 4–18 所示。

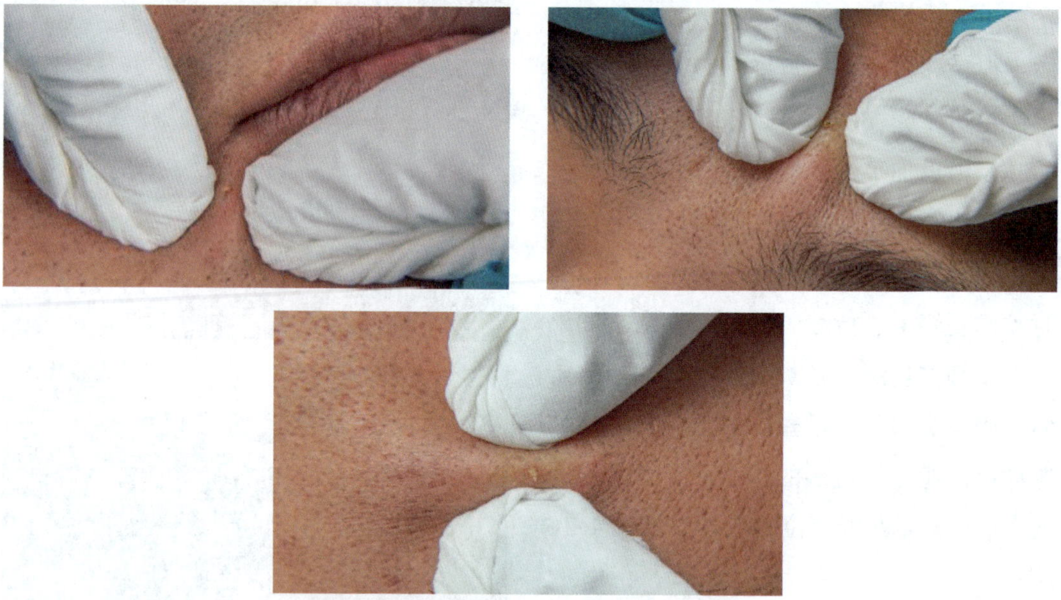

图 4–18　下巴、额头和脸颊部位提取操作

3. 手动提取白头粉刺、粟丘疹的方法

白头粉刺又称白头、闭口粉刺（closed comedones），“闭口”意味着有表皮覆盖在粉刺表面，所以较难去除，通常需要使用粉刺针头或一次性采血针挑刺开口（见图 4–19），使毛囊中的油脂、角质细胞和细菌有出口挤出。不是所有的白头粉刺都能去除，美容师只能去除成熟的高出皮肤表面的白头粉刺。如果试图挤出低于皮肤表面且较深和不成熟的白头粉刺，不但难以挤出，还有可能损坏皮肤。由于白头粉刺可发展成炎性丘疹和脓疱，所以去白头粉刺可减少或阻止炎性痤疮

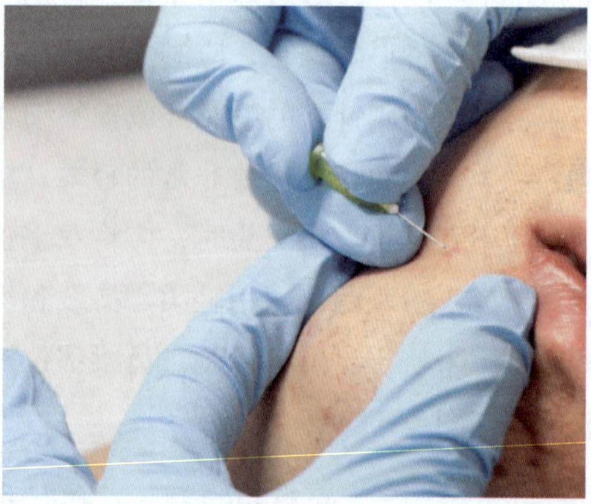

图 4–19　挑刺开口

的形成。白头粉刺提取方法与上述下巴部位黑头粉刺提取方法相似。

粟丘疹不会导致炎症性痤疮。粟丘疹是闭合的，顶部覆盖着表皮，内含角化物，所以比白头粉刺硬，去除前必须刺挑大约 1~3 个开口才能取出。

白头粉刺与粟丘疹提取的方法相似，具体如下。

（1）将左食指和中指放在白头粉刺或粟丘疹两侧，绷紧皮肤，这有助于呈现皮下的白头粉刺或粟丘疹。

（2）右手用粉刺针针头、一次性采血针，以与皮肤几乎平行或稍倾斜（如果向下刺可能会伤皮肤）的角度轻轻地刺穿白头粉刺或粟丘疹顶部表皮，通常顾客不会感觉到疼痛，但不能刺得太深。需要时可重复刺挑 2~3 次，也可以先一次多刺破几个白头粉刺或粟丘疹后再挤出，这样有助于节省时间和提高效率。

（3）将粉刺针、一次性采血针安全地放在推车上已准备好的棉片或纸巾上，以便继续使用和避免不小心刺到顾客、自己或掉到地上。

（4）将双食指置于白头粉刺或粟丘疹两侧，使用往下按压、往里推进、往外推出一系列连贯动作，同时用轻柔、持续和均衡的压力来挤压出白头粉刺或粟丘疹，并随时用棉签或纸巾擦去或包住挤出物，脏后换新的。

（5）提取（去除）完成后，在棉片上倒上水杨酸爽肤水、过氧化苯甲酰、金缕梅、痤疮精油、酒精、碘伏等消炎杀菌产品，对操作过的部位进行清洁和消毒。

（6）皮肤干燥后铺上一层纱布，运用高频率仪器进行消炎杀菌，但需要注意，高频率仪器不能与酒精同时使用。

（7）LED 光疗仪的红、蓝光照射能有效减轻提取后产生的红肿，加速愈合微创伤口。蓝光杀菌，红光抗炎，与使用药物来减少红肿的效果相比，红、蓝光照射起效快、简便、不良反应少。

（8）可用镇静、消炎、杀菌、帮助愈合类的面膜来减少发红和加速愈合。

（9）护理结束后，按照有关感染控制的操作要求消毒粉刺针和扔掉一次性采血针。手套使用后应立即扔掉，再进行下一个步骤，以防污染传播。

4. 手动提取炎症性痤疮、内生毛发的方法

（1）炎症性痤疮。粉刺和炎症性痤疮如图 4-20 所示。美容师只能提取轻微和中度的痤疮，不能提取没有成熟的炎症性痤疮。这是美容师必须遵守的原则。没有成熟的炎症性痤疮指的是红色充实性丘疹，稍成熟的有浅在性脓疱，但没有黄色脓液出现。美容师只能去除脓疱，但囊肿和结节无论有无脓包的出现都不可以挤压，因为其毛囊壁破口在真皮深处，挤压会将细菌进一步推进破口周围的组织而加重和延长炎症反应，造成感染，而且会在囊肿的周围产生更多的炎症性痤疮，最终导致更多的炎症后色素和瘢疤，特别是面部 T 字部位的囊肿，会产生更严重的后果。

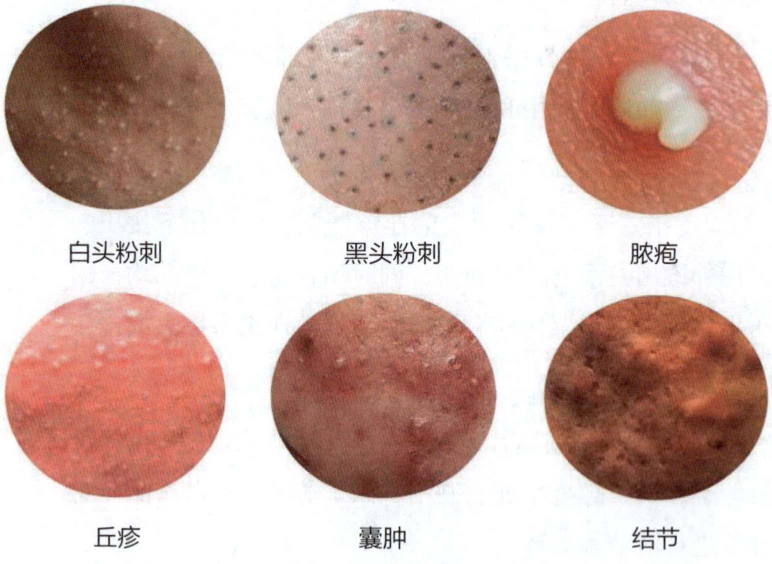

图 4-20　粉刺和炎症性痤疮

提取时，可以挤白头粉刺同样的方法先刺破脓疱顶处表皮，用双食指轻柔地往下按压底部，同时在脓疱的两边边挤压边往上推挤，先挤出有黏稠感的白色或黄色脓液、带脓血液，直到挤出透明的组织液为止。

（2）内生毛发。内生毛发会导致假性毛囊炎。成熟的假性毛囊炎看似脓疱痤疮，不同的是其中间部位含有断裂或横躺的毛发，而且只出现在面部刮胡须的部位及身体脱毛后的部位。去除前需要用粉刺针的针头刺破开口，挑出毛发的一端后用小镊子轻轻拔除，之后用提取脓疱痤疮的方法挤出内容物。但是如果毛发被困得太深不能轻松去除，就意味着还没成熟到该去除的阶段，美容师不能强行深挖去除毛发，否则会引发炎症反应或损伤皮肤。如果假性毛囊炎长时间不愈合就会发展演变成囊肿型假性毛囊炎。与囊肿痤疮相似，美容师不允许挤压囊肿型假性毛囊炎，但可根据其成熟情况，将其顶部的黑头粉刺或毛发用针和尖头小镊子小心地去除。

相关链接

囊肿和结节必须由皮肤科医生来治疗。医生会根据具体情况做不同的处理，如注射抗生素或类固醇以加速愈合和减少形成疤痕的机会，或用微创手术引流囊肿或结节内的皮脂、角化物、细菌和脓液等，以减少感染和疼痛。

二、粉刺针、棉签提取痤疮、粟丘疹的方法

粉刺针提取方法是指用粉刺针的环、圈去除毛囊内的内容物。此方法适合提取黑头粉刺、丘疹性脓疱、油脂粒、皮脂细丝（皮脂管丝），以及适合鼻翼角、眼周、耳里、耳背后等狭小处，背部和上胸前等肌肤紧致结实部位的提取。有的美容师认为，对于封闭的白头粉刺和粟丘疹，需要更大的力度从患处两侧同时挤压，用粉刺针易留下钢圈印痕，所以使用手动方法更适合。粉刺针及用法如图 4-21 所示。

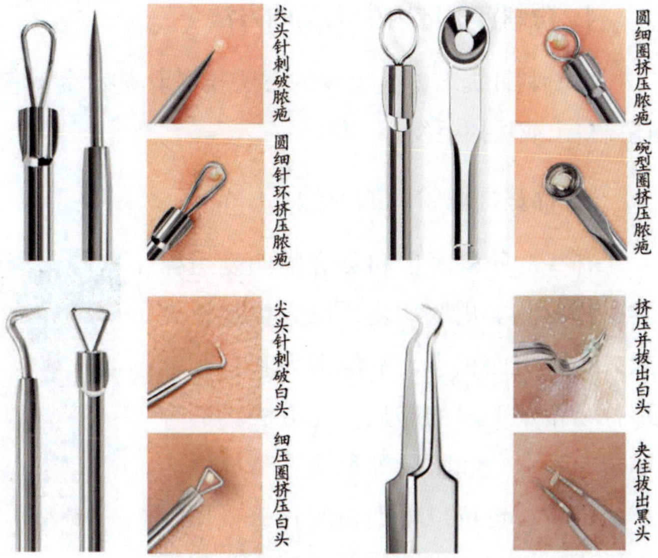

图 4-21　粉刺针及用法

粉刺针、棉签提取痤疮、粟丘疹操作的准备工作与手动提取类似，此处不赘述。

1. 粉刺针提取黑头粉刺的方法

粉刺针提取黑头粉刺的方法与手动提取大致相同。通常，将粉刺针的环、圈压住黑头粉刺，然后轻柔、缓慢、均匀地在黑头粉刺周围施加压力来释放内容物。挤不出时可以换个角度按压，或将环边放在黑头粉刺外侧推挤，直到完全去除为止。对于大、深的黑头粉刺和黑头粉刺群，粉刺针可与尖头小镊子和手指混合使用。

2. 粉刺针提取白头粉刺、粟丘疹的方法

先用针头刺破白头粉刺或粟丘疹顶部，之后用粉刺针的环、圈压住白头粉刺或粟丘疹，用以上去除白头粉刺相同的方法挤出内容物。当用粉刺针难以挤出某些部位的白头粉刺和粟丘疹时，可用棉签顶压住白头粉刺或粟丘疹的一侧，用粉刺针外环从另一侧将白粉刺头或粟丘疹往棉签处推挤来去除。

3. 粉刺针提取炎症性痤疮的方法

用粉刺针的针头在脓疱的凸起处刺破开口，之后用粉刺针的环、圈轻轻地往下按压，然后轻柔、缓慢、均匀地施加压力，逐渐释放有黏稠感的白色或黄色脓液，直到挤出透明组织液为止。

4. 粉刺针提取内生毛发的方法

用粉刺针提取内生毛发的方法与提取炎症性痤疮的方法类似，只是在去除的同时还要挤出或拔掉毛发。

5. 棉签提取粉刺的方法

有些皮肤科医生和美容师偏爱用棉签来提取各类皮肤瑕疵，因为棉签较柔软，比指尖面积小，不像指尖和粉刺针那样易留下明显的印痕。此方法更适合鼻尖、鼻翼角和眼周等手指不易放置的狭小部位，也可以辅助粉刺针来使用。提取方法和注意事项与手动提取相似。如图 4-22 所示。

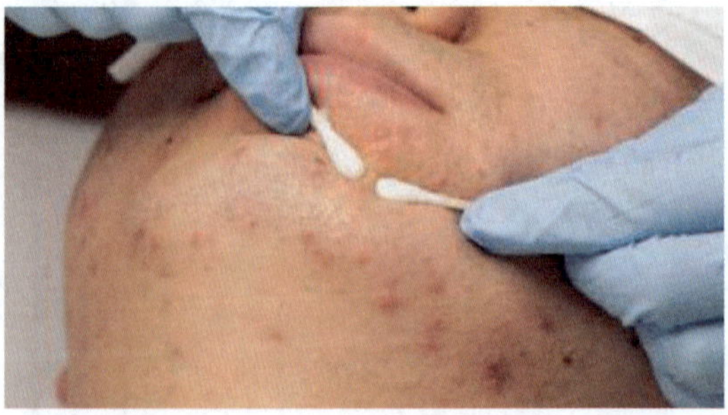

图 4-22　棉签用法

6. 粉刺针与一次性采血针方法的对比

粉刺针：两用粉刺针方便实用，深受美容师的欢迎。因为这种针的针头较长，更易挑出较深和大的黑头。但其缺点是操作时如果把握不好，容易刺得太深，导致皮肤组织受损，或在使用、清洗消毒和保存时，有刺伤顾客或自己的风险。

带污垢、细菌、体液和血液的粉刺针使用后，应用棉片擦干净并立即放回推车的棉片或纸巾上，不能与推车第一层的消毒工具范围内的其他物品混合摆放，并在之后进行消毒。消毒后的粉刺针必须独立包装，使用时再次用酒精消毒，以防产生感染。

一次性采血针：其针尖比粉刺针针头更锋利，刺破口更小，针头比粉刺针短得多，使用起来更安全和卫生。在欧美国家，美容师大多使用一次性采血针。

7. 其他提取黑头粉刺的产品和仪器

市面上有多种去黑头粉刺的产品和仪器，主要分为吸黑头粉刺仪和去黑头粉刺鼻贴两大类。这些方法能去除一些表浅、松软和外露的黑头粉刺，但不适用于较深、硬和较顽固的黑头粉刺，以及眼周等敏感部位，同样也不适用于闭口白头粉刺、粟丘疹和炎症性痤疮等。这类产品和仪器的作用有限，所以大多数美容师会采用专业的手动或粉刺针方法来彻底地去除黑头粉刺。美容师也可以选择将这些去黑头粉刺的产品和仪器与手动方法和粉刺针混合使用。这些产品和仪器更适合家用。

三、提取护理注意事项

1. 在清理粉刺时应逐渐加力，当挤不出时才需加大力度，这样可以减轻疼痛感，避免皮肤发红或损伤。

2. 有的黑头粉刺、白头粉刺及粟丘疹较深，也比较顽固，所以提取时需要加大力度。在这种情况下出现的一些泛红或小凸块属正常现象，一般会在 24 h 内恢复。反复挤压几次后出现暂时性按压印迹也同样正常，通常在护理结束后会恢复。

3. 美容师要擅于结合皮肤的具体状况，选择恰当的方法。只要方法正确，严格遵循有关技术规则操作，就会有效避免在皮肤表面留下多余的痕迹，造成皮肤过度发红、受损以致留下疤痕。

4. 美容师不要留过长的指甲，在操作时要注意使用指尖内侧而不是指甲。戴手套并且将食指用纸巾包裹不仅是正确的操作规范，也给指尖提供了双层保护，以免对顾客造成不必要的损伤。

5. 无论是哪一种提取方法，都不能在相同的位置反复挤压多次或施力过大，否则会有损伤皮肤的危险。

6. 对于较难挤出的黑头粉刺、白头粉刺或粟丘疹，每次挤压后应换个角度，如果试完 3 次仍然挤不出，说明其还未成熟，应停止再试，以免损伤皮肤。美容师绝对不能强制去除难以挤出的粉刺或粟丘疹。

四、顾客常见问题答疑

其他美容院用蒸汽来打开毛孔，为什么你不用？

答：（1）毛孔是毛囊在皮肤上的开口。对于去除黑头粉刺，蒸汽的确可以快速地打开毛孔，使毛囊中的内容物松解，但当蒸汽关掉时皮肤会因为变冷，而使毛囊中松解的脂质很快恢复原样，所以蒸汽对去除黑头粉刺的辅助作用非常有限，并且非常容易刺激敏感皮肤，造成皮肤干燥和发红。

（2）对于去除白头粉刺和粟丘疹，蒸汽几乎起不到什么有意义的辅助作用。

（3）对于去除炎症性痤疮，应避免使用蒸汽，因蒸汽会刺激发炎的丘疹和脓疱。

（4）很多专业去角质产品含有活性成分，不能与蒸汽同时使用，否则会刺激皮肤。

（5）目前，关于皮肤准备的方法很多，是否使用传统的蒸汽，取决于去角质产品的种类、制造商的建议、美容师个人的喜好及美容机构的规定等多方面因素。有的制造商提供能深入毛孔的含活性成分的产品来帮助松解毛囊中的内容物，有的美容师用特定的按摩精油、按摩霜来软化和放松毛孔，有的用热毛巾来软化皮肤。其实，提取的结果主要取决于正确的技术和方法。在现代美容中，传统的蒸汽对去除黑头粉刺的辅助方法已基本被新的技术和产品所代替。

去除黑头粉刺、痤疮会痛吗？

答：No pain，no gain（没有痛就没有收获）。个人的疼痛阈值和皮肤敏感性有很大差异。疼痛与否和疼痛的程度与皮肤的湿润度、黑头粉刺的深浅度及其所在的位置、顾客对挤压的敏感程度、月经前后和睡眠等因素有关系，这些都会影响人对痛的感觉。所以即使是同样的力度，每个顾客的感觉也不会完全一样。没有适当的力度就不可能去除黑头粉刺，任何外加的力度都会产生一些预期的不适和痛感，顾客知晓了这一点，也就会配合美容师了。

毛孔会越挤越大吗？挤出黑头粉刺后毛孔会缩小吗？

答：正确的去黑头粉刺方法不会改变毛孔的大小。由于堵塞物会使毛孔胀大、扩张，一般在去除堵塞物以后，皮肤的自然弹性会使被胀大的毛孔恢复到堵塞前的大小，使毛孔显得更小，但这并不会使毛孔本身的尺寸缩小。

毛孔的大小和形状由先天和后天因素决定。先天因素无法改变，但后天的一些原因会导致毛孔扩张或形状改变，这主要是自然衰老的过程使皮肤逐渐失去弹性而变得松弛的表现。另外，地心引力、日晒、环境污染、油脂分泌增加、缺水引起的皮肤弹性减小、炎症、痤疮和一定药物等因素的影响也会导致毛孔扩张及其形状改变。对于后天因素造成的毛孔扩张，除了去除黑头粉刺的方法以外，可以采取一些方法来使毛孔显得更小。

一般的去角质方法能疏通毛孔，可使毛孔显得更小。而化学换肤、生物换肤、激光换肤、微针等专业和医疗美容中的皮肤修复方法效果更加显著。这些皮肤更新方法可去除一定层次的受损表皮，刺激真皮胶原蛋白的分泌，使皮肤变得更加细腻和紧致，收紧毛孔而使其看起来更小。另外，家用药妆视黄醇及其衍生物的抗衰老产品能作用至真皮，加速胶原蛋白的产生，收紧毛孔而使其显小。

为什么你用暗疮针不用手挤？为什么你用手挤不用暗疮针？

答：选用哪种去黑头粉刺的方法完全在于美容师的个人偏爱，没有对错之分。只要使用正确的技术和方法，能安全有效去除黑头粉刺的就是好方法。有的观点认为手挤会产生炎症或留下指甲印和伤疤等，但使用粉刺针也会产生类似情况。出现这种情况的原因通常都是美容师操作不当或者没有经过专业训练。有的观点则认为粉刺针没有手挤温和，会留下钢圈印痕，会伤害皮肤和留下疤痕等，但手挤也同样会发生类似情况。

应该多久去一次黑头粉刺？

答：去除黑头粉刺的数量和频率因人而异。许多顾客每个月做一次面部护理，油性皮肤或倾向于生痤疮的顾客每个月可做2次。去除黑头粉刺后，有可能在几周内毛孔又会重新堵塞，所以应该定期做面部护理，这有助于减少和预防黑头粉刺的发生。

可以在家里去除黑头粉刺和痤疮吗？

答：只要方法正确，操作规范，有专业工具，注意消毒卫生，顾客可以在家里使用各种方法、产品去除较表浅、易去除的黑头。但是，顾客应避免在家试图去除较深的黑头粉刺、白头粉刺、粟丘疹和炎症性痤疮，以免加重炎症而造成感染，甚至留下色素和疤痕。顾客应选择信誉良好、干净卫生的美容院，让训练有素的专业美容师去除黑头粉刺等皮肤瑕疵。

怎样才能减少黑头粉刺和痤疮的产生？

答：顾客应坚持做居家皮肤护理，特别是去角质和保湿，定期去美容院做皮肤护理。预防和减少黑头粉刺最好的方法是使用含有能深入毛孔、松解和溶解堵塞物的果酸、水杨酸和视黄醇类等活性成分的产品，特别是药妆类产品，它们的渗透力强，可以帮助预防和减少毛孔堵塞，以及因毛孔堵塞而产生的炎症性痤疮。

第五节 面部按摩

面部按摩是美容院皮肤护理中重要的护理程序，是皮肤护理中顾客最享受、体验感最好、最吸引顾客且不可替代美容技术之一，也是美容院及美容师的主要竞争力。按摩是美容师必须掌握的专业技能，其技术水平的高低直接影响顾客对美容师的认可度及回头率。美容师要掌握正确、安全、有效和舒适的按摩技术，必须全面了解和掌握面部肌肉、穴位等相关专业知识。本节将着重介绍面部解剖结构、按摩原理、基本原则，以及常用按摩手法。

要点提示

1. 了解面部解剖结构及特点。
2. 掌握面部按摩的常用穴位及功效。
3. 掌握面部按摩的原理及功效。
4. 掌握面部按摩的基本原则与要求。
5. 掌握常用按摩手法。
6. 了解面部按摩注意事项及禁忌。

关键术语

面部按摩　安抚法　震颤法
揉捏法　摩擦法

一、面部按摩概述

1. 面部按摩的概念

面部按摩是最古老的美容方法，它的历史可以追溯到千年以前。如今，面部按摩技术已经发展出欧式按摩、淋巴引流按摩、面部提升抗衰老按摩，以及中式刮痧和穴位按摩等多种按摩方法和技术。

面部按摩是美容师根据顾客皮肤需要，选用适合的按摩介质，采用安抚、揉捏、摩擦、震颤等按摩手法，对面部、肩颈和上前胸进行按摩。通过刺激神经末梢、穴位、浅层肌肉组织，可加速淋巴和血液的流动、促进皮肤新陈代谢，从而起到放松面部肌肉、消除疲劳、紧实皮肤、延缓衰老等美容作用。

2. 面部按摩的原理

面部按摩作为一种物理疗法，在遵循特定的原则和规律下，通过运用手部和身体的外力及各种特定技巧的动作，以不同的方向、力度和韵律直接作用于面部各部位的肌肉、神经及穴位并产生机械性刺激，达到放松肌肉、促进血液循环、紧实肌肤等作用。

3. 面部按摩的功效

（1）促进血液循环，改善对细胞的氧气和营养供给，滋养皮肤。

（2）使局部皮肤温度升高，毛孔张开，增加细胞膜通过性及细胞间隙通过率，促进皮肤对产品有效成分的吸收。

（3）促进皮脂腺、汗腺分泌，润泽皮肤，使皮肤变得柔软。

（4）刺激淋巴循环，排出多余的废物和毒素，减少浮肿。

（5）刺激胶原蛋白和弹性蛋白产生，提高皮肤弹性，使皮肤紧致，延缓衰老。

（6）放松面部肌肉，镇静安抚神经，有助于缓解疲劳、舒缓压力。

（7）带给顾客心理及精神层面的舒适与愉悦感。

二、面部解剖结构

人体面、颈部骨骼肌肉属于运动系统的一部分，由骨骼、骨骼肌和骨连接组成，对人体起着运动、支持、连接和保护作用。头面部的某些骨骼或骨骼肌，在体表能看到或者摸到较为明显的隆起或凹陷，医学上称为体表标志。初学者必须掌握这些体表标志的位置及特征，在进行面部按摩时根据这些特征，安全、准确地实施按摩技术，以达到最佳按摩效果。

1. 头面部的骨骼

人体的头部由 23 块颅骨构成，分为脑颅和面颅两部分。脑颅能保护大脑，由 8 块骨骼构成。面颅由 15 块骨骼构成。头面部的骨骼除了颞骨与下颌骨形成的颞下颌关节可以活动外，其余颅骨之间多数以缝、软骨或骨直接连结，不能运动。颅骨如图 4-23 和图 4-24 所示。脑颅与面颅的构成见表 4-2 和表 4-3。

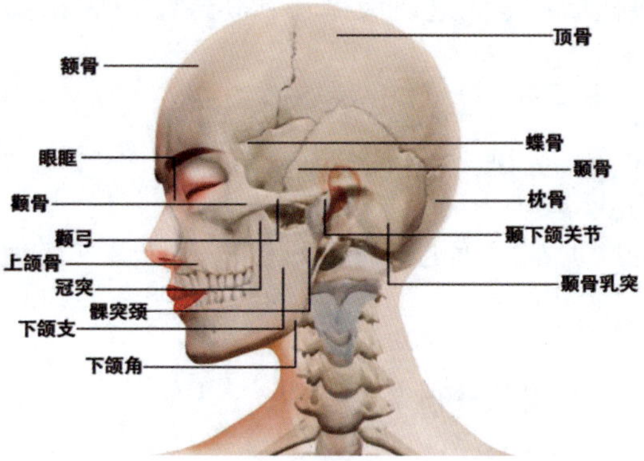

图 4-23　颅骨侧面观

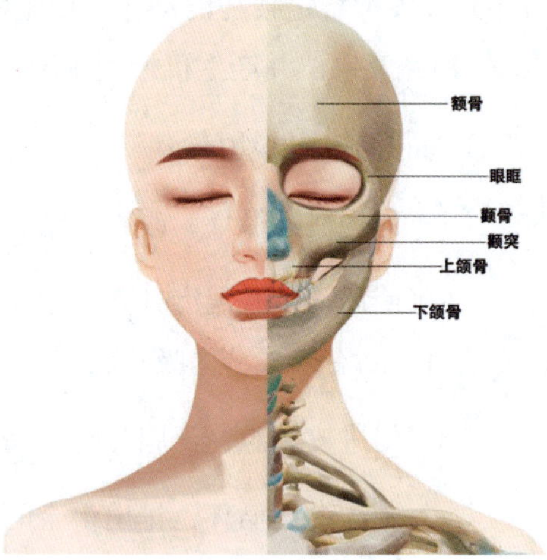

图 4-24　颅骨正面观

表 4-2　脑颅的构成

名称	数量	介绍
枕骨	单块	位于脑颅骨中最后面，在颈背上形成脑颅的背面
顶骨	成对	形成脑颅的侧面和顶面
额骨	单块	位于脑颅骨前方，形成前额
颞骨	成对	在耳部构成头的侧面
筛骨	单块	是眼眶间较轻的松质骨，构成鼻腔的一部分，一小部分参与脑颅，其余构成面颅
蝶骨	单块	是将颅骨所有骨头连接在一起的骨头

表 4-3　面颅的构成

名称	数量	介绍
鼻骨	成对	构成鼻梁
泪骨	成对	是面部最小、最脆弱的骨头，在眼眶的内侧壁
颧骨	成对	是构成面颊的主要部分
上颌骨	成对	构成上颚
下颌骨	单块	构成下颚，是面部最大、最坚硬的骨头
鼻甲骨	成对	是松质骨形成的薄层，分别在鼻凹陷处外壁
犁骨	单块	是一块平而薄的骨头，构成鼻中隔的一部分

续表

名称	数量	介绍
腭骨	成对	构成嘴部的硬腭
舌骨	单块	位于下颌骨后下方，是全身唯一的游离骨，没有与其他骨构成关节结构

2. 面部的肌肉

面部的肌肉分为面肌和咀嚼肌。其中面肌又称表情肌（属皮肌，起于骨骼，止于皮肤），位于面部和颅顶面部的肌肉收缩时可改变面部皮肤的外形，出现各种表情；松弛时，皮肤回位。面部肌肉如图 4-25 和图 4-26 所示。

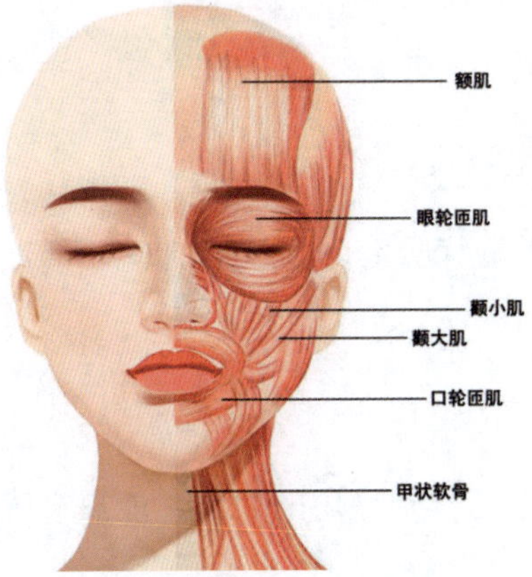

图 4-25　面部肌肉正面观

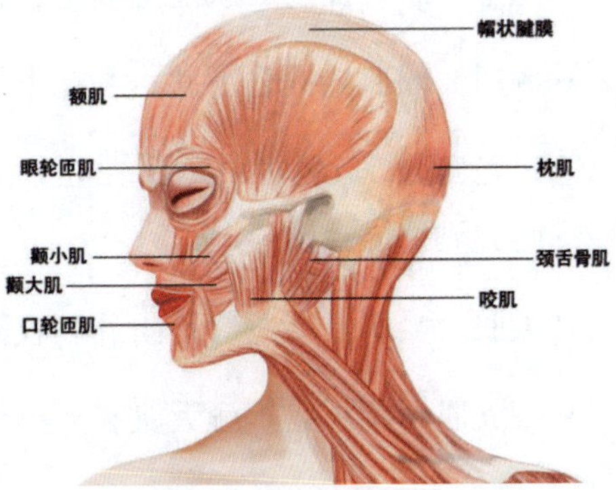

图 4-26　头面部肌肉侧面观

（1）面肌

1）枕额肌。枕额肌位于颅顶，是覆盖颅骨上方的阔肌，由成双的枕肌和额肌以及中间的帽状腱膜组成。枕额肌收缩时可牵拉头皮移动，额肌收缩可以提眉，使额部皮肤出现皱纹。

2）眉眼部肌肉

①皱眉肌。皱眉肌是位于两眉中间末端，额肌、眼轮匝肌之下的肌肉。收缩时能将眉毛向下牵动，在额头产生垂直皱纹。

②眼轮匝肌。眼轮匝肌是眼眶的环肌，能闭合双眼。

3）鼻部肌肉

①降眉间肌。降眉间肌能压低眉毛，在鼻梁处形成皱纹。

②鼻肌。鼻肌包括两部分肌肉，覆盖鼻子，包括横部和翼部，能扩大或缩小鼻孔。

4）嘴部肌肉

①颊肌。颊肌是颊部一块薄而扁平的肌肉，在上下颌骨间，能压迫颊部，通过嘴唇排出空气，如吹口哨时的动作。

②降口角肌。降口角肌是沿下颌骨的一块肌肉，能牵引口角向下。

③降下唇肌。降下唇肌是围绕下嘴唇的肌肉，能将下唇向一侧牵引。

④提口角肌。提口角肌能上提嘴部，并将其向内牵引。

⑤提上唇肌。提上唇肌能上提上唇，打开鼻孔。

⑥颏肌。颏肌能提升下唇，并在下颌皮肤产生皱纹。

⑦口轮匝肌。口轮匝肌是环绕上下嘴唇的扁平带状肌肉，能闭合、收缩、皱起嘴唇，并使嘴唇起皱纹。

⑧笑肌。笑肌是牵引口角向外和收回的肌肉。

⑨颧大肌和颧小肌。颧大肌和颧小肌是从颧骨延伸到嘴角的肌肉，能提升嘴唇。

（2）咀嚼肌。咀嚼肌位于颞下颌关节周围，主要有咬肌和颞肌。咬肌位于下颌支的外面，颞肌位于颞窝，两肌收缩都可上提下颌骨。

三、面部按摩常用穴位及功效

1. 穴位的概念

中医学理论认为，人体存在运行气血、联系脏腑和体表及全身各部的通道，即为经络，分为经脉和络脉。每一条经脉都分属于某一脏腑，某个内脏有病变，或内脏关系失调，经脉气血运行不畅，络脉阻滞，或经脉气血不足，都可以通过经络反映到面部。穴位是脏腑、经络之气输注于体表的一定部位，在生理上是气血运行的转输点，在病理上是内外疾病的传导点，在诊断上是反映病候的异态点，也是养生、美容和防治疾病的刺激点。

2. 面部按摩的常用穴位及功效

头面部对人体整体的美容具有重要意义。头面部为“诸阳之会”，是手足三阳经交会之处，与手足三阴经、奇经八脉也有密切联系，因此对头面部的按摩，可以通过经络系统调节五脏六腑的功能，从而保证脏腑精气不断输送到头面部，改善皮肤营养供给，使面色红润，肌肤有光泽，维持皮肤弹性。面部美容按摩常用的穴位如图 4-27 至图 4-30 所示。美容师应该掌握的常用穴位见表 4-4。

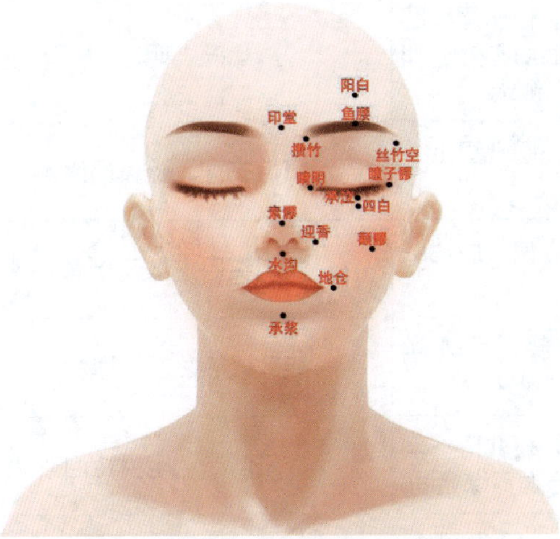

图 4-27　面部美容按摩常用穴位正面示意图

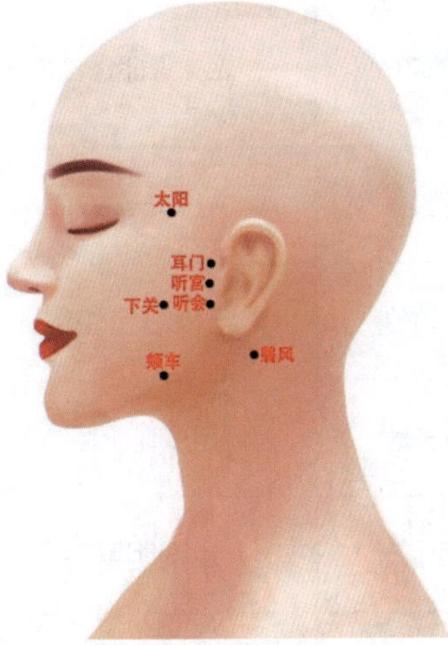

图 4-28　面部美容按摩常用穴位侧面示意图

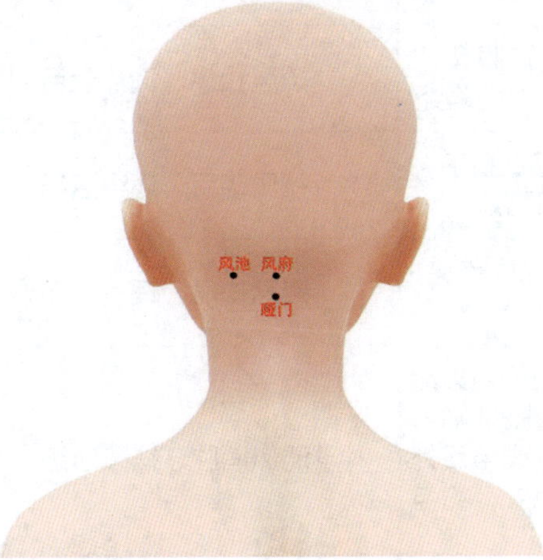

图 4-29　面部美容按摩常用穴位背面示意图

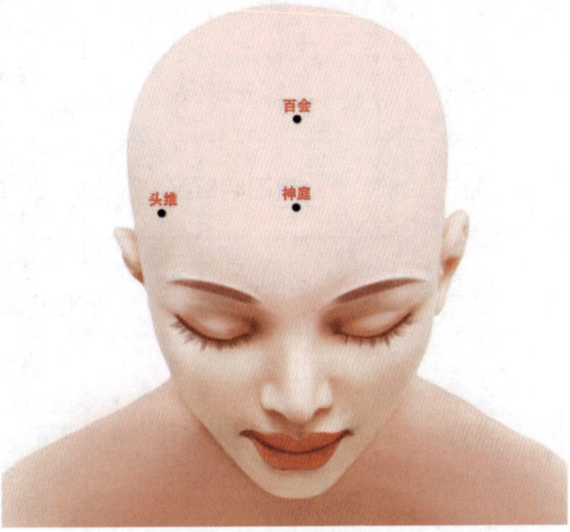

图 4-30　面部美容按摩常用穴位顶面示意图

表 4-4　面部按摩常用腧穴

穴位名	归经	定位	主要功效
头维	足阳明胃经	在头侧部，位于额角发际上 0.5 寸①，头正中线旁开 4.5 寸	清利头目、止痛镇痉
印堂	督脉	在前额部，位于两眉头连线的中点。于两眉头边线的中点并对准鼻尖处取穴	镇惊安神、活络疏风
阳白	足少阳胆经	在前额部，瞳孔直上，眉上 1 寸	祛风泄热、清利头目
攒竹	足太阳膀胱经	在面部，位于眉头凹陷中，眶上切迹处，即前额眉毛内侧端	止痛、明目
鱼腰	经外奇穴	在额部，瞳孔直上，眉毛中点处	镇惊安神、疏风通络
丝竹空	手少阳三焦经	在面部，位于眉梢凹陷处	清利头目、散风止痛
瞳子髎	足少阳胆经	位于面部，目外眦旁，眶外侧缘处	疏散风热、明目退翳
承泣	足阳明胃经	在面部，瞳孔直下，位于眼球与眶下缘之间	散风清热、明目止泪
睛明	足太阳膀胱经	在面部，目内眦角（内眼角）稍上方凹陷处	疏风清热、通络明目
太阳	经外奇穴	在眉梢与外眼角之间，向后约 1 寸凹陷处	疏风止痛、清热明目
四白	足阳明胃经	在面部，瞳孔直下，位于眶下孔凹陷处	祛风明目、通经活络
迎香	手阳明大肠经	在鼻翼外缘中点旁，位于鼻唇沟中	通窍祛风、理气止痛
颧髎	手太阳小肠经	在面部，位于目外眦直下，颧骨下缘凹陷处，于颧骨下缘平线与目外眦垂线之交点处，约与迎香同高	清热消肿、祛风通络

续表

穴位名	归经	定位	主要功效
下关	足阳明胃经	在面部耳前方（耳前一横指），位于颧弓与下颌切迹所形成的凹陷中	消肿止痛、聪耳通络
水沟	督脉	在面部，位于人中沟的上 1/3 与中 1/3 交点处	醒脑开窍、通经活络
地仓	足阳明胃经	在面部，口角外侧，上直对瞳孔。眼向前平视，于瞳孔垂线与口角水平线之交点处取穴	祛风止痛、舒筋活络
颊车	足阳明胃经	在面颊部，下颌角前上方约一横指（中指），当咀嚼时咬肌隆起，按之凹陷处	祛风清热、开关通络
风池	足少阳胆经	在颈部，枕骨之下，胸锁乳突肌与斜方肌上端之间的凹陷处	祛风解表、清利头目
风府	督脉	在颈部，位于后发际正中直上 1 寸，枕外隆凸直下，两侧斜方肌之间凹陷中	疏散风邪、开窍通关
哑门	督脉	在颈部，当后发际正中直上 0.5 寸，第 1 颈椎下	开哑通窍、清心宁志
百会	督脉	在头部，当前发际正中直上 5 寸，或两耳尖连线的中点	苏厥开窍、升阳固脱
神庭	督脉	在头部，位于前发际正中直上 0.5 寸	息风止痉、通窍安神
翳风	手少阳三焦经	在耳垂后方，位于乳突与下颌角之间的凹陷处	疏散风热、聪耳通窍

①表中的寸为同身寸。同身寸是中医取穴时以受术者本人体表的某些部位折定分寸，用以量取穴位的长度单位。通常以受术者拇指指关节横纹两端之间的距离为1寸；受术者第2~5指并拢，以中指中节横纹处为准，四指横量为3寸。

四、面部按摩的基本原则、内容及要求

1. 面部按摩的基本原则

（1）只能按摩浅表肌肉。美容师只能针对皮肤的表皮和浅层肌肉进行放松性按摩，不可以做深层次的按摩。

（2）按摩方向与肌肉走向一致。皱纹生长方向一般与面部肌肉走向垂直，按摩时顺着肌肉纹理走向进行按摩，既能避免肌肉过度位移造成的不适和损伤，又能预防皱纹的产生。

（3）向上、向外提拉按摩。随着年龄的增长和地心引力的影响，面部肌肉会慢慢变得松弛和下垂，按摩时逆着地心力方向适度向上、向外提拉按摩，可以起到收紧下垂肌肉和舒展皱纹的作用。

2. 面部按摩手法设计

按摩手法设计应以科学、合理、有效、舒适、连贯流畅为基本原则，不宜太过复杂、花哨或简单。一般全套按摩手法由 10~20 个手法组成，每个部位的手法以 3~4 个为宜。

3. 美容师准备工作

美容师的指甲长度应不超过指甲前缘，手部皮肤应保持光滑细腻；按摩前确保手部温暖，如果手温低，可用热毛巾热敷或热水浸泡；按摩介质应放在手心暖热，使顾客一开始就能感受到温暖和舒适。

4. 美容师按摩的姿态

（1）预备姿势。按摩前，美容师坐姿端正（也可站立按摩），让顾客躺下的头部高度大约与自己中上腹部平行，双足平置于地，腰部及颈部直立，沉肩垂肘，屈腕，手指自然弯曲。

（2）按摩姿势。按摩全程应保持背部及颈部直立，身体重心稍微前倾；身体随按摩动作的移动而自然协调地摆动；肩部、手臂、手腕及手指自然放松，不松则不柔，动作会僵硬不灵活。

5. 美容师按摩的状态

（1）入静放松。入静放松是按摩前的必要准备。美容师取出香薰按摩介质或精油

后，可将双手放在近顾客的鼻孔处，让顾客和自己一起做 2~3 次深呼吸，让双方的大脑进入放松状态，调节心情，集中精神，平心静气地进入无思无虑的安静状态。然后，调整好呼吸，找到与音乐协调的节奏，气定神闲地开始按摩，并渐入佳境。在这种状态下按摩，自然行云流水，动作流畅。

（2）情感投入。按摩是美容服务过程中顾客最舒适、享受及体验感最强的环节，优秀的美容师会情不自禁地将自己对职业的热爱、对技术的自信、对顾客的关爱融入其中，专心、专注施展自己的技艺，享受顾客舒适与满意带来的成就感和愉悦。

6. 面部按摩技术要求

（1）手法运用。在实际工作中，美容师应该根据顾客皮肤实际需要灵活运用手法，在动作、时间和力度方面进行变化和调整。

1）不同部位生理结构及肌肉厚薄不同，应“因地制宜”地采用不同的手法进行按摩。鼻部等肌肉薄、骨感强的部位应用较柔和的安抚手法；肌肉和软组织丰厚处可用揉捏、点压等有刺激作用的手法；眼周及口鼻周等狭窄部位可用着力面小的单指推、揉手法；面颊、额部、肩颈等大面积部位可用着力面大的掌推手法。

2）不同状况的皮肤，对护理需求不同，应采用不同手法进行按摩。干性和老化性皮肤可用有深层刺激和提升肌肉作用的手法来促进皮脂腺分泌和紧实肌肤，时间可稍长，力度可适当加重；敏感和痤疮皮肤可使用穴位按摩和排毒按摩手法，时间稍短，力度轻柔。

（2）用力技巧

1）巧用内力。无论是面部按摩还是身体按摩，所有外部的动作都要由内力（阴力）来带动，只有用内力来按摩才能使效力逐渐渗透到组织深部。这样既有力又柔和，顾客才觉得舒服，美容师自己也不易疲劳。内力不是一两天就可以炼成的，需要平时多加练习和体会。

2）着力部位。面部按摩要让顾客感受力度柔和舒适，按摩时，美容师应使用指腹、大鱼际、小鱼际、手掌等肌肉较丰厚的部位着力，特别是在鼻部、眼眶等骨感强的部位和口周、鼻周等狭窄部位。

3）协同用力。按摩时，美容师的身体应随着按摩动作进行自然的协同摆动，这样按摩力度才柔和、适中和有渗透力。不能身体原地不动，直接用手掌或手指来施力按摩，使用硬力来按摩会使顾客感到不舒服或疼痛，美容师自己也会感觉疲劳。

4）力度适中。按摩力度太重，会弱化纤维和破坏皮肤弹性，太轻则不舒适并起不到按摩的作用。在按摩时，应根据皮肤的不同状况和各部位的生理特点来调节按摩力度，如额部可稍用力，眼周、毛细血管扩张部位和敏感皮肤应轻柔施力。用力时还应虚实结合，如向下向外时用虚力，向上向内时用实力。

5）轻重融合。面部的各种按摩动作都由按和摩两个相辅相成的动作组成，大部分时间都在做“按”与“摩”的环形运动，即在所按部位环形平移。“按”与“摩”的用力区别在于力度及作用的深度。“按”法着力程度稍重，作用于浅层肌肉，目的是带动皮肤一起做轻柔缓和的回旋运动，使皮下组织层之间产生摩擦；“摩”法着力程度很轻，几乎不用力，操作时手贴在皮肤表面滑动，不带动皮下组织。在按摩时，只有把握好用力与不用力的按摩技巧，才能做出按摩应有的节奏及韵律。

6）柔和按穴。针对穴位的按摩过程包括以缓慢打圈方式寻找、辨别，找准后穴位后再慢慢加力，逐渐渗透并停留 3~5 s，让穴位得到缓慢而充分的刺激，最后再以打圈安抚方法慢慢移开。按摩穴位整体要有节奏感，如在穴位处给予突然而直接的外力刺激，会让肌肉突然收缩而让顾客感到紧张和不适。

（3）节奏与韵律

1）协调。按摩协调首先是美容师和顾客的意识、呼吸、音乐与动作融为一体的协调，其次是美容师施展动作的协调。

2）平稳。长时间的按摩过程要一直保持平稳，需要美容师心静神舒，在自然呼吸的同时自然地运气，并让呼吸与动作合拍。如做肩颈按摩时，用力及下沉时呼气，提拉时吸气，长推动作时运气等，都能很好地让动作保持均匀平稳。此外，身体的协调、双手用力均匀一致、控制好速度和力度也是保持平稳的关键要素。

3）节奏。要把握好按摩节奏，首先要认识和熟悉整套按摩手法组合及变化的规律，找准各种手法的重复、速度、轻重、时间的变化和前后连贯规律，再随着音乐找准节拍，每一个手法重复 3~4 遍，形成韵律感。同时，把握好每个动作均匀的间歇或停顿和承上启下的变化技巧，并使动作的幅度、速度和力度保持一致，就可以演绎出节奏感强的舒适的整套按摩手法。

4）流畅。手法熟练不一定流畅，流畅是在熟练的基础上，掌握运气规律，中途不泄气、断气，有序地从整体到局部、局部到局部、局部到整体地运用手法及衔接动作，一气呵成，美容师自己感觉酣畅淋漓，顾客感觉行云流水般的舒适。

（4）时间与频次。面部按摩时间应根据皮肤类型、皮肤状况、护理目的、顾客需求和整套护理项目的时间而定。一般 60 min 的护理大约 10 min，90 min 的护理为 15~20 min。按摩时间不宜过长，否则会过度刺激皮肤而导致敏感和使皮肤疲劳。

按摩的次数取决于皮肤状况及年龄等因素，每月 2~3 次，一般不超过 4 次。

（5）按摩介质。应根据皮肤的类型和状况来选择按摩膏、按摩油等介质。皮肤护理根据项目价位及护理需要，通常使用按摩膏、护肤精华素、精油、面霜（或混合）进行按摩。按摩介质应用量适中，太多会浪费产品，按摩时也容易打滑，太少不仅会影响动作的流畅，还会增加对皮肤的摩擦、拉扯，引起皮肤刺激、泛红和不适。

7. 面部按摩基本程序

国际通用手法一般是从前胸、肩颈部开始，然后按摩面部，最后安抚肩颈部并回到面部结束。全套按摩动作应从安抚法开始，再以安抚法结束。每个部位以安抚法开始，循序渐进地运用较为深入和刺激的细节动作，最后以安抚法结束或衔接其他部位。

五、常用按摩手法及注意事项

1. 安抚法（effleurage）

安抚法（见图 4-31）是指用手指或手掌缓慢而有节奏地在皮肤上轻柔地滑动和抚摩。安抚法能促进局部微循环，具有舒缓、放松、镇静和引流的作用，通常用于按摩的开始、结束和动作之间的连接，多用于面颊、额头、上胸等部位。

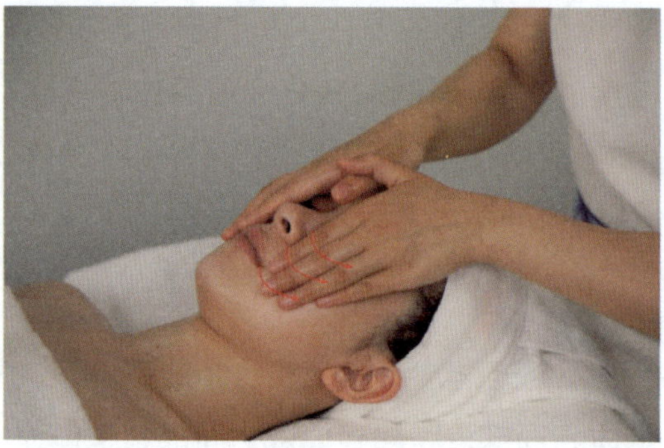

图 4-31　安抚法

2. 揉捏法（petrissage）

揉捏法（见图 4-32）是指用拇指与食指或其他手指相配合，轻轻抓住局部的皮肤和肌肉并将其稍微提起，以适当力度进行挤压、滚动和揉捏。揉捏法着力较重，具有深层刺激的作用，能刺激油脂分泌，深层放松紧张的肌肉，以及活化下垂皮肤。揉捏法通常使用于放松类手法之后，常用于面颊、颏部、肩颈和手臂或肌肉较多的地方。

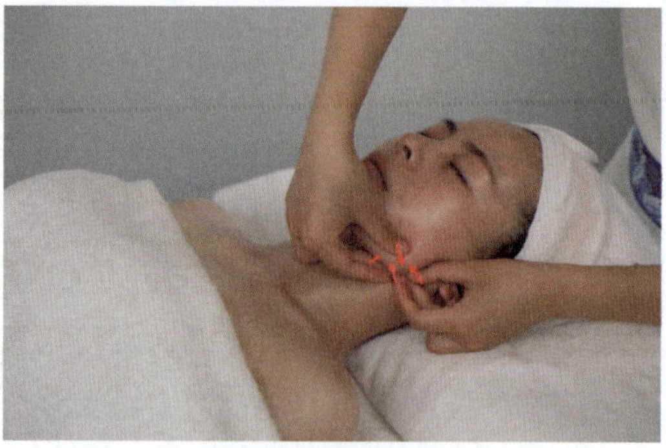

图 4-32　揉捏法

3. 震颤法（vibration）

震颤法（见图 4-33）是指用手掌或手指，以振、抖的方法在体表施以较高频率的振动。震颤波传导性强，短暂的震颤有刺激和兴奋末梢神经的作用，能促进局部组织的新陈代谢和微循环。操作时手臂肌肉绷紧，带动手掌或手指产生较快速的振动，指腹在用力处紧紧按住，使受力部位有被振动感。震颤的刺激性较强，只适合短暂性操作。

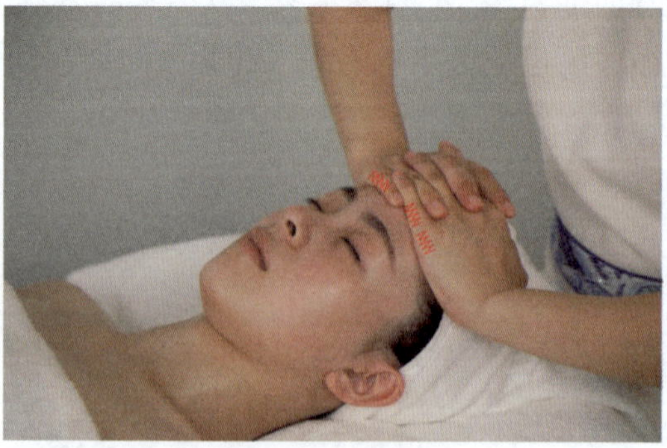

图 4-33　震颤法

4. 摩擦法（friction）

摩擦法（见图 4-34）是指用手指或手掌，采用摩、擦、搓等手法在体表进行一系列滑动动作。可以用打圈或手指彼此相对交错的方式进行。表浅摩擦生热，能促进血液淋巴液循环，较深度摩擦具有促进循环和皮肤腺体活动的作用。操作时，食指、中指、无名指腹着力，四指自然伸开，手腕微屈。

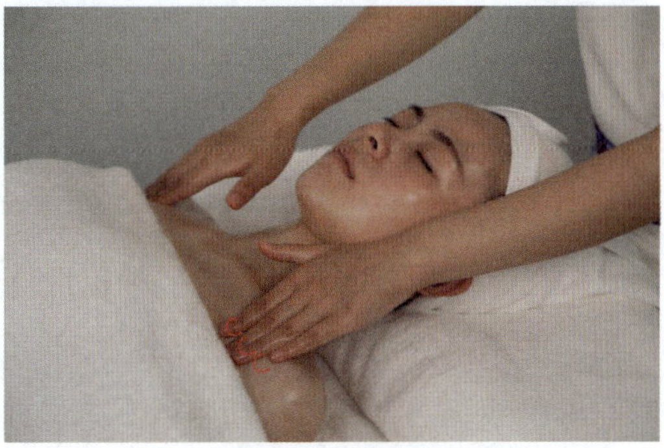

图4-34　摩擦法

5. 面部按摩注意事项及禁忌

（1）面部按摩注意事项

1）按摩介质适量，以免过度牵拉皮肤而导致肌肉位移及肌肤松弛。

2）按摩时应帮助顾客尽量放松，尽量避免与顾客聊天。

3）按摩时力度适中，避免过度摩擦、敲打或挤压皮肤。

4）避免按摩介质进入顾客的眼、鼻、口及耳朵内，按摩后应仔细检查介质残留。

5）按摩要一气呵成，尽量避免手离开顾客。若需要添加介质，最好单手取，另一只手不停歇按摩，取回介质的手应巧妙融入另外一只手的节奏中，尽量避免打乱按摩节奏，影响顾客体验感。

（2）面部按摩禁忌

1）严重敏感性皮肤、正值过敏期皮肤、严重痤疮皮肤、严重毛细血管扩张皮肤，不可进行按摩。

2）患有皮肤传染病、急性炎症、皮肤有外伤的，不可进行按摩。

3）骨节肿胀、腮腺及甲状腺等头面部腺体肿胀的，不可进行按摩。

4）严重哮喘发作期、严重血小板减少的，不可进行按摩。

5）近期接受过注射、光电等医疗美容项目的，不可进行按摩。

六、面部手动淋巴引流

淋巴系统的循环是身体的一种正常自然功能，但是患有心血管疾病，淋巴结肿大、感染、手术、受伤、移除、放射治疗，压力，以及其他损害淋巴系统的疾病，都可能影响淋巴系统的循环，从而阻碍、减慢或中断淋巴液的正常流动，使淋巴液积聚在身体的特定区域，导致继发性淋巴水肿和不适感。

此外，有些人会因运动量不足而产生肌肉量不足的情况，从而影响淋巴系统正常输送组织液。饮食不健康，特别是高脂、高盐、重口味的人，容易引起体内过多的组织液堆积，造成局部浮肿。在脸部和颈部，淋巴液排泄不畅可能会导致新陈代谢减慢，出现毛孔堵塞、粉刺痤疮、肤色晦暗、眼袋及黑眼圈、愈合减慢、皮肤脱水和浮肿等情况。这些情况都可以通过手动淋巴引流得以缓解。

在美容院，常见的手动面部淋巴引流是一种动作轻柔、舒缓和放松的淋巴水肿按摩护理，主要是通过刺激面部和颈部主要淋巴结，并结合顺淋巴液流向的轻缓疏导按摩来促进淋巴液流动，减少淋巴系统阻塞，加快身体的自然排毒过程，从而减轻可能在间质组织中形成的水肿，同时有益于改善肤色暗淡、粉刺、炎症等皮肤状况。

手动淋巴引流必须由专业的淋巴治疗师操作，有多种不同的医学治疗（如有节奏的抓握技术）和美容护理的方法和技术，美容师要操作面部淋巴引流按摩，必须了解面颈部主要淋巴结的位置、其收纳淋巴的范围，以及淋巴导流的方向，这样才能达到安全有效的目的。

1. 手动淋巴引流的概念

手动淋巴引流（MLD，Manual Lymphatic Drainage）是一种自然疗法，它是指使用人为按摩，刺激、疏导和引导淋巴液通畅运行，把膨胀区域中累积过多的流体移走，以达到缓解和减轻水肿的目的。手动淋巴引流主要是针对体液进行治疗和护理。

手动淋巴引流是由丹麦的埃米尔·沃德博士（Dr.Emil Vodder）在 1935 年开发的。后来，德国和奥地利将它作为一种减轻水肿的治疗方式进一步传播。现在，手动淋巴引流由经过专门训练的淋巴治疗师在全世界范围内使用。治疗师必须掌握有关淋巴系统的解剖学、生理学、病理生理学的医学知识，以及专门的按摩技术，取得相关证书后才能操作。

2. 面部手动淋巴引流按摩的作用

面部手动淋巴引流按摩主要作用于面部和颈部的淋巴结、淋巴管。对淋巴结及淋巴管进行加压按摩及物理刺激可以加速淋巴循环，刺激液体流动、减少液体积聚，从而改善浮肿、痤疮、皮肤晦暗和炎症等状况，有助于提高人体自身的免疫力或抵抗力、改善身体机能；减轻压力，放松身心，优化内分泌系统。定期做淋巴引流按摩并配合简单的自我护理引流，才会起到改善的效果。

3. 面部主要淋巴结位置

美容领域所指面部淋巴结包括头面部淋巴结、颈部和其他部位淋巴结，美容院淋巴引流按摩中常用的淋巴结如图 4-35 所示。

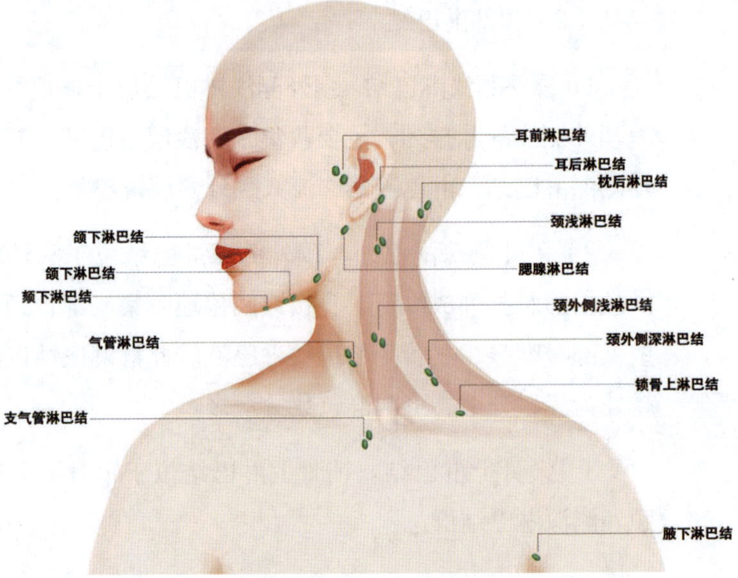

图 4-35　面部淋巴结

（1）头面部淋巴结

1）枕后淋巴结。枕后淋巴结通常有 1~3 个，位于枕骨下方凹陷处，在斜方肌起点的表面，主要收集枕部和头皮的淋巴液。

2）耳前淋巴结。耳前淋巴结位于耳屏前，通常有 1~3 个，主要收集面部和颞部浅表区域的淋巴液。

3）耳后淋巴结。耳后淋巴结又称乳突淋巴结，通常有 2 个，位于耳后、胸锁乳突肌止点表面，主要收集后颈、上耳和耳廓后面的淋巴液。

4）腮腺淋巴结。腮腺淋巴结位于外耳道的前下方，这一小组淋巴结分浅、深两组，主要收集鼻部、外耳道、眼眶外侧边缘及腮腺等处的淋巴液。

5）颌下淋巴结。颌下淋巴结位于颌下三角内，通常有 3~6 个，部分位于下颌下腺附近，主要收集面颊、鼻外侧、双唇外侧及前舌等部位的淋巴液。

6）颏下淋巴结。颏下淋巴结位于颏下部三角内，主要收集颏部、下唇内侧等部位的淋巴液。

（2）颈部淋巴结

1）颈外侧浅淋巴结。颈外侧浅淋巴结位于胸锁乳突肌浅表处，沿颈外侧浅静脉排列，主要收集颈部浅层淋巴液，其输出管注入颈外侧深淋巴结，淋巴液最终流入颈外侧深淋巴结。

2）颈外侧深淋巴结。颈外侧深淋巴结位于胸锁乳突肌深面，沿颈内静脉排列成纵行，直接或间接地收集头部、颈部、乳房和胸壁上部、咽喉、气管等部位的淋巴液。此群淋巴结以肩胛舌骨肌跨越处为界，分上、下两群，数量众多。

3）锁骨上淋巴结。锁骨上淋巴结位于锁骨上方凹陷处，属于颈外侧深淋巴结群。

（3）其他按摩时常用的淋巴结

1）支气管淋巴结。支气管淋巴结位于两锁骨中间凹陷处。

2）腋下淋巴结。腋下淋巴结位于人体腋窝凹陷处，是人体内较大的淋巴结群。

4. 面部手动淋巴引流按摩要点

（1）引流部位的先后顺序一般按照由下向上（从前胸到额头）、

由内向外（从脸中间到外侧）的顺序，将淋巴液引流至各淋巴结，分上前胸，颈部和面部三部分依次进行护理，如图 4-36 和图 4-37 所示。

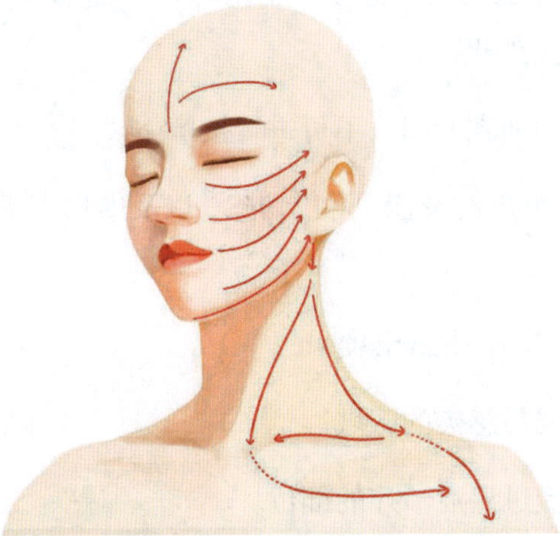

图 4-36　淋巴手动引流方向

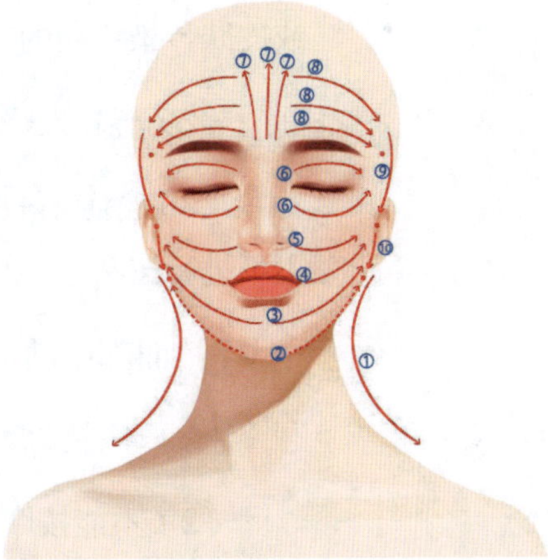

图 4-37　面部手动淋巴引流方向和步骤

（2）引流按摩时，必须找准淋巴结和淋巴管所在的位置以及淋巴液的流向。无论护理哪个部位，都要遵循先疏通主要淋巴结，再进行引流按摩的顺序。

（3）引流按摩力度及深度应仅触及皮肤，触感轻微，不要用力按压至肌肉。按摩过程中要一直保持双手放松，轻柔地按压和推引。与普通面部按摩一样，按摩时双手需要与身体运动的节奏协同一致。

（4）用边按压边打小圈（小旋转运动）的方式轻柔地疏通淋巴结，每个部位重复 3 次。按摩时动作要轻柔、均匀、缓慢和有节奏，并顺着面、颈部淋巴管走向进行引流按摩，重复 3~5 遍。

（5）淋巴引流按摩一般在去角质护理程序后进行，时间 15~20 min。按摩介质可按皮肤的类型和状况选用各类精华素、精油、润肤霜或油，或者将三者组合使用。

5. 面部手动淋巴引流的美容适应证

（1）医疗美容术后血肿、水肿，泪囊阻塞等。

（2）肤色晦暗、粉刺痤疮、红斑痤疮、眼袋、黑眼圈等皮肤瑕疵。

（3）衰老和光老化皮肤（衰老过程以及光老化可导致淋巴功能下降）。

（4）慢性炎症导致的皮肤过敏、慢性湿疹等皮肤炎症。

6. 面部手动淋巴引流按摩的禁忌

（1）有心血管疾病、肾脏问题、感染、血液循环问题、伤口或皮肤传染疾病的，不可进行按摩。

（2）感冒发烧、怀孕和哺乳期间，不可进行按摩。

（3）癌症、淋巴疾病、淋巴有炎症、淋巴切除，以及感觉不适，不可进行按摩。

7. 面部手动淋巴引流按摩注意事项

（1）不能按摩太肿胀或易感染的区域。

（2）不能按摩已经接受过癌症治疗的部位。

（3）每次按摩后，应让顾客多喝水，以帮助身体排毒和补充水分。

（4）做好日常皮肤护理，确保皮肤湿润和皮肤屏障健康，避免受伤。

（5）经常检查皮肤是否有损伤，做温和的自我引流可预防面部淋巴水肿。

（6）常锻炼身体或做瑜伽等伸展运动，保持均衡饮食可预防淋巴水肿。

（7）淋巴引流不是普通的按摩，它涉及更多医学知识，未经训练的美容师和按摩师不可以操作，特别是全身淋巴水肿护理。

（8）如果有任何健康状况，应在进行按摩之前咨询医生。

第六节 刮痧美容

刮痧是中国传统的自然疗法之一，也是中医美容的重要组成部分。它是以中医经络腧穴理论为指导，用特制的牛角、玉石等刮痧器具以相应的手法在皮肤相关部位刮拭，使皮肤局部出现红色粟粒状或暗红色出血点等“出痧”变化，以达到疏通经络、活血化瘀的目的。

随着人们生活水平的提高，在饮食上，人们经常吃一些高油、高盐、高糖或焦煳的“垃圾食品”，在情绪上，“七情”——喜、怒、忧、思、悲、恐、惊的过度沉浸，都会使人体受风寒、湿热、痰瘀等致病因素侵害，加上熬夜等不良生活习惯，使毒素留在体内无法排出。美容院常用精油和刮痧板在皮肤进行刮拭，疏通经络，排除毒素，从而使皮肤从内而外嫩白净透。

面部刮痧美容对提升面部皮肤有显著功效，更是眼袋、黑眼圈、色斑、痤疮等常见皮肤问题的良好改善方式。

刮痧因为疗效显著成为美容院和顾客喜欢的美容项目，越来越受到欢迎。本节着重介绍刮痧美容的定义、特点、功效、器具与介质、禁忌及注意事项、常用穴位及功效，以及基本程序和手法。

要点提示

1. 了解刮痧美容的定义。
2. 熟知刮痧美容的特点和功效。
3. 熟知刮痧美容的器具与介质。
4. 掌握刮痧美容的基本程序及注意事项。
5. 掌握刮痧美容常用穴位及功效。
6. 掌握刮痧美容的基本手法。

关键术语

痧　刮痧　刮痧美容
刮痧板

一、刮痧美容的定义

刮痧美容是用边缘光滑的硬质器具如牛角板、嫩竹板、瓷器片等工具沾取介质在人体表面特定部位或腧穴反复进行刮、擦、点、按等物理刺激，使皮肤发红、充血，通过经络系统皮部将刺激传到体内，用以调整脏腑组织的气血阴阳，使之恢复平衡的一种物理性治疗方法。

二、刮痧美容的特点

痧，是对皮肤经刮拭后出现的如沙点般的红色皮下出血点的形象比喻。在对一些有损美性问题的顾客进行刮痧美容时会出现痧点，但在对身体健康的顾客或气血不足的顾客进行刮痧时不一定出现痧点。所以刮痧美容重点在“刮”，而不是“痧”。

现代人的损美性疾患无论是长斑、长痘，还是面色不佳，均不是营养摄入不足造成的，多数是因为营养过剩、体内毒素过多，使为细胞输送营养的通路和细胞吸收利用营养物质的功能出现障碍所致。所以刮痧美容是以“疏通”的方式来解决和改善面部营养缺乏、代谢产物积聚问题的。

相关链接

“痧”有广义和狭义之分。广义的“痧”指人体内部疾患在人体肌肤上的一种毒性反应。狭义的“痧”指皮肤出现的粟粒状红色斑丘疹。

关于美容刮痧的刮拭力度，治病刮痧一般刺激力度重，并尽量要求出痧等。面部刮痧美容则不强求出痧，以刮拭到面部发热，稍有红晕即可。轻弱力度刮痧（补法）适合干性皮肤、皮肤敏感及痤疮等，中等力度刮痧（平补平泻）适合任何肤质及穴位刮拭，强重力度刮痧（泻法）适合于肌肉丰满结实者。

关于刮拭补泻，中医认为，“顺经为补、逆经为泻”。刺激轻，作用层次浅，操作速度慢，能活跃和兴奋皮肤肌肉、细胞的手法称为“补法”。刺激重，作用层次深，操作速度快，能抑制脏器、皮肤肌肉组织的手法称“泻法”。介于补法与泻法之间，力度中等，不快不慢，平稳地帮助皮肤肌肉、细胞、脏腑恢复阴阳平衡，扶正祛邪的方法称为“平补平泻法”。在不需要特别治疗的前提下，此法被多数人接受。

三、刮痧美容的功效

刮痧美容运用特制的器具，循行人体经络穴位，施以点、揉、按、挑、扭、刮、摩、托、擦、拍、夹、切、梳、推、拨、运等刮痧手法，促进气通血顺，让体内毒素由血管或毛细孔排出体外，开泄毛孔腠理，调整阴阳平衡，加速皮肤新陈代谢及细胞的修复、更新，达到面部紧致提升、除皱淡斑、祛痘美白、保健养肤的美容效果。

四、刮痧美容器具与介质

刮痧美容的工具目前较常用的是不导电、不传热的水牛角刮痧板（中医认为水牛角具有凉血化瘀、清热解毒、散结生肌的功效）。刮痧板一般有以下几种形状：鱼形刮板、梳形刮板、三角形刮板、长方形刮板等。

1. 鱼形刮板

鱼形刮板外形酷似金鱼，主要用于面部，也可用于身体其他部位，常左右手各执 1 块配合使用。鱼嘴部和尾部专门用于点按穴位，鱼身和背、腹部多用于背部经络的刮拭和摩抚。鱼形刮板如图 4-38 所示。

配用介质：现在多使用由植物提取的精华油，既可润滑皮肤，利于刮拭，又能补充皮肤所需营养。

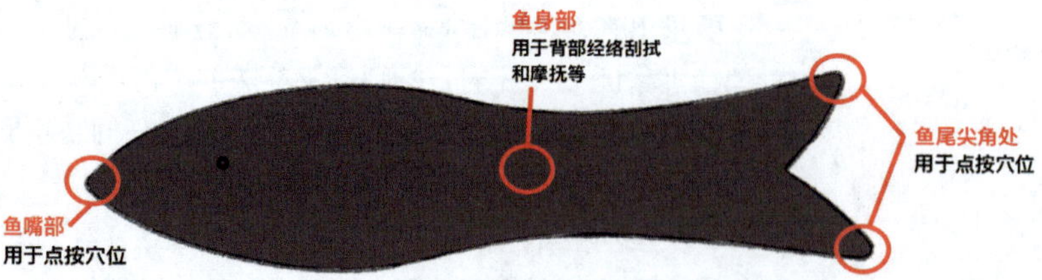

图 4-38　鱼形刮板

2. 梳形刮板

梳形刮板外形一端似梳，另一端似菱角，主要用于毛发美容。似梳的一端用于头部毛孔的疏通，刺激发根毛囊，以减少脱发，刺激新生，同时可以疏通头部经络。一般先沿着任、督二脉梳理 30 次，再梳理两侧膀胱经各 30~50 次。似菱角的一端用于疏通任、督二脉，并可刮拭头部穴位与身体各局部。梳形刮板如图 4-39 所示。

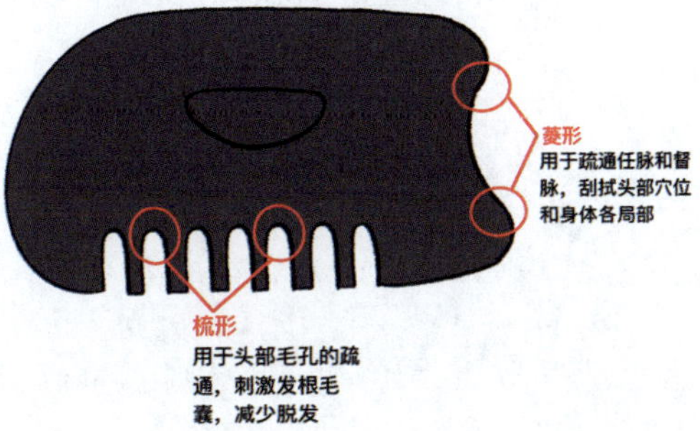

图 4-39 梳形刮板

配用介质：可使用有养阴补肾、保肝驱风、止痒消脂、乌发亮发作用的首乌、黑芝麻、旱莲草等中药提取液。

3. 三角形刮板

三角形刮板外形呈三角形，底边如波纹状，斜边稍带弧度，分为内圆弧和外圆弧，尖角处稍圆，适合于肢体刮拭。底边波纹状弧部处恰好可让指、趾关节通过，斜边刚好能刮拭手掌及掌背，顶角用以点按四肢穴位。斜边的另一特点是符合颈部的弧形。三角形刮板还可用于身体其他部位，其外形和适用部位如图 4-40 所示。

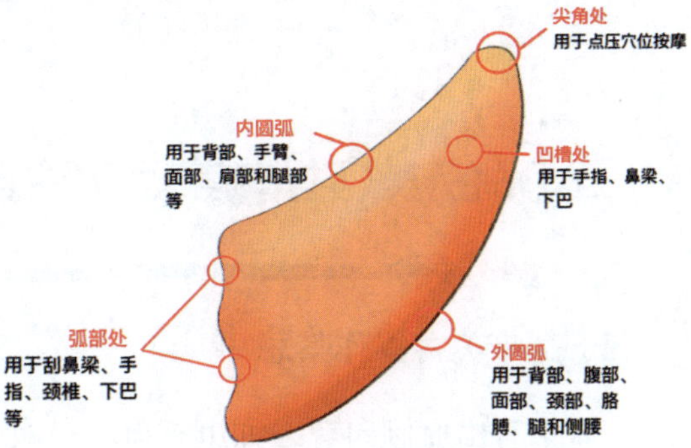

图 4-40 三角形刮板

配用介质：肢体刮拭采用含有驱风散寒、活血化瘀作用的桂枝、丹参、红花等成分的液体或油剂。颈部则采用含抗衰老成分的乳膏。

4. 长方形刮板

长方形刮板较宽大、厚重，四面光滑，横刮竖刮均方便。长方形刮板应用范围广，可用于全身肌肉厚实部位，疏通经络效果较佳。长方形刮板如图 4-41 所示。

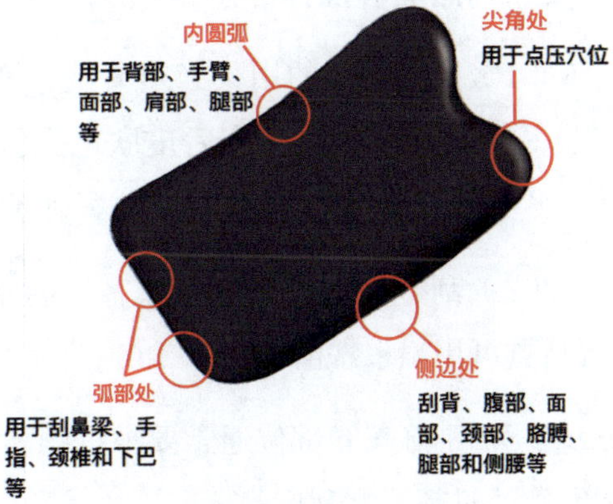

图 4-41 长方形刮板

配用介质：采用渗透力强，并含强筋壮骨、祛痰开窍、排毒嫩肤作用的中药成分的膏霜或油。若用于减肥塑身，则采用配有大黄、荷叶成分的减肥产品。若用于增肥，则采用有健脾消积、热身暖胃功效的介质，如鸡内金蛋黄油。

相关链接

刮拭方向：刮拭方向要根据肌肉、神经、经络走向而定。一般来说，头、颈、肩、背、腹、上肢、下肢等部应从上向下刮拭，脸部、胸部由内而外、由下向上刮拭。

刮拭角度：刮板与皮肤保持 45°~90° 进行刮痧，使用补法或为减轻刮痧的疼痛感也可将角度调整为 15°~30° 。

五、刮痧美容操作禁忌和注意事项

1. 刮痧美容操作禁忌

（1）有出血倾向者，如患有血小板减少、白血病、严重贫血等病症禁用此法。

（2）严重心血管病、肝肾功能不全者慎用此法。

（3）骨折、原因不明的肿块、恶性肿瘤禁用此法。

（4）妇女月经期下腹部慎用此法，妊娠期下腹部、腰骶部禁用此法。

（5）严重痤疮、换肤后不足 2 个月者，面部手术伤口未愈合者禁用此法。

2. 刮痧美容操作注意事项

（1）刮痧美容的用具必须清洗、消毒，以防止血源性疾病的传播。消毒后清洁皮肤，涂抹刮痧油。刮痧后皮肤毛孔张开，肌肤会有发热感，注意避风和保暖，尤其是冬季，应避寒冷与风口，夏季刮痧时，应避免空调直接吹到刮拭部位。

（2）刮痧美容后，应请顾客饮温水一杯，半小时内不可以冷水洗脸及手足，约 3 h 后方可用温水洗浴。

（3）刮痧美容部位通常要根据顾客体质需要进行选择，过饱、过饥、过劳，以及情绪激动时都不宜刮痧。

（4）刮痧手法要均匀一致，用力适中，防止刮破皮肤，引起感染。

（5）皮肤皮损处有炎症、渗液、溃烂，以及传染性皮肤病不可直接刮拭病变局部，可在皮损周围刮拭。

（6）对于身体瘦弱、皮肤失去弹性或骨骼突起的顾客，慎刮或轻轻地刮。

（7）刮痧过程中，美容师应边操作边询问顾客的感受，以便随时调整顾客体位和刮痧手法。

（8）在前一次刮痧部位的痧斑未退前，不宜在原处再次进行刮痧，应待皮肤退痧后再刮。根据个体差异与刮痧手法的不同，一般每个部位每次刮痧不超过 20 min（不包括无痕刮痧）。

六、面部刮痧美容常用穴位及功效

头面部刮痧美容常用经络如图 4-42 所示。

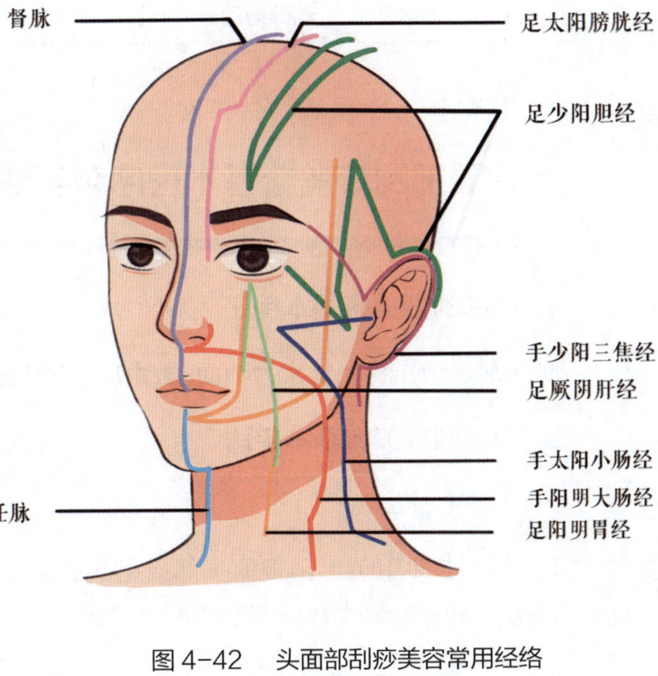

图 4-42　头面部刮痧美容常用经络

面部刮痧美容常用穴位与面部按摩中使用的穴位有部分重合，其中重合的印堂、阳白、攒竹、鱼腰、丝竹空、瞳子髎、承泣、睛明、太阳、四白、迎香、颧髎、下关、水沟、地仓、颊车、翳风等穴位的归经、定位、主要功效可参见表4–4。面部刮痧美容还会用到的穴位有上关、听宫、听会、耳门、大迎，见表4–5。

表4–5　部分面部刮痧常用穴位

穴位名	归经	定位	主要功效
上关	足少阳胆经	在耳前，下关直下，位于颧弓的上缘凹陷处	聪耳镇静、开窍活络
听宫	手太阳小肠经	在面部，耳屏前，下颌骨髁突的后方，张口时呈凹陷处	聪耳开窍
听会	足少阳胆经	在面部，位于耳屏切迹的前方，下颌骨髁突的后缘，张口有凹陷处	祛风开窍
耳门	手少阳三焦经	在面部，位于耳屏上切迹的前方，下颌骨髁突后缘，张口有凹陷处	开窍聪耳、泻热活络
大迎	足阳明胃经	在下颌角前方，咬肌附着部的前缘，位于面动脉搏动处	祛风通络、消肿止痛

七、面部刮痧美容基本程序和手法

1. 面部刮痧美容基本程序

面部刮痧操作程序依次为洁面、去角质、均匀地涂抹介质、刮痧。

2. 面部刮痧美容基本手法

（1）基本手法

1）点。点即用鱼形刮板的头部或尾部锐面在穴位上轻轻用力向下点压，如图4–43所示。

2）揉。揉即用鱼形刮板的头部或尾部侧面在穴位上或沿经络顺时针或逆时针揉动，如图 4-44 所示。

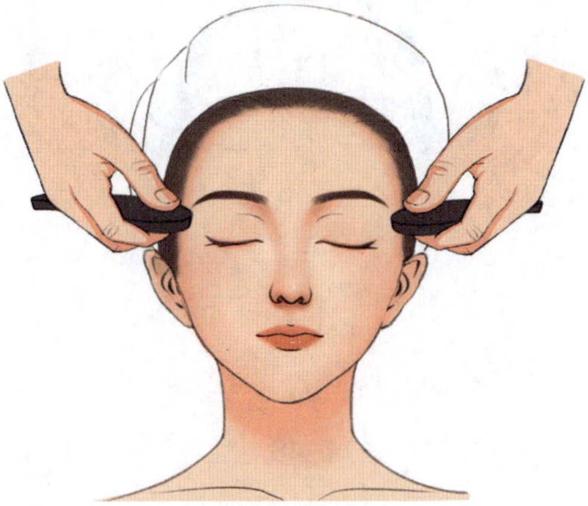

图 4-43　点

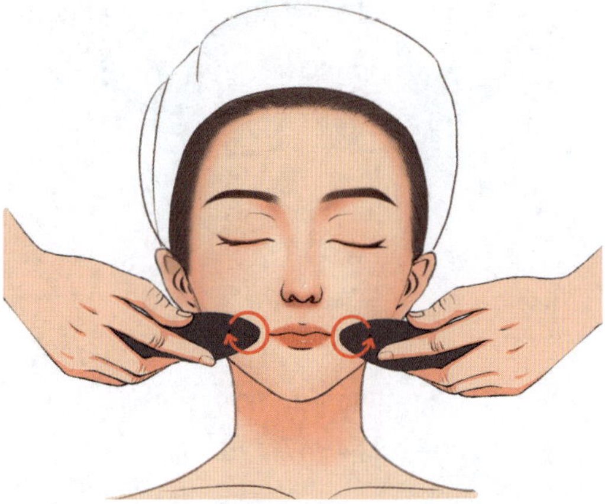

图 4-44　揉

3）按。按即用鱼形刮板的头部或尾部侧面及平面在穴位上用力缓缓向下按压，如图 4-45 所示。

4）挑。挑即用鱼形刮板的头部或尾部尖锐处在穴位上先按压，再横向或向上挑起，如图 4-46 所示。

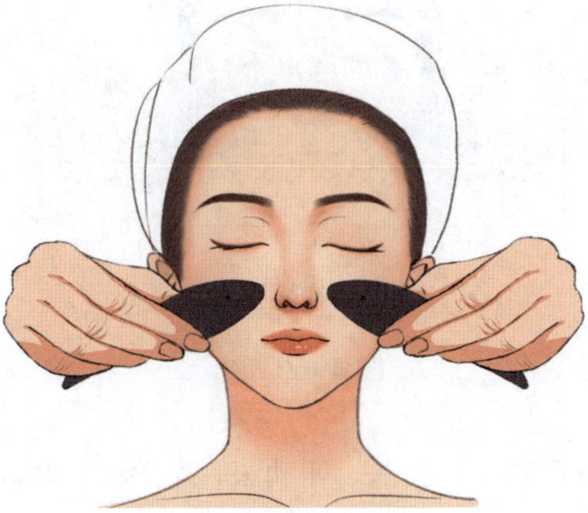

图 4-45　按

图 4-46　挑

5）扭。扭即用鱼形刮板的头部或尾部锐面点按穴位，再进行顺向或逆向转动，如图 4-47 所示。

6）刮。刮即用鱼形刮板的侧面，沿经络轻柔刮拭，如图 4-48 所示。

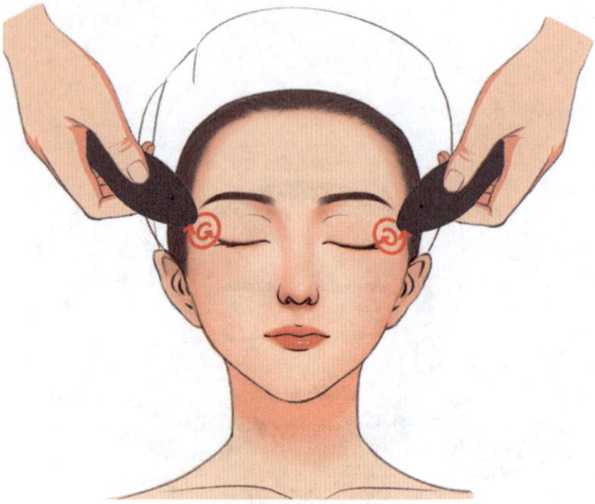

图 4-47　扭

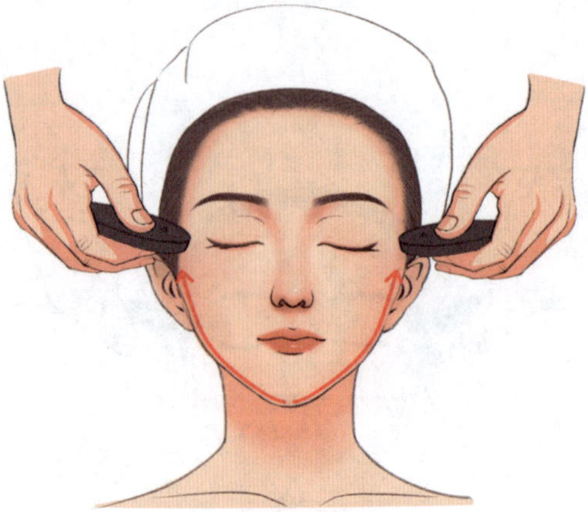

图 4-48　刮

7）摩。摩即用鱼形刮板的任何部位在穴位上或沿经络进行游弋滑动，如图 4-49 所示。

8）托。托即用鱼形刮板的头或身侧面，用力向上提托肌肉，如图 4-50 所示。

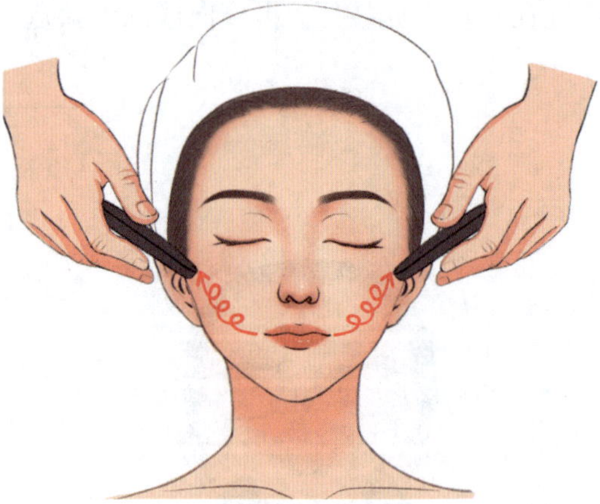

图 4-49　摩

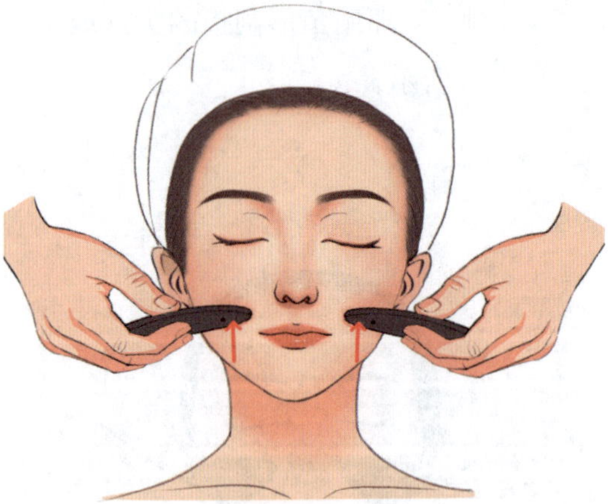

图 4-50　托

（2）复合手法。复合手法包括刮动法、揉刮法、点扭法、叩动法、摩游法、摩刮法、推刮法、拍打法等手法。

3. 面部刮痧美容步骤

步骤 1：常规洁面和涂抹刮痧介质后，沿面部肌肉走向、骨骼形态，按照由内向外的顺序，自下而上刮拭面部下颌区、口唇区、鼻区、面颊区、眼眶区、额头区，如图 4-51 所示。

步骤 2：双手持刮痧板的锐部以点法、按法或点扭法刺激脸部主要穴位。用刮痧板点按承浆、迎香、睛明、太阳、印堂，如图 4-52 所示。

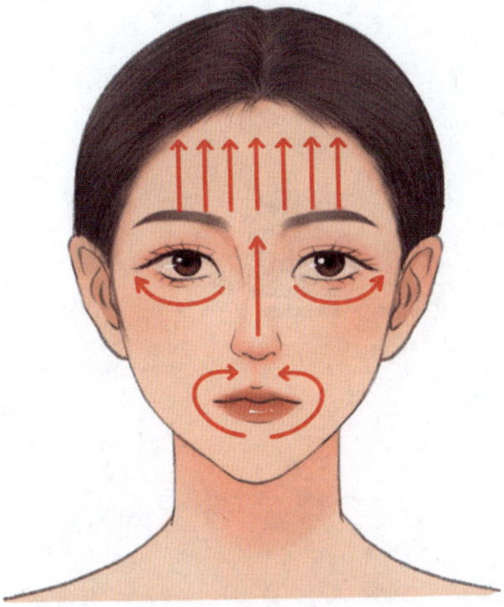

图 4-51　面部刮痧步骤 1

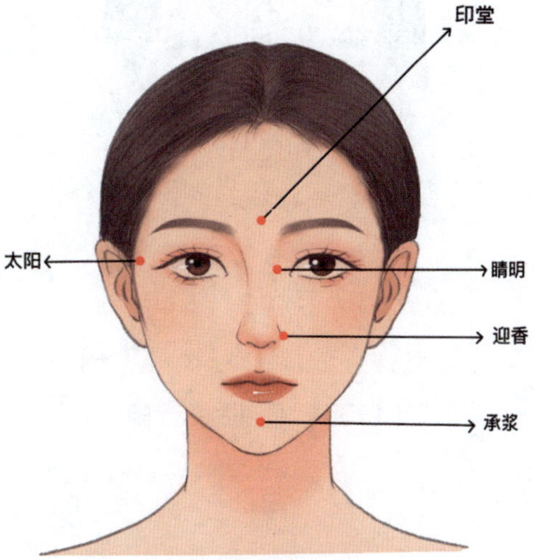

图 4-52　面部刮痧步骤 2

步骤 3：以揉刮法疏通面部，如图 4-53 所示。

步骤 4：以摩刮法在脸颊部由下而上地摩面和刮拭，如图 4-54 所示。

步骤 5：刮拭颈部，如图 4-54 所示。

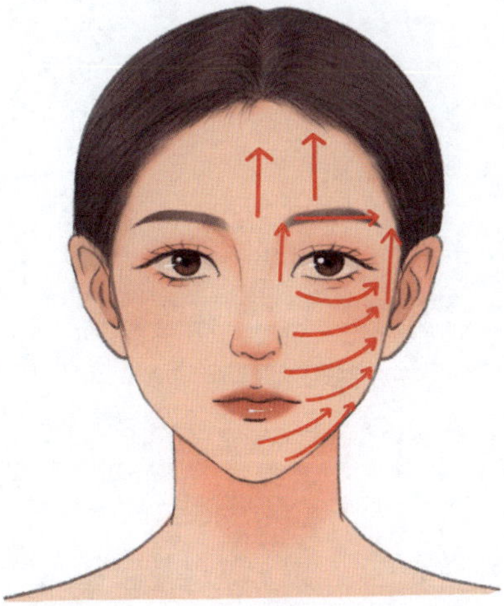

图 4-53　面部刮痧步骤 3

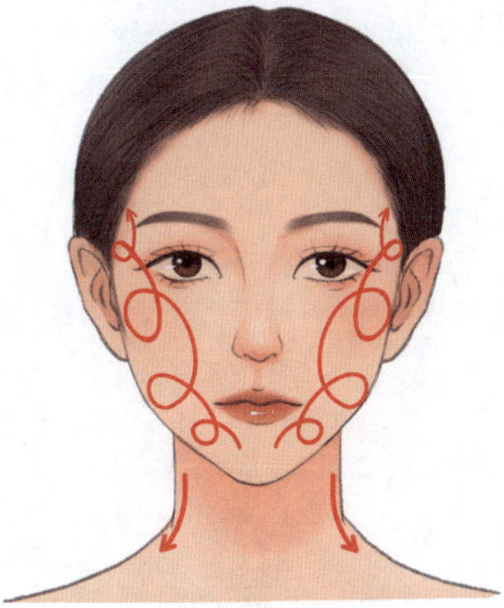

图 4-54　面部刮痧步骤 4 和步骤 5

步骤 6：以推刮法进行全脸提升，如图 4-55 所示。

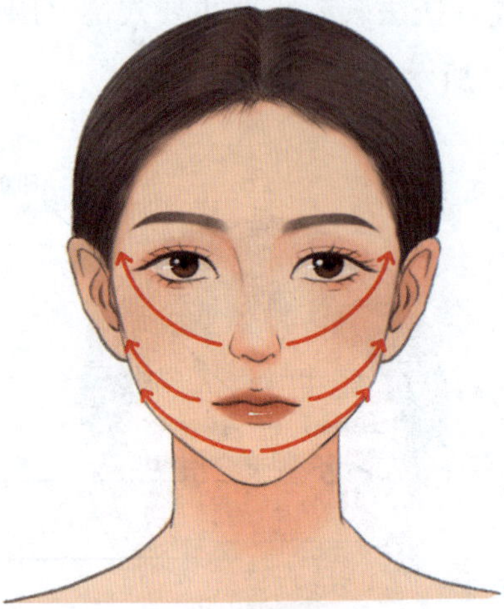

图 4-55　面部刮痧步骤 6

面部刮痧按摩视频可扫二维码观看。

第七节 面膜

面膜（mask）能给予皮肤特别的呵护，无论是在美容院护肤还是日常皮肤保养中都备受重视和青睐，许多女性的美容意识也是从使用面膜开始的。对于一些消费者来讲，在一天的繁忙之后使用面膜已经成为一种放松的方式，有的女性在旅行或飞行途中用携带方便的面膜来保湿皮肤，或在大型活动前使用面膜来快速、简便地为皮肤做好化妆准备。由此可见，面膜是皮肤护理中重要的一项护理内容，敷面膜是美容院用来深层清洁、保养及改善皮肤问题的重要美容手段及常规步骤。

经过几十年的发展，面膜在全世界已经发展为一个非常成熟的消费市场。众多国内外品牌在美容院、商场、超市、化妆品店、电商、微商、电视购物等进行全渠道销售，巨大的消费市场和广阔的市场发展前景也为美容师提供了更多的选择余地和职业发展空间。

面膜的种类繁多，几乎所有与皮肤相关的需求或问题都有相应的面膜。美容师只有全面了解面膜的基础知识、面膜的应用及其注意事项，并遵循面膜的使用原则，才能针对各类皮肤特点和不同需要正确使用面膜，并推荐和指导顾客正确使用面膜。本节将详细介绍面膜基础知识和面膜的使用。

要点提示

1. 了解和掌握面膜基础知识。
2. 了解和掌握面膜的使用。

关键术语

面贴膜　凝胶面膜　剥离型面膜　硬膜　软膜　冷膜　膏状面膜　蜡膜　泡沫面膜　粉状面膜

一、面膜基础知识

1. 面膜的发展简史

面膜是最早出现的化妆品之一，历史源远流长。它的起源可追溯到 5 000 年前古印度的阿育吠陀传统医学。当时，一种用于改善外观和促进健康的 Ubtan 面膜和体膜被历史学家视为世界上最早的化妆品之一。主要成分包括新鲜香草、芦荟、姜黄、花朵等植物，配方根据季节的变化和皮肤类型进行调配。

据历史记载，早在古埃及时期，人们就已使用面膜，其原料从最初的黏土到后来的牛奶、鸡蛋清、蜂蜜、死海泥浆等。据传，著名的埃及艳后常用这些自制面膜来保养皮肤。之后，古埃及人将这些技艺传到古罗马。在古罗马时期，妇女使用羊脂、蜂蜜、白铅、杏仁油等原料制成面膜。后来，这些技艺传遍整个欧洲。中国最早的面膜出现于唐朝。据传，中国四大美女之一的杨贵妃常将珍珠、白玉、人参、藕粉等调制成面膜护理皮肤。之后，面膜流行于中国贵族妇女中。

20 世纪 70 — 80 年代是化妆品的革新时期，随着科技的进步，面膜由天然制作逐渐转向有科技支撑的工业化制造。90 年代，无纺布贴式保湿面膜开始在日本、韩国出现，胶原蛋白和其他功效性创新成分也开始被添加到面膜中。

随着科学的进步和技术的改进，面膜的品类逐渐演变成了如今百花齐放的态势，其功效也从局限的浅表保湿提高到能深层次地改善皮肤问题。微商的兴起也影响着面膜行业的发展，不仅让消费者的面膜使用意识和习惯开始建立起来，也使面膜的使用更加广泛和普及，特别是各种携带和使用方便的贴片式面膜，近年来在全世界越来越受到消费者的欢迎，使用具有功效性的面膜成为广大消费者的一大诉求。

2. 面膜的定义、作用原理和功能

（1）面膜的定义。面膜属于面部护理产品中的一个类别。中华人民共和国工业和信息化部对面膜的定义是：用于涂或敷于人体表面，经过一段时间后揭离、擦洗或保留，起到集中护理或清洁作用的产品。其中“面”泛指人体皮肤表面，包括眼膜、眼贴膜、鼻膜、鼻贴膜、唇膜、手膜、足膜、颈膜等约定俗成的术语。

（2）面膜的作用原理和功能。面膜有多种不同的种类，并且各自的作用原理和功能有别。广义来讲，市场上三大主要类型面膜的作用原理和功能如下。

1）揭剥型面膜。揭剥型（撕拉式）面膜干燥时可结成整个膜体，可整体剥脱。一定厚度的面膜在皮肤上形成一个封闭环境，可防止护肤品、膜内水分和营养蒸发流失，促进角质层水合作用和有效成分的吸收，使皮肤变得柔软、光泽。同时，面膜的密封性使局部皮肤温度升高，可促进血液和淋巴循环、新陈代谢。面膜干燥时产生收缩使皮肤暂感紧绷，剥离时会将被面膜吸附的老化角质、油脂、污垢等一同剥离下来，具有清洁皮肤的功能。

2）擦洗型面膜。擦洗型面膜以适当的厚度涂抹在皮肤上，具有一定程度的封闭效果，但不成膜，能促进营养成分的吸收，起到一定的护肤作用。此类面膜在干燥过程中，水分和营养成分容易蒸发，面膜收紧可起到暂时的紧肤作用。在水洗面膜的时候，面膜的吸附作用、水的清洁作用，可以同时除去皮肤上的污垢、油脂和老化死皮，具有良好的清洁作用。

3）贴片型面膜。贴片型面膜（面贴膜）主要是利用膜布覆盖于面部，隔离皮肤与空气接触，形成一个封闭性环境，从而抑制皮肤水分的蒸发，并使局部皮肤温度升高，而密封和温热环境能促进血液循环和有效成分的吸收。同时，面膜携带的水分和有效成分有助于恢复皮肤的水合作用，充分地提高角质层含水量，滋润和软化角质层，从而增强角质层的渗透力，使活性成分能够有效地经皮肤吸收，促进细胞新陈代谢，增强皮肤屏障功能。

3. 面膜的分类

面膜按照其形态可分为揭剥型、擦洗型、贴片型三大类。揭剥型面膜属于凝结性面膜，主要包括硬膜、软膜、凝胶剥离面膜、剥离型面膜、蜡状面膜；擦洗型面膜属于非凝结性面膜，主要包括膏（乳）状面膜、啫喱状面膜、泥膏状面膜、泡沫状面膜和粉状面膜；贴片型面膜分为干、湿两类，有多种功能和材质。一般来讲，硬膜、软膜、蜡膜属于专业用面膜，其他类型面膜专业和家居护理都可以使用。

另外，还有粉状面膜。粉状面膜是以粉体原料为基质，添加其他辅助成分而制成的面膜产品，如硬膜、软膜。粉状面膜将在硬膜和软膜中介绍。

（1）揭剥型面膜（peel-off masks）

1）硬膜。硬膜是一种以医用石膏粉为主要原料的粉状面膜，具有良好的流动性及可塑性。使用时需要用蒸馏水或矿泉水均匀调成糊状敷在面部。其发热凝固后形成一个与面部高度吻合的坚硬的模体，可完整揭下，因而被称为硬膜或倒膜。硬膜分为冷膜和热膜，因其作用正逐渐被其他美容方式的功效取代，目前美容院已经很少使用。硬膜如图 4-56 所示。

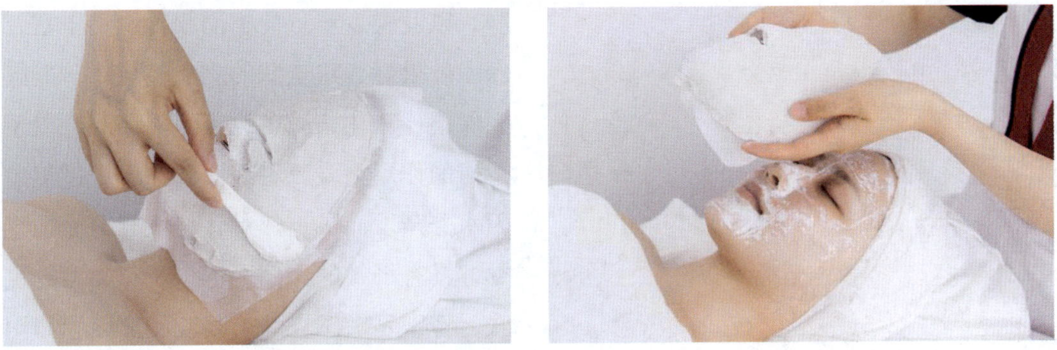

图 4-56　硬膜

①热膜。热膜添加有各种微量元素、活性物质。膜体温度的持续渗透能促进局部血液循环，刺激皮脂腺和汗腺的分泌，使毛孔张开，有助于促进营养精华素和面膜中附加活性物质的渗透。热膜适用于干性、中性、衰老皮肤。

②冷膜。冷膜添加有红没药醇、蜂胶、薄荷脑、薄荷油、冰片等具有消炎、镇静、修复、清凉作用的原料，可消除热感，使皮肤感觉凉爽，能减轻皮肤泛红、肿胀、炎症。冷膜适用于油性、敏感、痤疮肌肤。

2）软膜。软膜是一种半成品粉状面膜，使用时需要将软膜粉和蒸馏水或矿泉水按一定比例混合，调至黏稠状，敷于面部皮肤上，成型后表现为柔软、伏贴的薄膜，可完整揭下。与硬膜不同的是，它干燥后仍呈现柔软且湿润的状态，因而被称为软膜。软膜的种类很多，产品根据添加原料功效的不同，具有美白、保湿滋润、抗菌祛痘、舒敏修复、抗皱等不同的效果。软膜如图 4-57 所示。

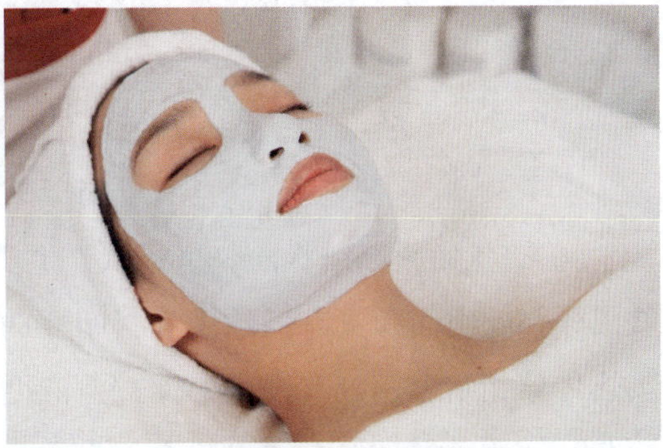

图 4-57　软膜

3）凝胶剥离面膜。专业线产品一般以半成品粉末为主，使用时需用水调成浆状，形似果冻，涂敷干燥后形成一层可剥离的透明或半透明的薄膜。它含有水溶性高分子聚合物水凝胶、水、保湿剂、水溶性营养成分等物质，无油分，特别适合油性、中性、缺水性皮

图 4-58　凝胶剥离面膜

肤，以及青少年。此类面膜含水量丰富，保湿效果好，对皮肤的刺激性较小，能起到保湿、软化角质、改善血液循环，以及清洁的作用。凝胶剥离面膜在干燥过程中因水分蒸发而带走热量，使人有清凉的感觉，具有舒敏的作用，适合所有类型的皮肤，特别是敏感皮肤。凝胶剥离面膜如图 4-58 所示。

4）剥离型面膜。剥离型（撕剥型）面膜以聚乙烯醇等成膜剂为成膜基质，添加水溶性润肤剂和保湿剂（甘油、丙二醇、山梨醇），以防止聚乙烯醇形成脆性的膜。此类面膜剥离时会将老化角质、过多的油脂、表浅黑头、代谢废物、污垢一同剥离下来，具有清洁皮肤的效果，常用于鼻膜。剥离型面膜如图 4-59 所示。

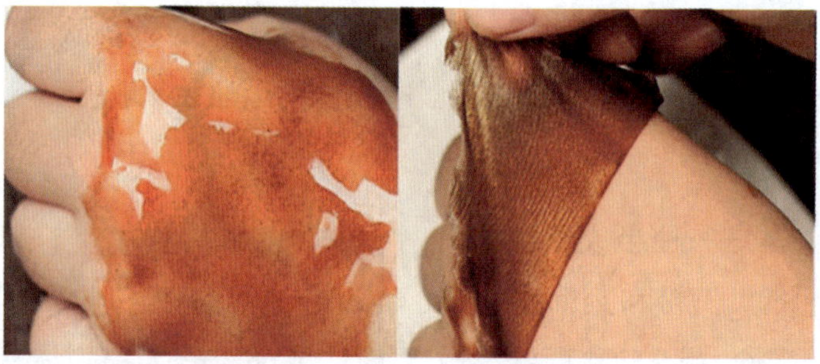

图 4-59　剥离型面膜

5）蜡状面膜。蜡状面膜呈蜡状，主要含有蜂蜡、石蜡油（矿物油）和其他附加护肤成分。此类面膜具有低致敏和封闭性的特点，能在皮肤表面形成一道物理屏障，与其热传导相结合，具有锁水、促进血液循环、皮脂汗腺的分泌、营养成分吸收，放松面部肌肉，改善假性细纹、皮肤干燥的作用。但蜡状面膜本身一般并不能提供足够的水分进入皮肤。蜡膜具有滋润性及保湿性，美容院多将其用于手、脚护理，能有效改善皮肤干裂。蜡状面膜也可用于面部护理，适合干性皮肤、中性皮肤，较适合冬天使用。蜡状面膜如图 4-60 所示。

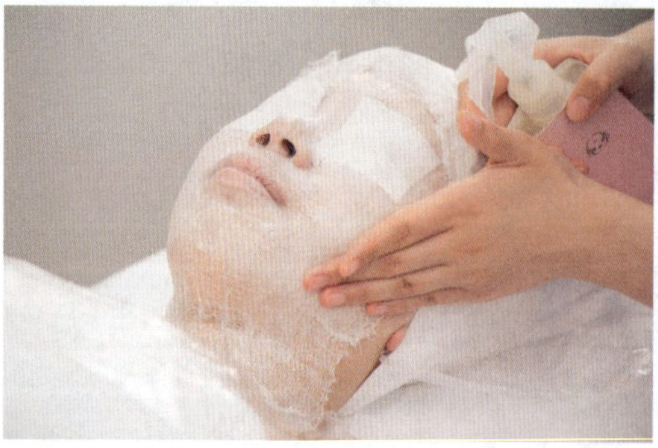

图 4-60　蜡状面膜

（2）擦洗型面膜（wash-off masks）

1）膏（乳）状面膜（cream masks）。膏（乳）状面膜是一种不透明的膏状物质，配方中含大量粉末以及油分、保湿剂等辅助成分，可有效密封皮肤，增强角质层水化作用，促进营养物质吸收。一般使用的乳液配方为油包水型（W/O），或者是含油量高的水包油型（O/W）。膏（乳）状面膜能将润肤剂输送给皮肤，有保湿、软化角质、增强皮肤屏障功能的作用。面膜中的补水剂能增加角质层的含水量，润肤剂会保持皮肤水分，减少水分的蒸发，产生舒适、柔软和湿润等效果。此类面膜适合中性、干性、缺水性等皮肤。膏（乳）状面膜如图 4-61 所示。

图 4-61　膏（乳）状面膜

2）啫喱状面膜（gel masks）。此类面膜形同果冻，涂敷干燥后会形成可洗的膜。其清凉和保湿的作用与凝胶剥离面膜的作用相似，无油腻感，适合所有类型的皮肤，特别是敏感性、油性、缺水性皮肤。啫喱状面膜一般为透明或者半透明的半固态物质，易于涂抹，有良好的触变性，具有独特的肤感。啫喱状面膜如图 4-62 所示。

图 4-62　啫喱状面膜

3）泥膏状面膜（clay masks）。泥膏状面膜分为成品面膜和半成品粉末状面膜。半成品粉末状面膜使用时需要用水与面膜粉搅拌后形成膏体。此类面膜含有净化皮肤作用的泥土和其他有效成分，吸附性好，无油分，可吸附皮肤表面多余的油脂、角化细胞、污垢等，具有清洁、疏通和收紧毛孔、控油、排毒、减少炎症、紧致皮肤等作用。此类面膜特别适合中性、油性、痤疮皮肤。泥膏状面膜如图 4–63 所示。

图 4–63　泥膏状面膜

4）泡沫状面膜（micro-bubble masks）。泡沫状面膜种类繁多，常见新型产品为高氧微气泡面膜。各种产品的成分有别，通常包括脂质微纳米包裹氧气微球（像磁铁一样将空气中的氧气吸到皮肤上）、Fiflow（一种帮助皮肤吸收氧气的专利）、水、透明质酸（从空气中吸收和保留水分）、植物提取物（抵抗环境污染，纯净肤色）。此类面膜的作用原理是高压的保湿和营养物质被按压、喷出时与空气中的氧气发生反应，产生绵密的微泡沫，涂抹于皮肤时可直接向皮肤输送大量氧气，可促进表皮的新陈代谢，提高渗透性，促进护肤品和膜中有效成分的吸收。此类面膜通透性强，清爽，亲肤，具有充氧、净化、舒缓皮肤的作用，护理后的皮肤会变得更加柔软、清爽和有光泽。此类面膜适合任何皮肤，特别是长期处于污染环境下的皮肤，以及灰暗、粉刺痤疮皮肤。泡沫状面膜如图 4–64 所示。

图 4–64　泡沫状面膜
（图片来自 Nelly De Vuyst）

（3）贴片型面膜（sheet masks）。贴片型面膜的种类繁多，大致可分为干（包括压缩型）、湿两类。干布状面膜（见图 4–65a）使用先进冷冻干燥法，使活性成分处于休眠状态，使用时需加足够的纯净水或制剂浸湿，活性成分才能完全释放出来。湿布状面膜（见图 4–65b）是一种膜布浸渍含有保湿剂、润肤剂、活性物质的凝胶型制剂面膜。湿布状面膜将各类膜布剪裁成面部形状，眼睛、鼻子、嘴部位漏空，浸渍面膜液，单独密封包装，使用时直接取出贴在面部即可。由于使用非常方便、灵活、免洗，近年来，此类面膜在化妆品市场很流行。贴片型面膜还可根据功能和材质进行分类。

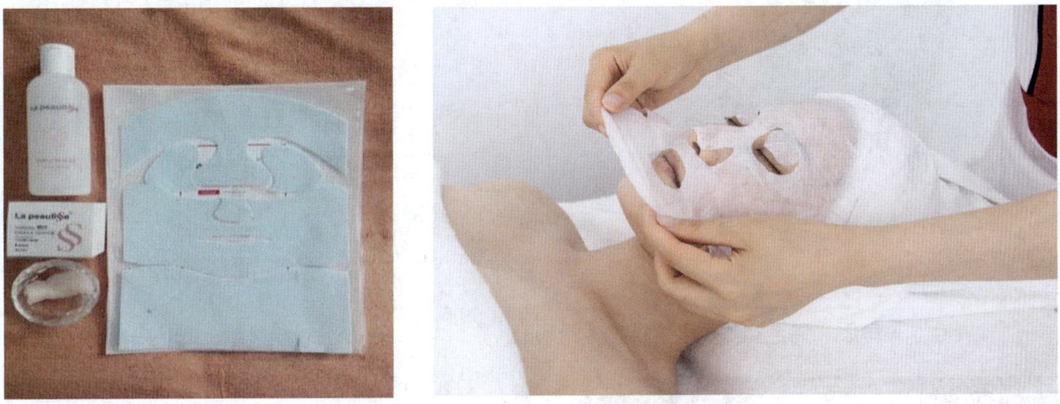

a) b)

图 4-65 贴片型面膜
a）干布状面膜 b）湿布状面膜

1）按功能分类

①保养类贴片型面膜。保养类贴片型面膜使用膜布载体吸附技术，将抗氧化剂、氨基酸、无机盐、维生素 C、透明质酸、神经酰胺、多肽等多种活性精华液吸附在膜布载体上，以促进有效成分的渗透。此类面膜比一般的局部产品含有更高浓度的活性物质，根据膜材的不同，可帮助有效成分不同程度地深入皮肤，主要具有保湿、滋养、美白的作用。此类面膜适合所有皮肤类型，特别是中性、干性和缺水性皮肤。

②去角质、清洁类贴片型面膜。去角质、清洁类贴片型面膜具有补水、清洁和去角质的作用。高质量去角质类面膜常采用 100% 可生物降解的黑色木炭纤维布料，一般含有果酸、酶、甘油、丁二醇、尿囊素、植物提取物、海洋提取物、黄原胶等成分。膜布的密封性可使皮肤升温，促进血液循环和细胞代谢，使毛孔张开，有利于清除多余的油脂、污垢、角化细胞，深层清洁毛孔，使皮肤更加清新、明亮、有活力、平滑。

清洁类面膜的种类很多，配方各异。其中常见的泡泡面膜含有保湿、软化角质、抗敏成分，以及起泡剂、碳酸水、表面活性剂等。敷于皮肤时，起泡剂等挥发性成分与空气中的氧气接触后形成微氧

图 4-66　去角质、清洁类贴片型面膜

气泡沫，通过气泡的作用，深层清洁毛孔。去角质、清洁类贴片型面膜如图 4-66 所示。

2）按材质分类。贴片型面膜采用的面膜布材质不同，面膜在吸水度、透气度、伏贴度、舒适度，以及促进有效成分吸收的程度方面表现不同，对护理效果产生的影响也有差别。贴片型面膜的面膜布按材质可分为以下四种。

图 4-67　无纺布面膜

①无纺布面膜。无纺布面膜是市面上最常见的面膜布类型。无纺布作为载体吸附各类精华液，感觉柔软，具有良好的保湿性，在皮肤上形成的封闭层可促进精华液的吸收。但与其他类型的面膜布相比，其对皮肤的亲和力不佳，效果也不太理想，如果敷面时间过长，会出现反吸现象。无纺布面膜如图 4-67 所示。

②蚕丝面膜。蚕丝面膜的原材料由蚕茧中的蚕丝纤维和活性蚕丝蛋白构成。蚕丝的多孔性纤维结构质地轻柔、细腻、薄透，与人体皮肤非常相似，被称为“仿生真皮”，这使蚕丝面膜具有较强的吸附性、伏贴性、透气性，能吸附更多的精华液，可完美地贴于面部，不会有滑落、精华液滴落和反吸现象，其保湿度是普通面膜的 5~10 倍，能长时间维持肌肤润泽。蚕丝蛋白中含有对人体有益的多种氨基酸，能加速皮肤的自身修复，提高抗敏性，防止过敏瘙痒。蚕丝面膜如图 4-68 所示。

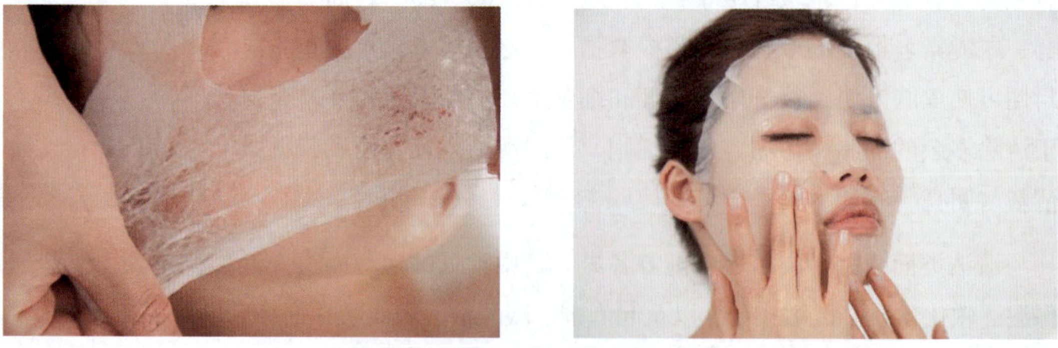

图 4-68　蚕丝面膜

③生物纤维面膜。生物纤维面膜同样被称为“仿生真皮”，是目前技术较先进、价格较高的面膜布材质，被认为是面膜布未来的发展趋势。此类面膜布采用100%纯天然可降解性植物纤维素，经先进工艺精制而成。其多孔结构可以携带更多精华液，并具有透气性好、保水性佳、张力强、亲肤性高、低敏等特点，可促进营养成分快速被皮肤吸收，且不会因敷面时间太长而发生反吸现象。用后还可以自然分解。生物纤维面膜如图4-69所示。

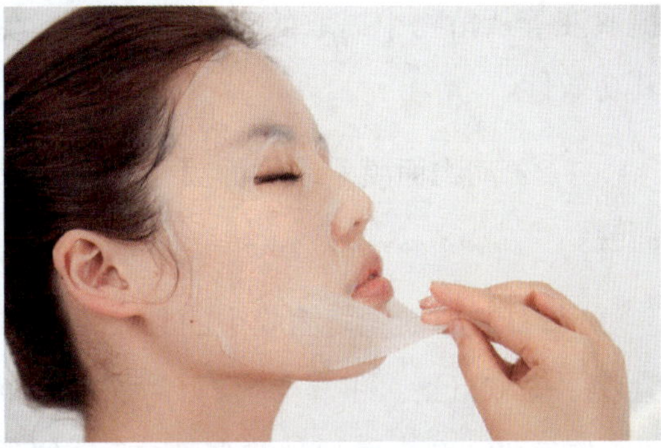

图4-69 生物纤维面膜

④水凝胶面膜。水凝胶面膜以水溶性凝胶作为基质，呈透明果冻状，含有保湿剂及功效性营养成分，具有较好的密封性（不透气）、贴敷性、凝水性和冷却舒适性，能锁注水分并持续给皮肤补充水分和营养，不会产生倒吸皮肤水分现象。当水凝胶面膜贴敷在皮肤上形成封密层时，局部体温升高，水凝胶从固态转化成液态，水分和营养成分有效地被皮肤吸收。水凝胶面膜如图4-70所示。

图4-70 水凝胶面膜

4. 面膜原料成分

（1）植物面膜。植物面膜是各种含有植物提取物等植物成分的面膜。植物成分不但含有高效的活性成分，而且用植物成分取代防腐剂，使这类面膜较其他面膜具有更高的安全性，更适宜敏感皮肤使用。

常见的植物面膜包括芦荟面膜、绿茶面膜、海藻面膜等。在面膜凝胶基质中添加如芦荟提取液、茶类提取液、海藻多糖提取液等从植物中提取的有效成分，既增加了面膜的安全性，同时又保留甚至提高了其功效性。

（2）动物面膜。动物面膜指含有胶原蛋白、胎盘精华、蚕丝等动物性活性成分的面膜。

1）骨胶原面膜。面膜中的骨胶原是与人体自身骨胶原结构相似的小分子骨胶原。骨胶原提取自猪、牛、羊、海洋动物等动物体内，具有良好的亲和性、保湿性、营养性、修复性，对皮肤刺激性小，适合任何类型的皮肤和皮肤状况。骨胶原具有配伍性，加入透明质酸、角鲨烯、维生素 C、多肽、金粉、无机盐等其他成分，可制作成保湿、修复、抗敏、美白、抗衰等不同功效的骨胶原面膜。

胶原蛋白分子在其自然状态下较大，无法穿透皮肤深层而产生较大的影响。而骨胶原面膜采用的是可吸收的纳米级水解胶原蛋白或胶原蛋白多肽，吸收率高达 95%，100% 溶解于水，能直达真皮层，促进深层的水合作用，具有深度保湿、滋养，改善胶原合成的作用，可增加表皮层含水量，减少水分流失，促进角质层代谢和皮肤屏蔽修复，从而减少细纹，使肌肤富有弹性，紧致细腻且水润透白。

2）胎盘面膜。其主要功效成分为胎盘精华，胎盘精华是马、羊等动物的胎盘提取物，还有上皮细胞生长因子、纤维细胞生长因子、细胞因子、辅酶 Q_{10} 等有效生理活性物质，并按一定配比合成。该类面膜在增强皮肤免疫力和自然治愈力，提高皮肤细胞新陈代谢速度，以及抑制诱发细胞损伤的活性氧等方面的效果非常明显，可达到美白、抗氧化、保湿、再生、增加弹性、改善皱纹、去除痘印等效果。

3）蚕丝面膜。天然的蚕丝面膜拉伸性极强，不易破损。膜布与人体面部紧密贴合，对精华液的吸附性强，不会产生精华液滴落的现象，补水深入，锁水持久。同时，蚕丝面膜的膜布由轻柔、细腻的蚕丝制成，非常透薄，敷面时透气性好。

（3）生物面膜。生物面膜利用的是生物分子和干细胞的特殊性质，将生物分子与面膜通过水凝技术结合，从而产生能促使细胞更新，令肌肤恢复最佳状态的面膜，包括肽类面膜、透明质酸面膜、酵母提取物面膜等。

1）肽类面膜。肽类面膜的主要活性成分为寡肽 -1。寡肽 -1 能刺激皮肤细胞再生，使皮肤屏障再生、修复，改善皱纹增多、色斑沉积、干燥无光、弹性减弱等皮肤衰老问题。

2）透明质酸面膜。其基质中主要活性成分为透明质酸。透明质酸是皮肤细胞外基质的主要成分，是分布于哺乳动物各组织和器官中的大分子酸性黏多糖，具有保水、润滑、调节渗透压等作用，保护正常细胞免受毒性细胞、自由基等的侵袭，能够影响细胞增生与分化。

3）酵母提取物面膜。Pitera 等酵母提取物面膜的主要活性成分为酵母提取物，经过破壁后的酵母菌，其提取物中含有大量氨基酸、蛋白质、核苷酸、维生素等物质，能够起到改善肌肤粗糙、保湿锁水、抗氧化、美白提亮、去角质等作用，对于改善皮肤表层状态有很好的效果。

（4）中草药面膜。中草药面膜是以中医药理论为指导，将研磨过的人参、当归、黄芪、白芷、黄芩等中药粉末或从中药中提取的物质与适当的成膜物质均匀混合后制成的敷面涂剂。与其他面膜相比，中草药面膜最显著的特点是以中医药的理论作为指导，在一些常见的面部问题的调理中发挥出良好的作用。例如，《御药院方》中的七白膏具有增白滋养皮肤的功用，并且按此方调配的面膜至今仍在被使用。

5. 面膜的功效

（1）滋润保湿型面膜。滋润保湿型面膜指含有吸湿、保湿剂等成分，迅速补充肌肤所需水分和养分，使肌肤清新、亮泽、滋润的一类面膜。

（2）抗衰老型面膜。抗衰老型面膜主要包括营养性、抗氧化和紧肤性面膜，主要解决皮肤内源性和外源性的老化、抑制活性氧和自由基的生成等问题，具有抗氧化、滋养和修复皮肤老化，使皮肤保持年轻的效果。

（3）美白淡斑型面膜。美白淡斑型面膜敷于雀斑、色痣、日晒斑、肤色不均、晒黑的皮肤后，能让皮肤提亮增白，使色调变浅。目前，祛斑类功效性化妆品在我国《化妆品卫生监督条例》中被列为特殊用途化妆品。

（4）抗炎面膜。针对炎症皮肤应该“对症下药”，使用抗炎面膜。例如，红没药醇能防止痤疮发生，修复炎症受损肌肤，提高皮肤的抗刺激性；积雪草苷可以加速肌肤愈合，消炎镇静；白藜芦醇有很好的抗炎效果；甘草酸二钾适用于敏感性肌肤，对消炎、增强皮肤屏障、消红肿、控油、促进愈合都有良好的功效。七叶树提取物能保护血管、抗水肿、促进伤口愈合和抗炎。

（5）抗敏舒缓面膜。抗敏舒缓面膜是在面膜基质中加入抗敏剂，降低面膜中可能引起的刺激的组分，有助于缓解肥皂和家用洗涤剂等外界刺激引起的过敏，能使皮肤镇静、舒缓和愈合，减轻皮肤屏障受损后引起的发炎症状。

（6）控油清洁面膜。控油清洁面膜涂敷在人体皮肤后可以在皮肤表面快速形成一层膜，在卸膜时可将皮肤表面的尘埃、油垢、皮屑等杂质去除，具有洁肤功能。这类面膜包括去角质面膜和吸附面膜。

二、面膜的使用

1. 面膜使用的原则及适用范围

（1）面膜的使用原则

1）选择适合皮肤的面膜。应根据不同的皮肤类型，以及当时的皮肤状况和需要来正确选择适合皮肤的产品，不能盲目跟从流行选择产品。

2）涂抹面膜厚薄适中。涂抹面膜时厚度应适中，以不露出皮肤、面膜表面平滑、边缘整齐为度。面膜涂抹过厚会浪费产品，过薄会影响效果。

3）敷膜前应保持皮肤干净。油脂、死皮、污垢都会影响有效成分的渗透。平时应根据皮肤状况定期做深层清洁，保持皮肤干净通透，以加强有效成分的吸收，提高护理效果。

4）停留时间按照使用说明。不同类型的面膜对皮肤有不同的作用，并且其发挥作用所需要的时间也不同。一般来讲，美容院护理时，保养类面膜停留 10~20 min（不超过 20 min），清洁、去角质类面膜停留 3~15 min。贴片型面膜家居护理时间不超过 45 min，过夜面膜除外。面膜的具体停留时间应遵制造商照使用说明，以确保面膜使用的安全性和护理效果。

5）使用不能太频繁。使用面膜不宜过于频繁，应按照使用说明，或每周 1~2 次，特别是清洁、去角质类面膜。不能天天敷面膜，过度保湿会使皮肤角质层过度水合，造成皮肤屏障受损。太过频繁地使用黏性较强的剥离型面膜也会破坏皮肤屏障，引起皮肤敏感。

（2）面膜的适用范围。一般来说，不同配方和种类的面膜适合不同的皮肤，但补水保湿面膜适合所有类型的皮肤。而且，同一类型的皮肤在不同的时间或状况下需要用不同功能的面膜来进行护理。

1）干性皮肤。干性皮肤缺油，应选用含油分高、保湿和锁水能力强的滋润型面膜，以促进水合作用，增加皮肤弹性。如营养型软膜（用精华素、精油、护肤霜打底）、滋润度高的膏（乳）状面膜、含透明质酸的水凝胶类保湿滋润面膜、睡眠面膜、去角质面膜，或将膏（乳）状面膜与热膜结合使用。应避免使用控油型泥膏状面膜。

2）中性皮肤。中性皮肤既不干燥又不油腻，是最健康、最理想的皮肤，可根据皮肤需要选择特定成分的软膜、水凝胶面膜、膏（乳）状面膜、剥离型面膜、去角质面膜等。

3）油性皮肤。油性皮肤油腻光亮，毛孔粗大，应选用控油、补水性面膜，使皮肤达到水油平衡。如含润肤剂和舒缓剂的木炭或黏土面膜、去角质面膜、清爽型冷膜、软膜、水凝胶面膜等。应避免使用热膜、蜡膜等密封性强、不透气、富含油分或致粉刺成分的滋润型和贴片型面膜。

4）混合性皮肤。混合性皮肤兼有油性皮肤和干性皮肤的特征，可使用软膜、水凝胶面膜、去角质面膜；或在 T 区容易出油的部位用控油型泥膏状面膜，而 U 区选用保湿滋润型膏（乳）状面膜、贴片式面膜等。

5）敏感性皮肤。敏感性皮肤屏障受损，应选择使用含有洋甘菊、芦荟、神经酰胺、透明质酸、尿囊素、红没药醇等抗敏、保湿、修复成分的防敏型面膜，或使用透气性较好、清凉镇静的水凝胶面膜，这些面膜不仅可以舒缓、镇静皮肤，也可以起到补水保湿和帮助修复皮肤屏障的作用。应避免使用热膜、吸附性强的泥浆面膜、黏性强的剥离型面膜、含刺激成分的面膜，以防加重皮肤屏障的受损情况。

6）痤疮皮肤。痤疮皮肤可选用含果酸等具有消炎、抑脂、补水等作用的透气性水凝胶面膜，也可选用含润肤剂和舒缓剂，且具有控油、清洁、镇静作用的木炭灰、矿物泥、硫黄、海藻面膜，或保湿、舒敏、抗菌的软膜和去角质面膜。应避免使用热膜、蜡膜等密封性强、不透气、富含油分或致粉刺成分的滋润型面膜。

7）晒伤皮肤。晒伤皮肤可选用含芦荟、燕麦等具有清凉、镇静、补水作用的清凉型啫喱状面膜，针对敏感性皮肤的抗炎舒敏、保湿类冷软膜（黏性非常弱的）；或专门针对晒伤、烫伤的修复类蚕丝面膜。这些面膜可舒缓、镇静晒伤皮肤，减少皮肤泛红、干燥、脱皮等现象。应避免使用清洁面膜、保养面膜、热膜等类型的面膜。

8）色斑皮肤。色斑皮肤应选用含有果酸、左旋维他命 C、曲酸、透明质酸、维生素 B_5、熊果苷、视黄醇、植物提取物等淡化色素和保湿成分的美白面膜，或含果酸的去角质面膜。可起到抑制黑色素形成、均匀肤色、淡化色素和保湿的作用。

9）衰老皮肤。衰老皮肤可选用含神经酰胺、多肽、抗氧化剂、透明质酸等活性营养成分，具有抗衰老、滋润作用的膏（乳）状面膜、热膜、软膜、睡眠面膜和去角质面膜。

10）缺水性皮肤。缺水性皮肤可选用含透明质酸、维生素 B_5、甘油等水溶性营养成分，补水性好的水凝胶保湿面膜、软膜、睡眠面膜和去角质面膜等。缺水性皮肤，包括缺水油性、缺水痤疮性皮肤不适合使用具有吸油作用的木炭、泥浆黏土类面膜。

2. 不同类型面膜的护理

面膜种类繁多，擦洗型和软膜详见操作技能教材。凝胶剥离面膜的操作方法与软膜类似。由于硬膜、蜡膜不常用，湿布状面膜操作简便，按产品说明即可完成操作，故不在此详述。

3. 面膜使用的注意事项

无论是美容院护理还是家居护理，正确使用面膜对皮肤有许多好处，不仅可以帮助解决特定的皮肤问题，还可提供舒适、放松的体验。而过度使用或用法不当，不但会影响效果，还会对皮肤造成损害。

（1）美容院护理注意事项

1）安全防护。美容师在涂抹任何面膜前都应确保顾客的头发已得到保护，需要时应重新用一次性美容浴帽、发带、毛巾等保护好整个头部，发际线附近尽量无头发外露，以防沾到头发或毛巾上的面膜干后难以清除。特别是硬膜和软膜，应在毛巾的四周垫上一层纸巾，以防弄脏毛巾，难以清洁。

2）安全操作

① 如需将面膜覆盖眼部和唇部，事先必须了解并确保顾客没有幽闭恐惧症，以及感冒、咳嗽、心脏病、胸闷、恐黑等情况，在得到顾客的许可后才能覆盖。

② 所有面膜在操作过程中应避免面膜流进眼睛、鼻孔、耳孔、口腔里或流到头发上。涂抹面膜前让顾客闭上双眼，并告知不要睁开眼睛，以防面膜进入眼里。一般的擦洗型面膜应避开顾客的眼部和唇部，眼部和唇部应该使用特制的面膜。

③揭剥型面膜在覆盖眼部和唇部前应再次提醒顾客，让顾客有所准备，以防顾客受到惊吓而睁开眼睛或讲话。

④涂抹过程中若顾客产生任何不适，应立即停止操作并用清水洗掉面膜。

⑤涂抹完后应从不同角度检查并确保面膜没有进入眼睛、鼻孔、耳孔、口腔或沾到头发。

⑥面膜覆盖眼部和唇部后顾客无法睁眼、说话，在面膜没有清洗前美容师不能离开房间，可为顾客做手部、头部或肩颈按摩，让顾客有安全感。

⑦对于嫁接过睫毛的顾客，除非得到顾客的同意，否则不可用软膜、硬膜、蜡膜等直接覆盖眼部，以防面膜残留粘住睫毛难以清洗，或将睫毛扯脱、压走形而引起不适甚至投诉。应避免用小毛巾、眼枕等遮盖眼部，清洗面膜时也应特别留意。

3）涂抹程序。对于涂抹程序，没有一定之规，美容师可按照自己的习惯涂抹。一般可以从颈部或下巴开始，按照由下至上、由中央至两侧的顺序涂抹；也可以从额头开始，由上至下，先涂抹好面部，再涂颈部。但唇部应最后覆盖，以便顾客感到不适时可以讲话。

4）精心呵护。在等待期间，美容师可在顾客颈部下面放置热枕或热毛巾枕（可加2~3滴玫瑰、薰衣草等精油），帮助顾客放松颈部肌肉，使顾客躺得更加舒适享受；可用一次性干面布或纸巾将双眼盖住，并放置温热、含薰衣草等植物的眼枕（询问顾客温度是否合适，温度不可过高），促进眼部血液循环，放松眼部肌肉，让顾客完全放松休息。这些小细节可提高护理的档次，增加顾客体验感和舒适感，对护理留下美好的印象。

5）面膜清洗。擦洗类特别是泥膏状面膜容易干燥，为防止清洗时过于拉扯皮肤而产生不适和便于清洗，可先用湿热毛巾敷面 1 min 左右，让面膜松软后再擦洗。将湿毛巾从毛巾柜取出后，应打开毛巾降温片刻，然后在自己内手腕处试温，毛巾不可太热，以防烫伤自己和顾客。清洗面膜时至少需要换一次水。另外，准备毛巾时可往水盆中加几滴玫瑰、薰衣草等精油，可帮助放松，并加深对护理的印象。

清洗时，可先将热毛巾盖于面部（留出鼻孔），轻轻按压眼部及全脸 1~2 min，使热量充分透入皮肤，同时让顾客呼吸毛巾内精油的芳香，放松和唤醒顾客，软化面膜；随后将面膜擦掉（翻过毛巾再擦洗一次）；最后用洗面扑从颈部开始从下往上（或从额头开始，从上往下）洗去面膜，直至面膜彻底洗干净，水不再混浊为止。

6）结束工作。面膜是美容院护理程序的最后一步。在结束前，美容师应从不同的角度仔细检查，可用干净的湿棉片仔细擦去眼部、唇周、鼻孔四周、下巴、颈部褶皱处、发际线等容易残留面膜的地方，特别是睫毛和眼角部位，以防顾客睁开眼睛后感到眼花、蒙胧或刺激。

（2）家居护理注意事项

1）清洁皮肤。所有面膜在使用前都必须将皮肤彻底清洁干净，确保无污垢、油脂和化妆品残留。白天敷完免洗的贴片型面膜后应用清水洗干净皮肤，否则残留的膜液不但会使皮肤黏糊，不清爽，而且会吸附空气中的灰尘，容易造成毛孔堵塞和产生粉刺痤疮。未被吸收的营养成分长时间留在皮肤上还会滋生细菌。

2）根据皮肤需要选择面膜。免洗的贴片型面膜适合所有皮肤类型。但面膜密封皮肤会将皮肤的温度提高，而湿热环境会增加皮肤表面的细菌数量，长时间使用可能引发痤疮。所以，透气性不良的材质制作的面膜并不适合容易爆发痤疮的皮肤、油性皮肤和敏感性皮肤。此外，应选用有资质的制造商生产的面膜产品，避免选择含石棉类成分（致癌，存在于滑石粉中）、荧光剂（使面膜布看起来更洁白、干净）的劣质面膜。

3）不能重复使用。贴片型面膜是一次性产品，不能重复使用，而且包装袋中多余的营养液不能长时间保留，否则容易变质。

4）面膜后润肤。大多数免洗的贴片型面膜都有保湿作用，一般正常的皮肤晚间使用后不用再使用夜间保湿产品。但如果是非常干燥、粉刺痤疮等需要特别护理的皮肤，则需要在清洁皮肤后使用面霜或治疗痤疮的产品。虽然面膜在皮肤护理中发挥重要的辅助作用，但尚无科学证明面膜的功效优于局部美容产品，面膜不可代替日常护肤品。

5）不能涂抹太厚。面膜涂得太厚不会增加效果。可选择高质量、含功效性活性成分的产品，敷膜前去角质，或用热毛巾热敷面部 1~2 min 帮助打开毛孔等，这些方法都有助于有效成分的吸收，提高护理效果。

6）不能超时。有的面膜需要较长的时间才能完全发挥作用，如睡眠面膜。具体的敷膜时间应依照产品制造商的建议，并根据当时的皮肤状况和其他情况进行灵活调整。总体来讲，一般的面膜作用时间有限，延长停留时间并不能加强其护理效果，有的反而会适得其反，对皮肤造成伤害。如干燥后的面膜会反吸皮肤水分；富含营养成分的膜液长时间处于潮湿、温热的环境容易变质，滋生有害细菌；清洁、去角质类面膜会过度刺激皮肤，导致皮肤屏障受损。

7）自制天然面膜不能确保安全。天然植物分子太大，未经过科技处理和净化，原料也有可能被细菌污染，其中的成分不仅难以被肌肤吸收，还可能对皮肤产生刺激。如有些女性喜欢用酸性强的柠檬片贴面美白，结果使皮肤屏障受损，引起刺激、敏感和发红。所以，自制面膜的作用有限，一般仅局限于表浅层面的保湿。

第八节 修眉、染眉、染睫毛

古往今来，对眉眼的修饰一直是女性容颜修饰的重点，形状美丽的浓眉和长密诱人的睫毛有一种非常性感和女性化的感觉，是每一个女性追求的目标。但是，大多数人的眉毛或睫毛都有不同程度的缺陷，需要专业美容师的帮助才能得到改善。在国际美容界，修眉、染眉、染睫毛是美容机构比较受欢迎的修饰美容项目，而这些项目必须由训练有素和有一定经验的美容师来操作。本节按照世界技能大赛美容项目技术标准，将修眉、染眉、染睫毛作为一个眼部修饰化妆模块，着重介绍其操作技术要领和注意事项。准备工作和操作步骤部分详见操作技能教材。

要点提示

1. 掌握修眉技术要领及注意事项。
2. 了解染眉技术要领及注意事项。
3. 了解染睫毛技术要领及注意事项。

关键术语

修眉　染眉　染睫毛

一、修眉

1. 修眉的概念

修眉是指使用修眉剪、镊子、螺旋刷、眉梳、修眉刀等工具和特定的技巧，对杂乱无型、不对称、过粗或散淡的眉毛进行修理和塑型。

在国际美容机构，通常先用脱毛方法去除眉毛形状外的杂毛，再用镊子拔掉残留的毛发，这样既快速，又可避免长时间拔毛带来的不适和疼痛，但敏感皮肤和使用过视黄醇、维A酸的皮肤不适合脱毛，只能用镊子修眉。用蜡脱眉毛和修眉刀的使用方法另章介绍，以下着重介绍用镊子修眉的方法。

2. 修眉的作用

眉形对眼部的修饰作用如同画框对画作的装饰作用。一对理想的眉毛具有造型优美、干净整洁、轮廓清晰、线条流畅、左右平衡、适合脸型和个性气质的特征。杂乱的眉毛使人看起来没有精神，妆容不整洁。经过精心修饰的眉毛不仅能调整眉眼间的距离，增强脸部立体感，调整面部对称性，还能强调个性、提升气质、增加自信，增添容貌之美。修眉前后对比如图4-71所示。

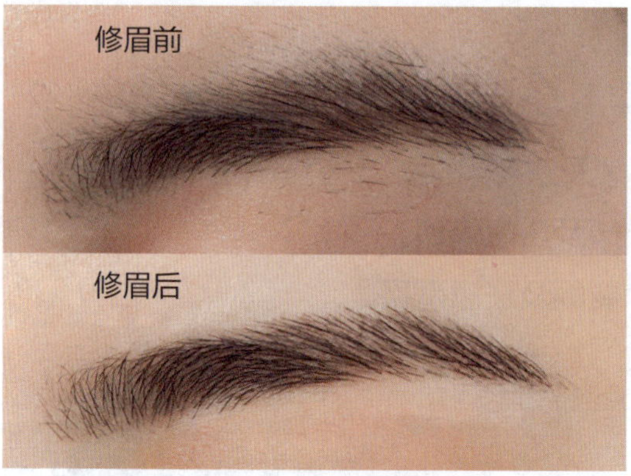

图 4-71　修眉前后对比

3. 修眉的程序及技术要领

修眉修饰得是否美观很大程度上取决于美容师的审美，此外美容师还应该掌握化妆基础知识和技能，特别是眉形与脸型、五官协调的矫正化妆技巧。在修眉过程中按照以下技术要领进行操作，才能确保安全有效地修饰出适合顾客的眉形。

（1）顾客咨询。在此阶段，应了解顾客需求和爱好，观察眉毛体量、长短、宽窄与眼部和脸型的比例，设计适合顾客的眉形，并与顾客确认并达成一致意见后才可以进行修眉。

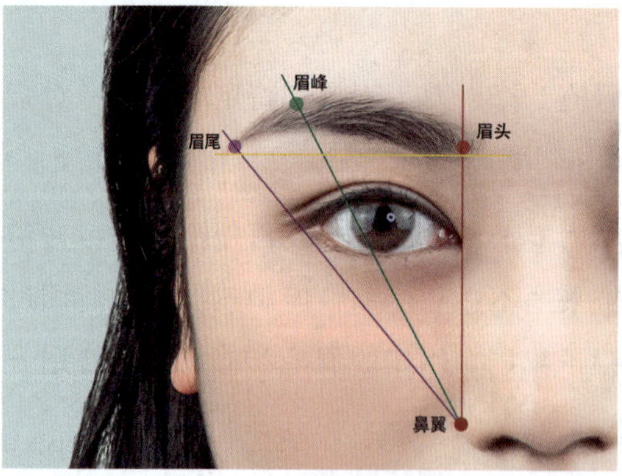

图 4-72　测量眉毛

（2）测量眉毛。使用直边测量工具测量眉头、眉峰和眉尾的大致位置及比例，作为修眉的参照。标准的眉头在鼻翼到内眼角的延长线上，眉峰在鼻翼到瞳孔外缘的延长线上，眉尾应在鼻翼到外眼角的延长线上，如图 4-72 所示。初学者可先用眉笔勾画出眉毛的大致形状。

（3）梳理眉毛。在拔眉毛之前应先用螺旋眉刷或眉梳顺着毛发生长方向梳理，以便看清眉毛不同的生长方向、眉毛本身的形状、过长的毛，以及眉底线附近需要处理的眉毛。眉毛的自然生长规律是眉头到眉峰的眉毛横向和斜向上生长，眉峰到眉尾的眉毛斜向下方生长。因此，梳理眉毛应以毛发的生长方向为基准，顺着毛发生长方向梳理。梳眉方向如图 4–73 所示。

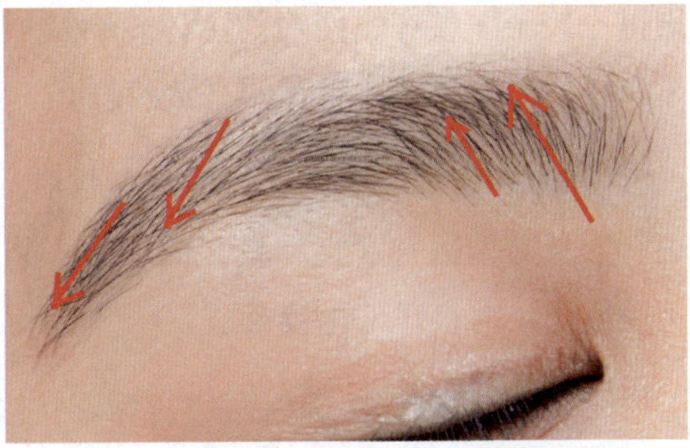

图 4–73 梳眉方向

（4）修剪眉毛。眉毛过长会影响眉形轮廓，应该将过长的眉毛进行适当修剪。在修剪时，先用螺旋眉刷将眉的前段往上梳理，并以 30°~45° 斜向固定好位置，将超出眉刷上方（眉上线以外或眉形外）的过长眉毛剪掉，并确保不会剪得太短，如图 4–74 所示。再将后半部分眉毛往下梳，并剪掉过长的眉毛。如果要将眉毛修剪得更自然，可将剪刀刀口朝下，将毛尖部分沿斜切面修剪，并将每根眉毛修剪得长短不一。

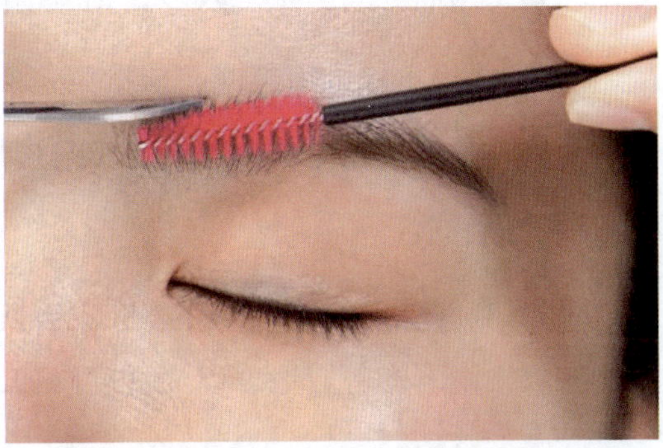

图 4–74 前段修剪角度

（5）拔眉毛。拔眉毛前先将眉毛往上梳，以看清眉底线位置，以避免拔错眉毛，再用食指和中指将眉毛周围的皮肤绷紧以减轻疼痛感，然后从眉头至眉尾，用镊子夹住单根毛发的根部，与皮肤约成 45°，顺着毛发的生长方向一根一根地拔除。如遇不易拔起的短毛，可反方向将毛挑起再拔除。绷紧皮肤如图 4–75 所示。

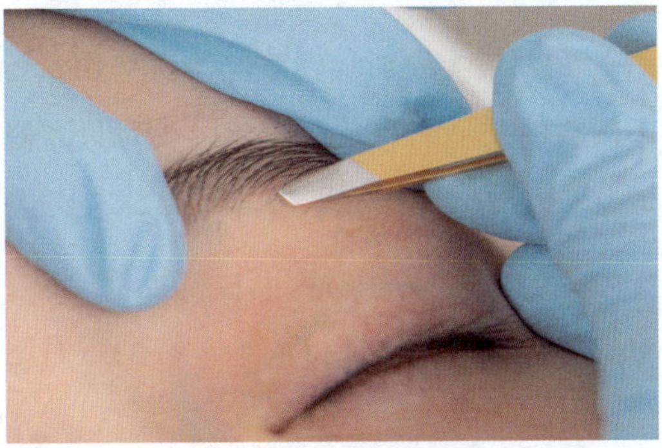

图 4–75 绷紧皮肤

4. 修眉的原则

（1）修眉的目的是让眉毛保持有型而自然的状态。所以，只能在原生眉形及自然生长状态下进行适当修剪，即应尽量保留更多的毛发，让修剪后的眉毛保持自然状态。

（2）修眉主要是将眉的下边缘线修

饰得比较干净整齐，使眉的主体轮廓及形状更加清晰，而不会将眉的上边缘线修饰得干净整齐，以免破坏眉毛的自然状态。

（3）在修型时，为了使眉毛与眼形及脸型更加协调，可以对眉毛形状进行适当矫正。如长脸型适合平直和较粗的眉形，圆脸型适合有弧度的上扬眉或拱形眉形等。有关矫形化妆内容详见化妆章节。

（4）修眉首先要确保两边对称。在修眉的过程中，应从不同的角度来检查眉毛的形状，特别是在修饰另外一边眉毛时，要参照修好的一边并不断地从不同的角度进行对比。如果两眉之间的杂毛较多，则应清除干净。

（5）为男士修饰眉毛时，应按照自然、不露痕迹的原则，只需要修剪掉过长的毛和拔除眉毛下面或两眉间的散眉，不宜出现修饰的痕迹。

5. 修眉的注意事项

（1）在明亮的光线下操作。在美容院修眉时通常会用美容放大镜上的灯补光，但不能在放大镜下修剪眉毛，以免过度修剪，显得不自然。

（2）注意安全卫生，避免交叉感染。拔眉毛时会伤害毛囊，可能会有一些出血点，美容师应戴上一次性手套操作，修眉前后必须将眉部清洁干净。

（3）眉头修剪特别要保持自然状态。拔眉毛时不要超过测定的眉头和眉尾的位置，不然会使眉毛缩短。在修剪眉头时只需修剪少量过长的毛，尽量保留自然长度，不可横着一刀剪成整齐的平头，太短、太整齐的眉毛都会造成不自然的状态。

（4）不能为了对称而过度拔毛。很少人的眉毛长得完全对称，应避免为了追求绝对的对称将眉毛修饰得太细，特别是眉尾，应过渡自然，有一定的存在感才能保持整个眉形的平衡。

（5）必须单根拨出。眼部皮肤非常敏感，拔眉毛时不能将多根眉毛一起拔除，否则会增加疼痛感和拔断眉毛，容易导致毛发内生或假性毛囊炎。由于拔眉对皮肤牵拉力较大，容易造成皮肤泛红、松弛和疼痛，因此，毛发拔除后应立刻用手指轻轻按压片刻进行安抚，以减轻不适和疼痛。

（6）修眉后保持眉部皮肤的清洁卫生。修眉后如果感到不适或者发生红肿，可以用冰冷的毛巾或棉片冷敷眉部，必要时可涂抹有抗菌、镇静作用的乳液，红霉素软膏可以减轻红肿症状。修眉后 8 h 内不要使用粉底等彩妆，以避免造成皮肤感染。

二、染眉

由于人种差异，有些人的眉毛、睫毛呈金色、浅咖啡、红色等，再加上爱美人士追求个性的需要，美容院染眉、染睫毛的服务得以普遍开展。这种快速、简单的半永久性染色服务项目一直很受市场欢迎，专门的修眉、染眉、染睫毛服务站（browbar）也越来越盛行。

由于染料的安全性问题，每个国家对染眉毛、染睫毛的要求及管理有较大差异，有些国家和地区禁止染睫毛，有些国家和地区则认为植物性或半永久性的染料是可以接受的。在代表世界技能竞技最高水平的世界技能大赛中，美容项目一直将染眉毛、染睫毛作为选手必须掌握的技能进行考核。虽然国内美容行业目前很少开展染眉、染睫毛服务项目，但美容师可以了解世界技能大赛的相关技术标准，拓宽自己的视野。

1. 染眉的概念

染眉是指将半永久性植物染料涂抹在眉毛上，将眉毛着色为较深的颜色，使眉毛看起来更加浓密、清晰、有质感。

2. 染眉的作用

浅色的毛发会使眉毛显得稀疏、散乱无形，染眉可使毛发变得粗黑，看起来更加浓密、光泽，可增加眉毛的清晰度进而突出面部轮廓；形状完整的眉毛染后可以达到比画眉更自然的效果，可节省化妆时间，并且维持时间较长，遇水时不易掉色，特别适合夏天、游泳和度假。染眉的整个程序需要 10~15 min，效果可维持 4~6 周，之后会渐渐褪色。染眉如图 4–76 所示。

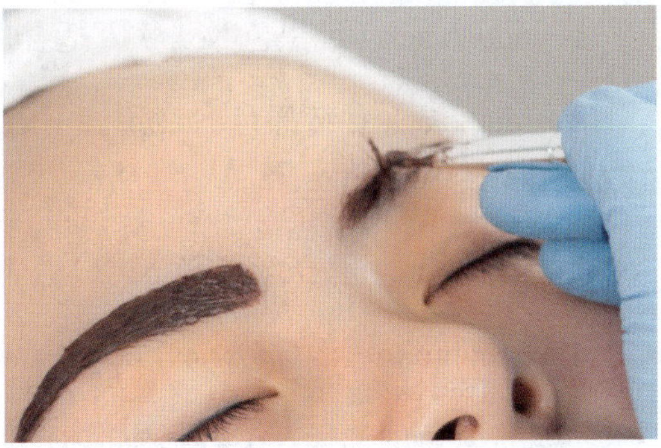

图 4–76 染眉

3. 染眉的色料及配色

全世界有许多用于染眉、染睫毛的半永久性染膏品牌，以下以目前国际上使用广泛、历届世界技能大赛指定品牌——奥地利的 RefectoCil 品牌为例进行讲解，如图 4-77 所示。

图 4-77　RefectoCil 品牌产品、用具

（1）染膏的颜色。染膏一般有不同类型的黑色、棕色等，各种颜色可相互混合使用。最常用的颜色如下。

1）pure black（纯黑色 No.1）。适合黑色眉毛或希望五官更突出的人群。

2）blue black（ 蓝黑色 No.2）。 一般用于染睫毛，可增加黑色的深度和光泽感，但不建议用于眉毛染色。

3）nature brown（天然棕色 No.3）。较深的棕色，适合深棕色的眉毛。

4）light brown（浅棕色 No.3.1）。柔和的棕色，适合浅棕色眉毛。

（2）颜色的选择。美容师应根据顾客的肤色、发色和顾客的喜好帮助顾客选择适合自己的颜色。眉毛与头发的颜色不一定要完全匹配，专家们通常建议眉毛的颜色比头发的颜色浅或深 1 到 2 号，这样看起来比较柔和自然。原生的毛发越黑，染出的颜色就越黑。太深、太黑的眉毛看起来生硬而呆板。

4. 染眉的程序及技术要领

（1）先修再染。一般先修眉后染色，确保不污染眉毛形状以外的皮肤。

（2）清洁毛发。在着色之前，用非油性产品将眉毛上的化妆品彻底清洗干净并保持干爽，使染料能正常吸收，以获得最佳和持久的着色效果。

（3）保护皮肤。美容师应戴手套以防手指沾上染膏。用棉签取适量凡士林均匀涂抹在眉毛周围，或者使用专用白色遮盖笔来保护眉毛周围的皮肤。

（4）混合染膏。以适当的比例将 3% 的乳霜状氧化剂和染膏调和成稠度适中的乳霜状，不可太稀，以防涂抹时滴流或入眼。

（5）涂抹染膏。用斜角眉刷将染膏精确、均匀地涂抹在眉毛上并画出眉毛形状，尽量保持左右对称。如果有多余染膏堆积，可用螺旋眉刷将染膏梳刷均匀，使眉毛显得干净整洁。染膏的厚度以盖住眉毛为准，太薄会影响染色效果，太厚则造成浪费。

（6）停留时间。染膏在眉毛上停留的时间因人而异。时间越长，着色效果越深。停留时间不宜太长，特别是颜色较深的眉毛。初学者建议停留 2~3 min 后擦掉一只眉毛的染膏向顾客展示，若颜色不够深，再重新涂抹染膏，并停留 1~2 min 后清洗。

（7）去除染膏。先用干的棉片去除染膏，再用湿棉片彻底清洗干净。如果着色太深或染膏沾到皮肤上，可用油性卸妆品擦洗，直到染料颜色变浅或退色为止，之后再用清水擦洗干净。眉毛周围皮肤上的污点可用专用皮肤染色清除剂擦洗。

5. 染眉的注意事项及禁忌

（1）注意事项

1）最好选用国际美容机构通用的、正规的专业染眉产品，不可以擅自使用理发店用的普通永久性染发剂。许多染料中的防腐剂和未经批准的成分会造成皮肤刺激、敏感、损伤眼睛，甚至更严重的危害。

2）染料中的某些物质会有刺激皮肤或引起严重过敏的可能。初次使用者需要提前 48 h 做小区域皮肤测试（如在耳后），如有过敏反应则不可使用。如果护理过程中皮肤或眼睛出现持续的刺激反应，应立刻停止使用，并用清水和专用洗眼水彻底冲洗干净。

3）染眉时，顾客可以坐着稍微向后倾斜或约成45°躺着。应避免平躺，以免染膏流入眼睛，同时也会影响涂抹及画眉的角度和准确性。

4）在染眉的整个过程中，顾客必须闭上眼睛，以防染膏不慎入眼。

5）建议染色后8 h内不要碰水。平时在染色部位避免使用油性卸妆和清洁产品，否则会加快退色过程。避免长时间曝晒或在海水中浸泡过久，否则会加速毛发褪色。

6）不要尝试在家中自己染眉，染眉只能由经过专业训练的美容师操作。

（2）禁忌。眉毛部位有牛皮癣、湿疹或敏感等皮肤问题，近期做过手术或者有擦伤等不可以染眉。

三、染睫毛

1. 染睫毛的概念

染睫毛是指将半永久性植物染料涂抹在睫毛上，将睫毛着色为较深的颜色，使睫毛看起来更加浓密、纤长、有质感。染睫毛如图4-78所示。

2. 染睫毛的作用

染睫毛会使细短、色浅、稀疏的睫毛变得深而黑，看起来更加浓密、纤长和亮泽；睫毛染后可以不用涂抹睫毛膏，节省了化妆的时间，并且保持时间较长，特别适合夏天、游泳和度假。另外，大多数人睫毛末端的颜色都较淡，即使是黑色的睫毛，染后会显得比平时更加浓密和纤长。染睫毛效果如图4-79所示。

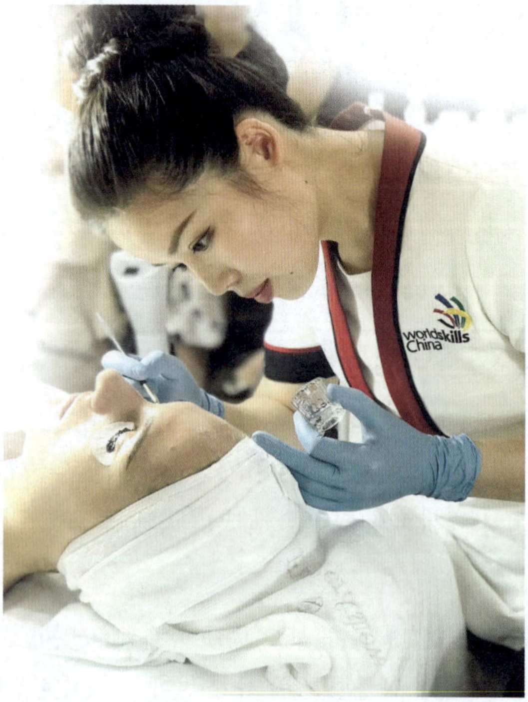

图4-78 染睫毛

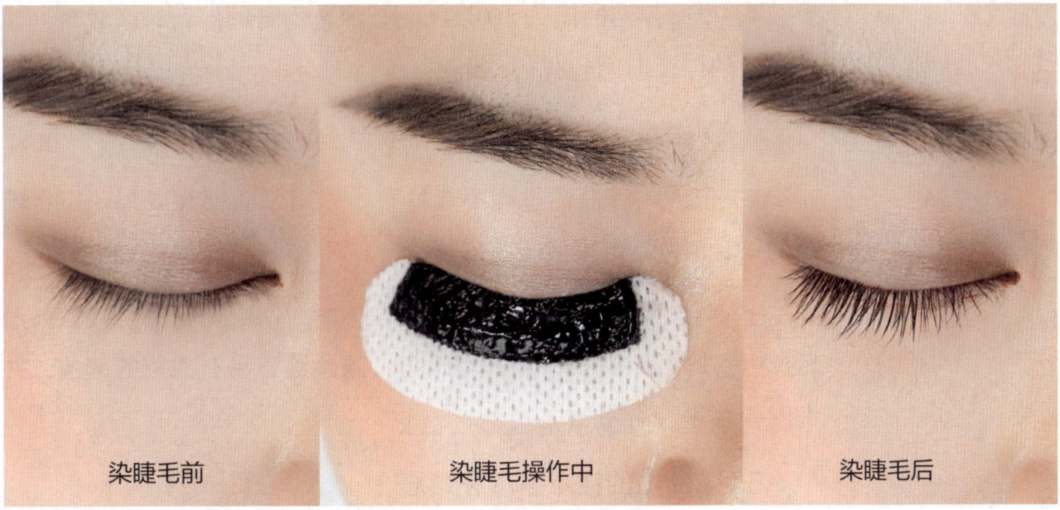

图 4-79　染睫毛效果

3. 染睫毛的颜料及选择

由于睫毛本身的颜色比头发颜色深，所以染料的颜色选择通常是越深越好，最常用的是蓝黑色和黑色。有些顾客会同时染睫毛和眉毛，高效而省时的方法是先染睫毛，在等待着色时进行染眉。染睫毛全过程大约需要 30 min，效果可保持 4~6 周。

4. 染睫毛的程序及技术要领

染睫毛的工具、染膏调和、涂抹厚度、清洁毛发与染眉类似。

（1）保护皮肤。在近上、下睫毛周围的皮肤上均匀涂抹凡士林以保护皮肤，将适合下眼睑形状的眼垫放置在睫毛根部的下面，确保上下所有睫毛都能在眼垫上展开，并且确保眼垫伏贴不翘起。

（2）染色

1）用尖头镊子小心地将内眼角、外眼角的短小睫毛挑起放在眼垫上，确保所有睫毛都能均匀上色。

2）先用眉刷将染膏分段涂抹在所有毛尖处，借助染膏的重量将睫毛压住固定，之后将毛尖上多余染膏从毛尖往毛根均匀涂抹，应避免在毛根部涂抹或堆积太多染膏，以免刺激眼睑皮肤或不慎入眼，而且难以清洗。

3）用斜角眉刷的尖部仔细涂抹睫毛根近眼睑处，染膏要与眼睑皮肤无缝对接，不要留下空隙，同时应避免将染膏沾到眼睑皮肤。

4）染膏停留时间为 10~20 min。深色染膏的停留时间较短，浅色染膏的停留时间较长。

（3）去除染膏

1）告诉顾客清洁过程不能睁眼。先用干的棉片或棉花棒将堆积的染膏清除，再用微湿的棉片清洗，以免染膏被稀释后流入眼里。

2）可以用棉签或棉片进行清洁检查，直到没有颜色残留。最后让顾客睁开眼睛，仔细检查眼角、眼睑等容易有残留的部位，并询问顾客是否有不适之处。

5. 染睫毛的注意事项和禁忌

（1）注意事项。染膏的选用、顾客的体位等注意事项与染眉类似。

1）如顾客佩戴隐形眼镜，先请顾客摘下隐形眼镜。

2）确保灯光不直射顾客眼睛，避免顾客眼睛泛红流泪，导致染膏流入眼里。

3）护理前需准备矿泉水、清水、专用洗眼水。如果染膏不慎入眼，应立即用大量准备好的水彻底将眼睛冲洗干净。染膏入眼时（如右眼），将顾客的头部往同侧（右侧）偏，用毛巾将耳朵遮住，从内眼角往外冲洗。也可将顾客带到洗手池用大量准备好的水冲洗。

4）眼睑是比较敏感的部位，非常容易受到刺激或产生过敏反应。操作不当导致染膏入眼会刺激和损伤眼睛，严重的会导致眼部感染，甚至失明。所以，不要在家自己染睫毛。美容院染睫毛必须按照严格的程序，动作轻柔，操作规范，并且要更加专注和仔细，避免出现任何失误。

5）在等待着色期间，不能按摩头部和肩颈部，避免将眼部和上眼皮往上拉扯而导致染膏入眼。

6）去除染膏时，棉片每擦一次都要对折，始终用干净的地方擦拭，使用棉花棒同样如此，严禁用有染膏的一面擦拭眼部。

（2）禁忌

1）眼部感染、发炎、肿胀、敏感，有牛皮癣、湿疹、结膜炎、角膜炎、睑缘炎等任何眼部皮肤疾病的，不能染睫毛。

2）近期眼部做过手术、擦伤，或顾客有病毒感染，使用染膏可能使眼部感染或病情恶化的，不能染睫毛。

3）对染发剂有过敏反应的人群不能染睫毛。

第九节 家居护理

皮肤是生活的一面镜子，它所呈现的状态体现出人们日常的护肤习惯、生活方式、健康状态、情绪和心理状态等因素。每天进行科学、恰当的皮肤护理是维持皮肤健美最重要的方法，是健康生活方式的一部分。日常皮肤护理就像保护牙齿和口腔卫生一样，只有每天早晚花时间和精力认真保养，养成良好的护肤习惯，并坚持健康的生活方式和拥有积极阳光的心态，才能保持皮肤的健康美和年轻态。

本节将详细介绍家居护理的科学护理理念，以及正确的护理程序、方法和注意事项。各类皮肤的家居护理方法详见有关章节中的家居护理内容。

要点提示

1. 掌握家居护理的基本内容。
2. 掌握影响家居护理成效的因素。
3. 掌握家居基础护理的程序和方法。

关键术语

家居护理　护理习惯　护理方法

一、家居护理概述

1. 定义

家居护理是顾客在科学的护理方案的指引下，在日常生活中进行从内到外的身体及皮肤保养，以达到维持皮肤健康和年轻的目的。家居护理包括护肤品的选择、早晚护肤的程序、科学的护肤方法、日常的防护措施，以及保持健康的生活和饮食习惯等。

2. 重要性

皮肤护理的成效是在 80% 的日常保养和 20% 的美容院护理的基础上取得的，即皮肤护理成效主要取决于顾客每日恰当的自我护理。要达到最佳的家居护理效果，美容师和顾客都应该承担起各自的责任。成功的家居护理离不开美容师的专业指导以及顾客的积极配合。

3. 美容师的职责

美容院护理和家居护理是相辅相成的关系，两者的紧密配合是使顾客拥有美丽肌肤的重要手段和最佳途径。而正确的家居保养可以帮助美容院护理达到事半功倍的效果。美容师在家居护理中的职责是了解顾客皮肤情况、护肤习惯、生活习惯，熟悉美容院的家居产品，为顾客量身定制个性化的家居护理计划。计划内容包括填写家居护理卡、搭配家居护理产品、对顾客进行家居护理教育和指导、回答顾客疑问、时常提醒顾客坚持做好正确的日常保养。

4. 顾客的义务与责任

顾客应对自己的日常皮肤保养和配合美容院达成护理成效负有责任，包括对自己皮肤护理工作的高度重视，投入必要的时间和精力，保持健康的生活方式，认真对待日常护理工作并按照制订的护理计划执行。另外，顾客应充分认识到，如果家居护理工作没有做到位，可能影响美容院的护理效果。例如，在使用果酸护理问题性皮肤期间，如果不注意防晒和护理后的保养，可能对皮肤带来伤害。

二、影响家居护理成效的因素

在使用家居护理产品时，人们格外关注这些护肤品是否能获得期望的效果。家居护理产品是否有效，大致和以下因素相关。

1. 期望值

使用护肤品的期望值是指对使用护肤品后达到预期效果概率的估计。美容师和顾客对于使用护肤品的效果都应该有客观、科学的认识。使用高品质和含功效性成分的护肤品的确可以改善皮肤状态，但也要认识到其局限性和个体差异性。使用护肤品保养皮肤短时间内难以改善日积月累留下的皮肤问题，需要长时间坚持使用才能见效。如淡斑产品，一般需要持续使用 3~6 个月甚至更长时间才能见到一些效果；抗衰老产品，如果其成分不能进入真皮浅层就难以达到改善细纹、皱纹的效果。所以，美容师不能为了销售产品而夸大效果，顾客也不能期望有立竿见影和不切实际的改变。

2. 健康状态

健康状态包含身体健康和心理健康状态。只有拥有健康的身体才能拥有健康的皮肤状态。亚健康和疾病在皮肤的血液循环、皮肤含氧量、皮肤表面营养供给、新陈代谢、吸收功能等各方面都对人体有负面影响，容易使皮肤出现晦暗、粗糙、干燥等问题。有研究表明，焦虑、紧张、压力、抑郁等不良情绪也会影响皮肤状态，容易使皮肤出现干燥、敏感、痤疮等问题。而这些内在因素导致的皮肤问题并不是单一使用高价或疗效性护肤品就能完全改善的，即使暂时得到改善也会因身体和精神状况的变化而复发。因此，保持身体健康和心态积极是保持皮肤状态健康的重要因素之一。

3. 生活方式

健康的生活方式是指有益于健康的习惯化行为方式，包括均衡的饮食、规律的作息和运动、注重皮肤日常防护等良好的生活习惯。众所周知，充足的睡眠是最好的保养品。长期睡眠不足、经常熬夜会出现暗疮、暗沉、浮肿、干燥、细纹和黑眼圈、早衰等皮肤问题，抽烟、过量饮酒、带妆睡觉、不注重皮肤防护等不良生活习惯也会导致诸多皮肤问题。这些不良生活方式带来的皮肤问题，再贵、再有疗效的护肤品，其作用也只是杯水车薪。这就像往有缺口的容器倒水，不把缺口堵住，水永远也装不满。

4. 护理习惯

良好的护理习惯要求具有强烈的家居护理意识，注重日常保养，愿意花时间、精力和金钱来照护自己的皮肤，并按照自己的家居护理计划认真进行护理。护肤品使用的效果除了产品成分的作用，还取决于正确的护理流程和方法。各种护肤品的作用不可相互替代，顾客只有养成按照护理计划及制造商使用说明、持续使用系列护肤品的习惯，才能达到预期护理目标。不良护理习惯包括品牌用得太杂、品种使用过多、更换产品太频繁、每天使用面膜、过度去角质、防晒不到位、产品用量过少、卸妆不彻底等，这些不正确的护肤习惯都会直接影响护理效果。

5. 护肤品选择

护肤品选择是指为了达到最佳的护肤效果，美容师或顾客根据个人皮肤类型、当下状况、护理目的，以及购买预算来选择适合的护肤品。最基础的护肤品应包含卸妆清洁产品、爽肤水、日霜、防晒霜、晚霜和精华素。对于护肤品的选择，最畅销的或最贵的不一定适合每一个人。对于问题皮肤来说，使用一般护肤品及基本护肤程序难以达到最佳疗效，还需要使用药妆及功效性产品才能得到改善。在选择产品时，知名度、忠诚度、美誉度高的品牌通常更加安全，听从专业人员的推荐也非常重要。

6. 护肤品保存

妥善保存护肤品的目的，是为了在保质期内保持护肤品新鲜、稳定性及安全性，确保护肤品成分能有效发挥作用。护肤品保存包含防高温、防潮、防阳光、防冻、防污染、防失效。养成使用前洗手、用小匙取用、使用后立即盖上盖子等良好的保存习惯，可避免护肤品被细菌污染、氧化、变质和提前过期。使用变色、变味、变质和过期的护肤品不仅会影响效果，还会导致过敏等皮肤损伤。

三、家居护理的程序和方法

1. 护理程序

以科学、正确的顺序使用护肤品可确保皮肤获得每一种产品的全部益处，否则将无法获得最佳效果。使用程序包括常规程序和特殊程序，特殊程序是在常规程序基础上，根据皮肤的特殊要求进行的调整或增减。

（1）按照产品质地顺序。除药妆产品视黄醇以外，一般护肤品的基本使用程序是按照产品质地的稠度，从最薄到最厚（液体到乳膏）的顺序来重叠使用的。质地越薄的产品越容易渗透。如果先涂一层厚厚的润肤霜，就会在皮肤表面形成一层保护膜，阻碍分子较小的水状、精华类产品的渗透。润肤产品使用的顺序依次为：精华液、精油、润肤霜、润肤油（适合干性皮肤）。

（2）按最重要成分顺序。当皮肤有特殊需要时，应先使用含有最重要或治愈成分的产品，以让其最大程度地发挥疗效。如治疗痤疮的局部药物过氧化苯甲酰就应在润肤霜前使用。如果需要使用两种以上含有重要成分的产品，则应先使用质地较薄的。如白天先使用较薄的抗氧化、保湿精华素，之后再涂抹较稠的淡斑精华。

（3）日间护理程序

1）常规程序。日间护理的常规程序依次为：清洁、爽肤水、精华液、精油、眼霜、润肤霜（日霜）、隔离（防晒）。

护肤精油属精华类（如抗皱、保湿、抗菌、镇静修复）与一般的护肤油不同，其渗透力强，可根据需要，局部或全脸使用。如抗菌消炎的精油可用于痤疮患处，抗皱的精油则可用于整个面部。

2）特殊程序。色斑、敏感部位、痤疮等瑕疵护肤及治疗产品，建议在精华液（抗氧化剂）后、润肤霜前涂抹于患处。另外，色斑、痤疮类治疗产品易使皮肤干燥，仅在需要的地方使用，并可叠加使用保湿霜。具体的步骤遵照制造商的建议进行。

3）护理重点。所有皮肤类型及状态在白天的护肤重点都是防护。但仅使用防晒霜不能达到全面防晒的效果，再好的防晒霜只能防护 55% 的自由基伤害。为更好保护皮肤免受紫外线和环境污染的损害，白天使用局部抗氧化剂（含维生素 C、维生素 E 和阿魏酸）很重要，能中和自由基，从里到外地保护皮肤。

（4）晚间护理程序

1）常规程序。晚间护理的常规程序依次为：卸妆、清洁、爽肤水、精华液、精油、眼霜、润肤霜或晚霜。

2）特殊程序。晚间护理的特殊程序与日间类似，但应根据以下“护理重点”灵活地做增减调整。如用果酸去角质后的几天内，应避免使用功效性色素治疗产品，以免过度刺激皮肤。

3）护理重点。晚间皮肤护理重点是修复，而彻底去除皮肤的污垢、油脂和化妆品是晚间护理非常重要的第一步。应根据当天皮肤的需要，灵活使用针对性的护理方法来帮助皮肤修复，同时为皮肤提供所需要的滋养元素，无须每晚按照常规程序盲目地将所有的产品重叠使用。如皮肤干燥老化，可用含肽、生长因子和其他生物活性成分的抗衰老产品来滋养和修复皮肤；皮肤灰暗，可用酶或果酸去角质产品去除老旧角质；痤疮可用含维 A 酸或水杨酸的产品；皮肤敏感，可涂敷修复面膜或使用修复精华素等。

2. 护理方法

（1）制定家居护理卡。美容师可将所推荐的产品及使用程序、方法和注意事项填写在家居护理卡上，以便指导顾客清晰地按照使用步骤来规范使用。家居护理卡内容可根据顾客实际情况来调整，表 4–6 为家居护理卡示例。

表 4–6　家居护理卡示例

步骤	早间	晚间	备注
1. 卸妆	—	温和卸妆乳（油）	用于眼唇防水彩妆
2. 清洁	保湿洁面奶	泡沫保湿洗面泡沫	—
3. 爽肤	双重保湿水	修复玫瑰保湿水	—
4. 精华液（精华油）	抗氧化精华	镇静修复精油	精油用于玫瑰痤疮部位，减轻炎症发红
5. 特殊护理（皮肤瑕疵）	过氧化苯甲酰祛痘剂或水杨酸祛痘剂	淡斑精华	易使皮肤干燥，只在需要的地方使用，并加强保湿
6. 眼霜	眼部保湿乳	抗皱眼霜	—
7. 润肤	保湿日霜	抗皱修复晚霜	—
8. 防晒	保湿防晒霜	—	避免眼周
9. 去角质	—	果酸去角质剂	根据使用说明使用
10. 面膜	—	骨胶原面膜	每周 1~2 次

（2）家居护肤基本步骤。家居基础护理主要包括清洁、保湿、防晒三大步骤。

1）清洁。家居护理清洁的原则，是晚上用去污垢力较强的卸妆品和洁面产品彻底将皮肤上的油脂、污垢、化妆品等清除，而早上则应使用较温和的洁面产品或温水简单清洗，建议早晚使用不同作用的洁面产品。如果晚上使用含水杨酸的洁面产品来减轻暗疮症状，那么早上再使用就会觉得皮肤干燥。当皮肤非常干燥或敏感时，早上直接用温水洗脸，或用修复保湿水浸泡棉片后轻柔地擦拭清洁，晚上可使用温和的清洁乳。另外，锻炼后尽早清洁脸部至关重要，否则会增加痤疮发生的风险。

2）保湿。皮肤干燥会导致干纹、细纹、粗糙、暗黄等问题，随时保持湿润状态对于维持皮肤健康及活力至关重要。健康的皮肤建议日间使用清爽、营养成分简单的保护性精华和日霜，晚间则使用富含营养和修复成分滋养品。因换季等各种因素的影响，当皮肤使用日用保湿品后仍然觉得干燥时，可添加使用保湿精华液或护肤油，一周使用 1~2 次保湿面膜。

3）防晒。皮肤的最大“敌人”是紫外线，家居护理最重要的是避免日晒。无论春夏秋冬，每天都应该涂抹防晒霜。阳光强烈的天气建议做好打伞、穿防晒衣、戴防晒帽、墨镜等遮蔽性物理防护工作。无论哪一种肤质，都应选择无刺激、不含有害化学成分的防晒产品，最好选用物理性防晒品。防晒如图 4–80 所示。

图 4-80　防晒

另外，由于蓝光大量存在于显示器、荧光灯、数码产品、LED 等发出的光线中，其穿透能力较紫外线更强，能对皮肤产生类似紫外线的损伤作用，所以，使用防蓝光的物理防晒霜具有更好的预防皮肤光老化的作用。

（3）混合搭配

1）不同品牌的混合搭配。不同的品牌有不同的护肤理念、核心成分和配方。通常，专业人员建议使用同一品牌的系列产品，其优点是这些产品都经过精心的搭配设计，可以安全有效地叠加使用。使用同一品牌的产品可能更加安全，特别是具有疗效的产品。如果皮肤需要，在使用一个品牌系列的基础上，适当混合或配搭不同品牌的产品进行互补是可行的，但不是所有的产品都能配搭使用。有些药妆产品品牌要求在使用高浓度视黄醇或果酸时，严禁使用含有同类活性成分的其他品牌产品。所以，混合使用产品应咨询专业护肤人员和按照制造商的建议，以免产生不良反应。

2）产品性能的混合搭配。正确的产品混合或搭配能显著增强护肤效果。例如，抗氧化剂精华和防晒霜的搭配能提高防晒效果；过氧化苯甲酰与水杨酸混合使用可以增强杀菌能力，加速痤疮的愈合；将20%的维生素C粉末与润肤霜混合均匀使用，能增强抗衰老、淡斑等护肤疗效。如果同时使用两种产品来解决两种不同的问题（如色斑和红斑痤疮），建议早上用一种产品（红斑痤疮产品），晚上用另外一种产品（色斑产品），这样可以确保两种产品都能最大程度地发挥功效。

（4）用量及涂抹方法。涂抹护肤品要达到理想的效果，用量，涂抹的方法、均匀度、力度几乎和产品的有效成分一样重要。除按照规范的护肤程序涂抹，还需按照科学的方法来使用各种不同的护肤品，让其发挥最佳效果。护肤品的种类及性状繁多，涂抹方法放多，并没有一个统一的标准，一般常见的用量和方法如下。

1）用量。日常使用家居护理产品需掌握好用量，太多会浪费产品，而且皮肤的吸收能力有限，过多的营养成分可能会对皮肤造成负担或产生刺激，也会影响彩妆的伏贴，过少则会影响护理效果。如防晒霜，如果用量不足或涂抹不均匀，会影响防晒效果甚至可能会使皮肤晒伤；再如大多数眼霜都是浓缩成分，不需过多，适中即可，否则可能会导致脂肪粒。

以标准大小脸为例，一般洗面奶和防晒霜的用量大约为一元硬币大小，润肤霜约一颗蚕豆大小，面部精华约两粒黄豆大小，眼霜约一粒黄豆大小。化妆水的用量一般以能足够湿透化妆棉为准，如直接用手涂抹，以充分湿润面部为准。护肤品的具体用量还需考虑肤质、皮肤需要和产品质地等因素，应参照产品说明书灵活使用。

2）方法

①眼霜。涂抹眼霜时一般以眼眶骨为基础，在眼周以顺时针或逆时针方向涂抹下眼睑、眼尾、上眼睑。眼部皮肤较敏感脆弱，容易产生细纹或皱纹，涂抹眼霜时最好用无名指（最轻柔）或中指，用轻拍、按压的手法，轻柔、小面积地涂抹，避免拉伸皮肤。“单

眼7点涂法”是常用的眼霜涂法，它是指眼霜点涂位置为下眼睑上3小点、眼尾1小点、上眼睑下3小点（见图4-81），一般先点涂、后轻拍或按压，具体涂抹方法如下。

图4-81　单眼7点涂法

a.点涂。将眼霜取出后放在一手的无名指指腹上，用另一手的无名指将其推开，从内眼角至眼尾或反方向沿着眼眶骨将眼霜放置在7个点的位置，注意不要太接近眼周。易长皱纹和干燥的下眼睑及鱼尾纹部位用量要足够，容易出油的眼皮用量应少。

b.轻拍或按压。按以上的顺序，将眼周的眼霜轻轻地拍打或按压几次至完全吸收。各部位的轻拍或按压技巧如下。

下眼睑：由于眼霜涂抹后会自然扩散一些，轻拍或按压时应从外到里逐渐移到离下眼线约5mm的位置，以确保眼睛附近产品少，眼睛开合时眼霜不会进入眼里。

眼尾至太阳穴：此部位面积相对较大，没有上、下眼睑皮肤脆弱，可用中指腹沿着眼眶骨往外往上轻拍或按压眼霜。如果鱼尾纹较多或深，可用一手中指和无名指绷紧皮肤，另一手中指打圈提拉按摩，力度可稍微加强。

上眼睑：眉毛下方的眉骨处可用轻压，或从内眼角至眼尾，以轻柔平涂的方法涂抹眼霜，产品不要接近上眼线附近，以免入眼。注意不是所有的眼霜都可以涂抹上眼睑，如说明书上允许，可以轻拍少量。

②面霜。常见的涂抹方法包括 5 点法、9 点法、13 点法和 2 英寸法（见图 4–82），适合于任何需要涂抹全脸的产品，如洗面奶、精华素、润肤霜、防晒霜等。其中 5 点法是应用最广泛的传统方法，13 点法是英国皮肤科医生 Sam Bunting 提出的，2 英寸法（1 英寸 =2.54 cm）特别适合质地较干稠、不易推散或涂抹均匀的产品，如一些全天然含氧化锌和二氧化钛的矿物或物理防晒霜。

图 4–82　面霜涂抹方法

这些分点涂抹方法的目的，都是为了确保护肤品能尽量分布均匀，容易涂抹，并避免部分产品被手掌吸收而导致浪费。特别是精油、精华素等吸收较快和较贵的护肤品，应避免将产品涂抹于双手后再涂在脸上。

a. 点涂。按照自己所选择的方法，将面霜取放在手掌或手背上，用美容指点涂在面部、颈部和上前胸部。

b. 按摩。根据各部位面积的大小，用美容指或四指将产品抹开，同时用打圈的方式将产品充分按摩均匀，直到完全吸收为止。按摩时要有一定的力度，有助于促进表皮微循环和产品的吸收。

③爽肤水。涂爽肤水一般使用拍打法。把适量的爽肤水倒在手心里，避开眼周，一点一点地均匀拍打在脸上使皮肤吸收，之后用手指的背面触摸皮肤，如果湿润度不够，就需要再补拍 1~2 次；也可用爽肤水浸透化妆棉，然后轻轻擦拭皮肤，能起到再次清洁皮肤的作用；使用喷雾型爽肤水，可先将双眼闭上，将爽肤水均匀地喷到脸上，

再用手指轻拍，以促进渗透。

（5）灵活应变。日常生活中往往会出现到了另一个地方和换季时皮肤出现干燥、痤疮、过敏等现象，通常是皮肤对环境和季节变化的应激反应。家居护理应该根据环境及气候变化进行调整。

1）环境变化。身处高温、高热、紫外线强的环境，应做好打伞、戴遮阳帽、每 2 h 左右补涂防晒霜等防护措施。多喝清热解暑饮料并保持饮食清淡。身处干燥、寒冷或风沙大的恶劣环境中时，则应格外注重皮肤保湿，可使用保湿度比较高的护肤精华、霜、膏、油和面膜。

2）季节变化。春季早晚温差大，万物复苏，空气中飘浮着大量花粉，过敏原多，容易引发皮肤过敏，特别是过敏性和干性皮肤。因此，要注意做好保湿和防敏；夏季气候炎热，紫外线强，皮脂分泌旺盛，油性皮肤要格外注意保持皮肤洁净；秋季白天延续夏季的炎热，但是空气湿度降低，皮肤易出现缺水现象，应注意补水保湿，此时也是进行美白淡斑护理的好时机；冬季寒冷干燥，皮脂腺活跃度下降，皮脂分泌量减少，加上空调或暖气环境，需要额外补充油分，特别是干性、敏感皮肤，需要使用油分含量大、保湿作用强的护肤品，油性皮肤也应该使用适宜的补水保湿产品。

（6）其他方法

1）面膜。面膜在家居护理中的使用越来越广泛，深受大众的喜爱。不同面膜的功效和使用方法不同，详见本章第七节面膜。

2）家用仪器。家用仪器可根据使用目的来决定在哪个步骤使用。如有清洁作用的仪器，可在卸妆或清洁时使用；有导入作用的仪器，可在涂抹精华液之后使用。更多内容详见本书第三章美容仪器。

第十节 健康皮肤护理

皮肤类型是由遗传因素决定的，一般分为中性、干性、油性和混合性四种基本类型，这四类皮肤在国际美容界通常被归纳为健康皮肤类（healthy skin）。虽然皮肤类型是由基因决定的，但皮肤状况会受到季节变化、环境污染、紫外线照射、年龄增长、精神压力、营养不良等各种内外因素影响而发生变化，如果不注重保养或护理不当，容易转变为问题性皮肤，出现色斑、光老化、痤疮、敏感、干燥、缺水等不良皮肤状况。如果这些问题不是短暂性或间歇性的，则归为问题皮肤护理范围。

健康皮肤的美容院护理和家居护理通常采用改善、保养及防护三管齐下的护理手段，即改善当下或暂有的干燥或油腻等状况，维持皮肤的健康，保护皮肤免受外来因素伤害、预防问题出现。健康皮肤除常规保养外，还可以根据皮肤的状况和需要使用一些功效性较强的药妆护肤品、低浓度果酸或草本更新疗法、美容仪器等方法来保养皮肤，预防问题皮肤问题的形成，以及改善和延缓皮肤衰老迹象。

本节重点介绍各类型健康皮肤的分析方法、美容院护理要点、家居护理知识和不同年龄、性别、季节的护理重点及注意事项。

要点提示

1. 掌握各类型皮肤护理的要点。
2. 掌握各类型皮肤家居护理保养重点。
3. 了解不同年龄、性别、季节、种族的皮肤护理要点。

关键术语

中性　混合性　油性　干性

一、中性皮肤护理

中性皮肤也称为正常皮肤（normal skin），是最理想的健康皮肤类型。它的主要特征是皮脂腺和汗腺分泌适中，皮肤总体上水油均匀平衡，既不干燥也不油腻，T区稍微偏油。中性皮肤虽然没有明显的问题，也不易敏感，但自身皮肤状况相对较不稳定，易受季节变化的影响，夏季偏油，冬季偏干，甚至有产生痤疮的可能。因此，中性皮肤也需要适当的护理和保养，以保持皮肤健康、年轻的最佳状态，预防转变为偏干或偏油的皮肤。中性皮肤如图4-83所示。

图4-83　中性皮肤

中性皮肤的护理方案应以补水保湿为基础，T 区依皮肤状况可做适当的去油收敛处理，以保持皮肤水油平衡、皮肤腺和汗腺的分泌通畅。应根据气候和环境的变化来选用适当的产品，并适时调整护肤重点。春、夏季应注意防过敏与皮肤收敛，秋、冬季应注意皮肤的保湿与营养补充，四季都应注重防晒。

1. 中性皮肤分析

（1）目测观察（放大镜下）。皮肤外观洁净、薄厚适中、纹理细腻、毛孔细小、不干不油、血液循环良好、肤色健康红润、有光泽、很少或没有瑕疵和皱纹。

（2）询问倾听。皮肤是否对外部环境有一定的耐受力，不易致敏；皮肤状态是否会随季节交替有所变化，夏季偏油性，冬季偏干性。

（3）触摸。皮肤触感细腻、柔软、光滑，有弹性。

（4）仪器检测

1）紫外线皮肤检测灯（伍德灯）。皮肤表面大部分呈淡灰色或蓝白色（青白色）荧光，小面积呈橙黄色荧光。

2）皮肤水分检测仪。皮肤含水量正常，含油量适中。

2. 中性皮肤的美容院护理

（1）护理要点

1）卸妆清洁。中性皮肤的选择范围较大，可根据自己的爱好选择各类较温和的清洁产品，一般亲水性洁面产品较佳。应使用温水洗脸。

2）喷雾。可根据去角质产品、皮肤状况来决定是否选择使用喷雾。热喷时间不宜过长，几分钟即可，以避免皮肤干燥。

3）去角质。中性皮肤可选用产品的范围较广，可根据皮肤的状况来选用温和的去角质啫喱、酶、果酸、去角质面膜、超声波去角质仪、微晶磨皮等。

4）按摩。按摩可促进皮肤血液循环，保持皮肤弹性。时长以 10~15 min 为宜，力度适中。按摩介质的选择范围较广。

5）面膜。可使用多种质地的面膜。可根据季节选用，夏季可选用清爽型的补水凝胶面膜、去油收敛面膜、美白型膏（乳）状面膜，秋、冬季可选用滋养润泽型膏（乳）状面膜。

6）保湿润肤。产品选择范围大，以补水保湿为基础，可兼顾滋养、收敛或美白功能的产品。建议选用蕴含天然成分、无刺激、安全性高的护肤产品，保持肌肤的最佳状态。

（2）注意事项。尽量避免选用含有酒精、化学成分、香料、色素等具有刺激性成分的护肤品，以免皮肤出现敏感症状。避免使用粗糙的磨砂膏和清洁刷。

3. 中性皮肤的家居护理

（1）家居护理重点

1）卸妆清洁。夏季可选择无皂基或弱碱性的清爽型泡沫、凝胶清洁剂，其他的季节可选用保湿、滋润型的洁面乳、洁面油。

2）去角质。去角质重点与美容院护理类似。去角质的频率应根据产品制造商的使用说明和当时皮肤的状况和需要而定。通常每周一次，不宜过于频繁。

3）保湿润肤。夏季可用较清爽的补水控油、水包油型乳液，使皮肤保持清爽，不油腻；冬季可用油性、滋润度好的油包水型润肤霜，补充皮肤的养分和油分，锁住水分，保护皮肤屏障，使皮肤保持滋润和弹性。白天可选用抗氧化剂、保湿型乳液或面霜进行面部保湿；晚间可选用滋养型的乳液或晚霜，补充皮肤的养分和油分，使皮肤保持细腻和光滑。

4）防晒。可选择天然物理性广谱防晒产品，并结合物理性遮蔽防晒，以预防和减少光老化。

（2）家居护理注意事项

1）化妆品使用。应选择使用安全、有保障，质量和信誉均佳的品牌化妆品。化妆前做好基础护肤工作，给皮肤补充充足的水分，给皮肤提供足够的隔离和保护措施。同时也应避免长时间带妆或频繁化妆给皮肤的造成刺激或不必要的损伤。

2）避免外界刺激。对自身所处环境、地域有足够的认识和准备，避免让皮肤受到过多的刺激。

3）保持健康生活方式。保证足够的休息和充足的睡眠。保持心情舒畅，精神愉快，进行适当的体育锻炼。注意饮食均衡，多饮水，多吃蔬菜水果，及时补充人体所需的维生素、蛋白质及各种富含营养成分的食物。勤排泄，以促进体内毒素的及时排出，使皮肤更加健康，有活力。

二、干性皮肤护理

图 4-84 干性皮肤

干性皮肤（dry skin）的主要特征是皮脂分泌量比正常皮肤少，皮肤的脂质屏障功能由于缺乏脂质而变得较薄弱，抵抗外界影响的能力较差，对外来刺激和气温变化的反应大，水分易经皮肤流失。由于皮肤表面缺乏脂质和保湿因子，皮肤常常处于干燥紧绷的状况，容易致敏和产生细小皱纹、色斑。随年龄的增长，皮肤机能的下降，皮肤干燥状况会日益加剧。干性皮肤如图 4-84 所示。

与其他类型的皮肤相比，干性皮肤最容易起皱衰老，最需要精心的呵护。其护理方案应着重保湿和抗皱，通过使用保湿因子和脂质含量高，具有镇静、舒缓、保湿滋润等有效成分的护肤品，为皮肤从里到外深层次地补充水分、油分和角质细胞间脂质层的脂质成分。加强皮肤滋润因子的保湿功能，充分提高角质层和真皮的含水量，修复和加强皮肤屏障的保护功能，以增强皮肤抵抗力，保持皮肤水分，减少水分经皮肤流失，起到舒缓干燥，预防和减少皱纹、色斑、过敏的产生和预防衰老的作用。

1. 干性皮肤分析

（1）目测观察（放大镜下）。皮肤干燥，严重时有皮屑，无光泽、晦暗；皮肤纹理细腻、肤色白皙、毛孔细小不明显、毛细血管表浅、细小皱纹明显。

（2）询问倾听。皮肤是否常有干燥紧绷感，严重时会发痒，对外来因素的刺激耐受力较差，易出现敏感、红斑、红疹；是否不容易长痤疮，不容易脱妆；家居使用的护肤品是否适合干性皮肤；生活及工作环境对皮肤有无不良影响。

（3）触摸。皮肤触感干涩粗糙、不柔软、弹性差。

（4）仪器检测

1）紫外线皮肤检测灯。皮肤大部分呈淡紫色，有少许或没有橙黄色荧光块。

2）皮肤水分检测仪。皮肤水分、油分含量较少。

2. 干性皮肤的美容院护理

（1）护理要点

1）卸妆清洁。干性皮肤的皮脂、水分不足，易敏感，应选择含温和表面活性剂、无皂基、保湿滋润度高、清洁力度温和、抗敏的卸妆清洁产品，以保护皮肤的自然湿度，避免洁面后皮肤有干燥、紧绷感，如卸妆油、卸妆乳、卸妆霜、洁面乳、洁面油等；对于脆弱的眼部，应使用眼唇专用卸妆产品；用温水洗脸，水温过高会洗去皮肤油脂；动作轻柔，时间不宜过长。

2）去角质。干死细胞容易堆积在皮肤表面，易起皮屑，使皮肤看起来暗淡无光，并阻碍营养成分的吸收。应选择温和且含保湿剂的去角质产品，如酶、乳酸，或超声波去角质仪等，应避免粗糙磨砂产品。根据皮肤的状况和需要可每周去一次角质。

3）按摩。干性皮肤特别适合促进皮脂腺分泌的深层刺激按摩法，如揉捏法。这种方法能增加皮肤血液循环和皮脂分泌，加强产品的渗透。按摩介质应选用滋润度高的按摩油。但由于一般的按摩油或按摩膏按摩后需要清洗干净，而干性皮肤越洗越干，所以按摩介质最好使用富含营养成分、分子小、渗透性强的玫瑰精油（舒缓镇静）、护肤油（如荷荷巴油）、护肤霜或混合重叠使用，之后使用免洗类保湿滋养软膜（其封闭性可加强产品的吸收）。这样既可保湿和滋养皮肤，使护理更加有效，又可减少洗脸次数，以免加重皮肤本身已有的干燥问题。

4）面膜。干性皮肤特别适合使用热膜，以促进血液循环，促进皮脂腺和汗腺的分泌，尤其在寒冷的冬季。也可选用补水滋润的贴片型面膜，或营养滋润型膏（乳）状面膜和软膜，以充分滋润皮肤。

5）爽肤。应选用保湿效果好的滋养型保湿水来补充水分，并在洗完脸皮肤半干时就立即使用，可重复添加直到皮肤不感觉紧绷为止。

6）保湿润肤。应选

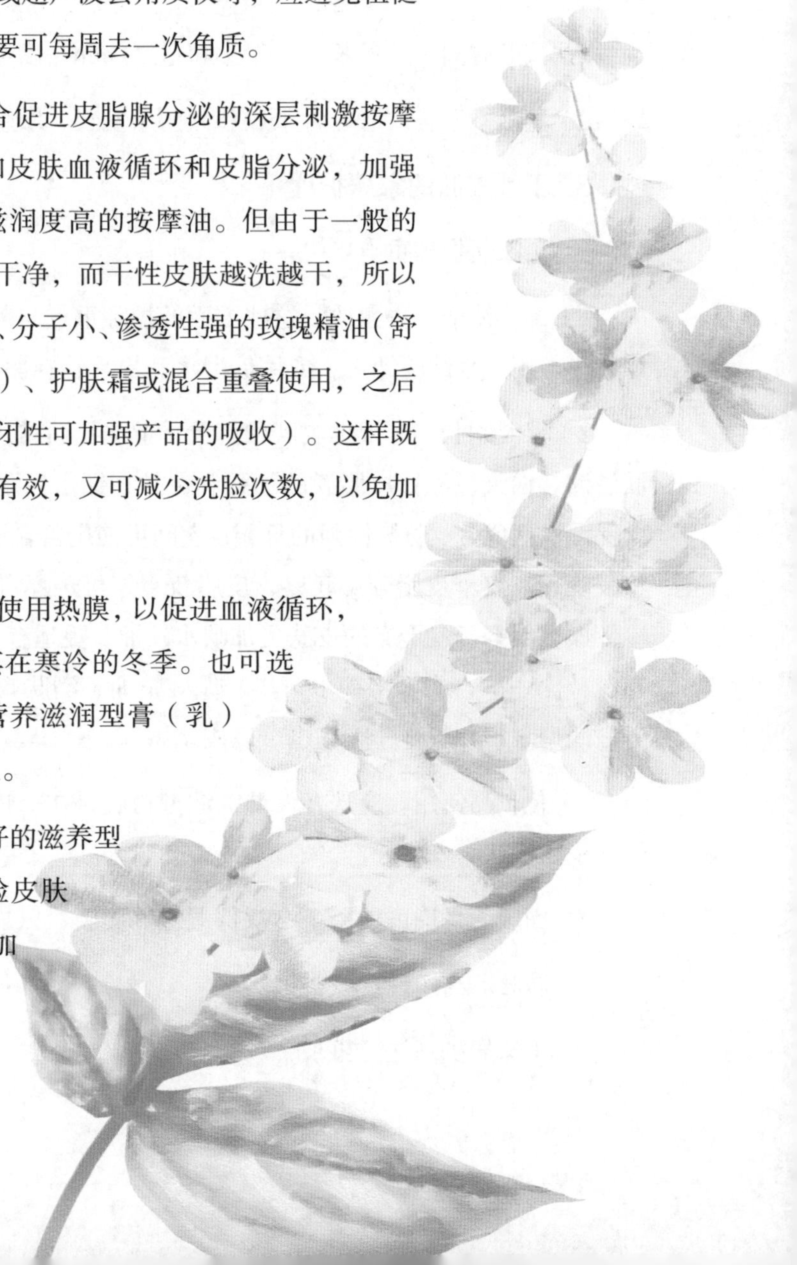

用保湿、滋润力度强的抗皱产品。如含尿素、氨基酸、透明质酸、乳酸、甘油等天然保湿因子的补水保湿精华液，有助于皮肤的水合作用，保持皮肤中的水分。含神经酰胺、角鲨烯、脂肪酸、羊毛脂、天然油脂等脂质成分的油包水型护肤霜、润肤油，能提供皮脂膜保护和锁水功能所需的脂质成分，形成一层保护层，有助于锁住水分，深度滋润皮肤。

（2）注意事项

1）避免使用碱性清洁剂、粗糙磨砂类去角质产品、含水杨酸及控油成分的护肤品、含酒精和收敛成分的爽肤水、吸附性强的泥膏状面膜，以免加重皮肤干燥，引发皮肤过敏。

2）按摩时间不宜过长，一般不超过 20 min，以免过度刺激而破坏皮肤屏障。

3）蒸气不适合皮肤非常干燥和倾向于发红、敏感的人，会加重干燥，引起敏感。

3. 干性皮肤的家居护理

（1）家居护理重点

1）卸妆清洁、去角质。这些方面的护理重点与美容院护理类似。如果皮肤非常干燥，早上用温水洗脸即可，或用保湿水和棉片轻轻擦拭。

2）保湿润肤。应根据皮肤状态及季节选择面霜，为皮肤补充水分和脂质，保持皮肤滋润。白天应注重皮脂膜的加强和保护，锁水保湿，可使用补水抗氧化精华液，富含保湿滋润成分、防护性强的日霜；夜间可使用富含滋养、营养成分的美白、抗衰老、修复晚霜。夏季皮脂分泌旺盛，皮脂较多，可选择水分含量较高的乳液；冬季气候寒冷干燥，使本身就干燥的皮肤更加缺水缺油，更适合含油分多的润肤霜，需要时可 4 h 左右补涂一次；或可将补水精华、保湿精油、润肤霜依次重叠使用。应使用保湿、营养滋润型眼霜和唇膏，眼霜也可以用于唇部。

3）化妆品使用。应选择保湿滋润型粉底。在上妆以前要保湿润肤，以免妆面因干燥而呈粉块状。

4）面膜。每周可使用 1~2 次保湿滋养面膜，以加强皮肤的滋润度。

5）防晒。与中性皮肤类似。

（2）家居护理注意事项

1）保湿润肤。干性皮肤应特别注重保湿滋润。洗完脸后不要擦得太干，趁皮肤仍湿润时，应立即使用保湿水，以锁住皮肤的水分，有利于产品的渗透。当保湿水半干时立即涂上保湿精华液和滋润度高的护肤霜。

2）保持健康的生活方式。在对中性皮肤生活方式要求的基础上，干性皮肤的人应多食富含必需脂肪酸的食物如猪肝、鸡蛋、鱼肝油等，以帮助强化皮肤的天然脂质保护屏障。

3）内衣穿着。干性皮肤冬季易产生静电，注意保持身体皮肤滋润，可穿棉质、宽松、柔软的内衣，以减少皮肤的摩擦。应避免穿尼龙、化纤品、含羊毛或其他刺激成分的内衣。

4）提高室内湿度。冬天室内温度过高会加重皮肤干燥，可使用加湿器来提高室内的相应湿度，缓解皮肤干燥。

三、油性皮肤护理

油性皮肤（oily skin）的主要特征是面部皮脂腺分泌旺盛、油光满面、毛孔粗大、角质层较厚、水分充足、肤色晦暗、易产生粉刺痤疮。但大约80%的油性皮肤因受各种因素的影响而缺水，水油失衡，如因皮肤屏障受损而造成的暂时性缺水、敏感性油性皮肤。角质层水分不足会影响细胞的代谢，容易引起死皮堆积，毛孔堵塞，皮肤干燥。而且，当皮肤缺水时，身体会自然分泌更多的油脂来弥补失去的水分，从而使皮肤变得更加油腻，容易产生痤疮、过敏和干燥。油性皮肤如图4-85所示。

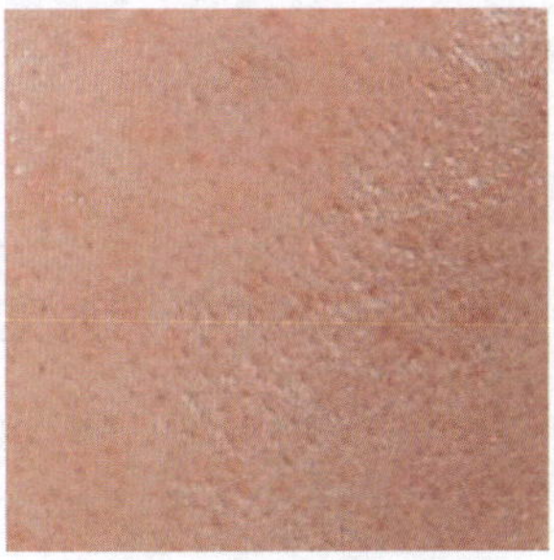

图4-85　油性皮肤

因此，油性皮肤的护理方案应在油脂过多和保持皮肤自然水分之间取得平衡，即在控制油脂分泌的同时注重补水保湿，使皮肤处于不干不油、水油平衡的良好健康状态，以及深层清洁和疏通毛孔，预防粉刺痤疮的形成。由于油脂锁水性好，可保护和保湿皮肤，使角质层水分不易流失，对于一般年轻、皮肤屏障健康的油性皮肤只需轻度保湿即可，不需要特别加强补水保湿。而缺水性油性皮肤一般洗脸后会感觉紧绷、干燥、发痒，需要充分补水保湿和舒敏，同时修复和加强受损的屏障功能。

1. 油性皮肤分析

（1）目测观察（放大镜下）。皮肤油腻光亮、晦暗、皮肤较厚、毛孔粗大、纹理粗糙，或出现粉刺痤疮。

（2）询问倾听。是否容易出现黑头粉刺、白头粉刺及其他痤疮，对外界刺激不敏感，不易过敏；是否使用油性皮肤产品，清洁的频率、水温是否正确，洗脸后皮肤是否会一直感觉紧绷、干燥、发痒；生活习惯及作息规律是否正常。

（3）触摸。皮肤触摸起来油腻、粗糙不光滑、不柔软。

（4）仪器检测

1）紫外线皮肤检测灯。皮肤大部分呈橙黄色荧光。

2）皮肤水分检测仪。皮肤水分含量正常，油分含量多。缺水性油性皮肤水分含量不足。

2. 油性皮肤的美容院护理

（1）护理要点

1）卸妆清洁。油性皮肤需要特别注重清洁，以保持毛孔通畅，减少痤疮的产生。面部应选用含油分少的温和卸妆水、卸妆泡沫、卸妆乳，眼周油脂少，应使用眼唇专用卸妆产品。清洁以能够清洁干净皮肤的同时不伤害皮脂膜为原则，可选用温和配方、清洁力度较强的无或少皂基、弱碱性、无油或少油分的清爽型泡沫、啫喱类清洁产品，或含少量果酸、水杨酸，具有控油和消炎杀菌功效的弱酸性温和清洁产品，以温和彻底地清除污垢、老化角质细胞和多余的皮脂。

2）去角质。油性皮肤比其他类型的皮肤更需要定期去角质。油性皮肤的角质较厚，耐受性强，适合几乎所有类型的去角质产品或仪器。由于油性皮肤毛孔易堵塞，容易滋生细菌，导致粉刺痤疮，所以应使用分子量小的果酸、水杨酸类酸性温和去角质剂，使有效物质深入毛孔，溶解和去除油脂和内容物，起到疏通毛孔、抑制痤疮丙酸杆菌的数量、促进角质层代谢和老旧细胞脱落、预防毛囊皮脂腺导管角化异常、粉刺的发生，以及光滑皮肤的作用。

3）按摩。按摩介质应选用轻质透气，不会堵塞毛孔，具有平衡油脂分泌、抗菌、镇静、保湿作用的油性皮肤专用面油或按摩产品，如荷荷巴油（溶解油脂）、葡萄籽油（天然收敛剂）、玫瑰果油（深层保湿，减少红肿）、石榴籽油（抗炎、抗氧化）等。避免使用含致粉刺成分的按摩介质。按摩时间不宜过长，以放松性穴位按摩为主，避免使用刺激油脂分泌的手法。

4）面膜。应使用添加保湿剂的控油补水型面膜，如泥膏状、啫喱状面膜，以及冷膜、软膜等。避免使用热膜、蜡膜。

5）爽肤。可选用含果酸、水杨酸等控油、收敛、抗氧化、抗炎作用的爽肤水来平衡水油，在补充水分的同时能收缩毛孔，促进角质代谢，对粉刺痤疮也有稳定的作用。

6）保湿控油。应选用无油、质地清爽、轻薄透气的水溶性或水包油型护肤品，既能控油又能补水保湿。如含透明质酸、维生素 B_5、甘油、神经酰胺、芦荟、柠檬、薄荷等保湿、修复、舒缓成分的补水保湿精华液，以及啫喱、乳液类保湿护肤品；油性皮肤趋于产生粉刺痤疮，适合使用含果酸、水杨酸、视黄醇、茶树、金盏花等成分的弱酸性润肤霜，其具有平衡酸碱度、控油、消炎杀菌、收缩毛孔、抑制痤疮丙酸杆菌繁殖、减少皮脂分泌、调节角质层代谢、预防和改善粉刺痤疮的作用。

（2）注意事项

1）避免使用含油分多的滋润型护肤品，以防堵塞毛孔，使皮肤更加油腻。避免使用含酒精、香料等刺激性成分的护肤品。

2）应根据皮肤当下的状况和需要选择去角质的产品和方法。进行物理性去角质护理时，应避开炎症性痤疮，果酸去角质时应避开炎症性痤疮破口处，以免过度刺激皮肤。

3）应使用温水洗脸。温水可适度洗去油脂。热水会洗去过多的油脂而使皮肤缺水，而过冷的水不易洗掉油脂和污垢。清洁时不应过度擦洗皮肤，否则会刺激油脂分泌。

4）热喷会刺激油脂腺的分泌，加重炎症性痤疮。如果护理使用含果酸、水杨酸等成分的产品，应避免使用喷雾。如果黑头粉刺难以去除，可根据需要用热毛巾短暂地热敷面部，帮助使毛孔松弛。

3. 油性皮肤的家居护理

（1）家居护理重点

1）卸妆清洁。卸妆清洁的重点与美容院护理类似。油性皮肤应特别注重日常的面部清洁，以保持毛孔通畅。清洁后的皮肤应恰到好处，既不油腻又不紧绷。早、晚和锻炼后应清洁皮肤。晚间可使用带柔和磨砂物质的清洁产品，白天使用较温和的洗面奶。不可带妆睡觉，应让皮肤呼吸。

2）去角质。由于去角质很大程度上取决于皮肤的耐受水平，所以去角质没有通用的频率。健康的油性皮肤的耐受性比其他类型皮肤强，可根据皮肤当下的状况、去角质产品和家护仪器的种类、产品说明书来进行去角质，建议每周 1~2 次，不能过于频繁。皮脂膜受损的油性皮肤不建议去角质，直到恢复健康为止。

3）补水控油。应根据季节和皮肤状况来选择护肤品。夏季油脂分泌旺盛，护肤步骤要简单，一般爽肤水和清爽型护肤品即可，以减少皮肤的负担；秋、冬季皮肤趋于干燥，可附加使用一些无油或少油的保湿产品。白天应使用抗氧化剂和清爽少油型补水控油产品，晚霜可使用柔肤水及具有控油成分的精华液，再加水溶性保湿、修复、美白产品。如果油性皮肤因皮脂膜受损而导致皮肤缺水、干痒、脱皮，应及时补充使用能锁住水分的保湿产品。

4）吸油纸。白天出油多时可用吸油纸吸除多余油脂，但不可太勤，每天 2~3 次即可。否则，只吸油不补水会影响皮肤的自然水油平衡功能，而水油失衡会造成皮脂分泌更加旺盛。

5）眼部保养。油性皮肤虽然油脂分泌旺盛，但眼周的油脂少，一年四季每天早晚都应使用眼霜来保湿、滋润眼部皮肤，预防产生皱纹，延缓衰老。

6）防晒。应选择无油、清爽型的防晒产品，并配合物理防晒。应避免油分过多的产品，以防堵塞毛孔，产生粉刺。避免长时间的紫外线照射，否则会刺激油脂分泌。

7）面膜。每周可使用 1~2 次控油保湿面膜，或清洁、去角质面膜。

（2）家居护理注意事项。油性皮肤若不注重护理、护理不当或滥用产品，容易造成两颊皮脂膜受损，皮肤缺水缺油、干燥甚至敏感，变成混合性皮肤状态。为了避免这类常见问题的出现，应注意以下几点。

1）避免过度清洁。皮肤具有自然水油平衡功能，皮肤清洁后在3 h内会重新分泌油脂。清洁过于频繁会洗掉保护层所需的脂质和保湿因子，刺激皮脂腺分泌更多的油脂来补充流失的油分，造成越洗越油的恶性循环。常见的错误认识是，皮肤油就应该用强效的洗面剂（如碱性香皂）来清洗油脂，而且洗完脸后皮肤不紧绷就觉得没有洗干净，这种情况多见于男性。应避免使用强效的洁面剂。

2）使用补水保湿产品。很多油性皮肤的人认为护肤品会使皮肤更加油光发亮，所以洗脸后不用护肤品，从而造成皮肤缺水。油脂分泌多不代表皮肤有充足的天然保湿因子，也不代表角质层含水量足够。为了平衡水油，皮肤干燥会刺激皮脂腺分泌更多的油分，从而使皮肤更加油腻。所以油性皮肤与其他皮肤一样也需要保湿，并且洗完脸后应立即使用保湿剂。亲水性的控油补水保湿护肤品可以平衡皮肤的水分和油分，从而减少油腻现象。

3）化妆品使用。应避免使用含油多的油性粉底、隔离霜、遮瑕膏等，以防毛孔堵塞。可选用通透性良好，具有平衡油脂作用的天然矿物质散粉、粉饼，以防止出油，使皮肤看起来哑光，且不易脱妆。

4）健康饮食。应尽量避免食用巧克力、奶油、肥肉等高油高糖、辛辣刺激的食物，经常食用这些食物会增加皮脂腺分泌，可能诱发和加重痤疮。应多吃新鲜水果、蔬菜及其他富含纤维的食物，多喝水，保持肠胃功能正常，防止便秘。

5）保持健康生活方式。熬夜、抽烟、喝酒等不良生活习惯，以及压力过大等因素会导致内分泌失调，使皮脂腺分泌旺盛，从而产生粉刺痤疮。应保持心情舒畅，养成良好的作息习惯，保证足够的睡眠。

四、混合性皮肤护理

混合性皮肤（combination skin）兼有油性皮肤和干性皮肤（或中性皮肤）的特征，主要表现为面部油脂分泌不均匀，T区的前额、鼻、口周、下巴部位呈油性，两颊和眼周则呈干性。大部分人都属于混合性皮肤。皮肤护理时没有一个能同时将皮肤干燥和多余油脂两个问题兼顾的产品，如适合干性皮肤的产品对T区太滋润，而适合油性皮肤的产品则会过度去除两颊的油脂，使皮肤变得干燥，甚至敏感。混合性皮肤如图4-86所示。

图4-86　混合性皮肤

混合性皮肤护理需要制定一个综合平衡的方案，总体来讲应着重保持水油平衡。健康年轻的混合性皮肤如果T区不太油而两颊不太干，可采用中性皮肤的护理方法，不需要做特别的分区护理。反之，如两种皮肤的特征十分明显，则应区别对待不同区域的皮肤，即多油的T区护理重点参照油性皮肤，着重彻底清洁和保湿，并使用控油防痘的保湿产品，以调节皮脂分泌，平衡皮肤酸碱度，保持毛孔通畅，以避免油脂、灰尘堵塞而诱发粉刺痤疮的生成；干燥的两颊部位护理重点参照干性皮肤，着重保湿滋润，并选择具有镇静、舒缓、保湿滋润作用及富含营养成分的护肤品，以适当补充皮肤的水分和营养，保持皮肤滋润，预防皱纹的形成。

1. 混合性皮肤分析

（1）目测观察（放大镜下）。T区纹理粗、毛孔较粗大、油光发亮，或有黑头粉刺、白头粉刺及其他痤疮；两颊部位纹理细腻、毛孔细小、有细纹或皱纹、毛细血管扩张；两颊和口周皮肤干燥、无光泽，或有片屑。

（2）询问倾听。洗脸后若不涂抹护肤品，是否约半小时后T区油腻，两颊却干燥或正常；是否容易在T区出现粉刺痤疮的同时干性部位却出现干燥、敏感的情况；是否夏季T区部位更加油腻，而两颊干燥部位却变得正常，冬季T区油脂量减少，而两颊干燥；是否使用不同的护肤品来区别对待不同的区域等。

（3）触摸。T区有油感或颗粒感，不平滑，其余部位皮肤触摸起来干涩、不柔软、弹性较差。

（4）仪器检测

1）紫外线皮肤检测灯。T 区呈橙黄色，其余部位呈浅蓝色或浅灰色。

2）皮肤水分检测仪。T 区含水量正常，油分含量较高；两颊和口周含水量较低，油分含量较少。

2. 混合性皮肤的美容院护理

（1）护理重点

1）卸妆清洁。可选用温和配方的卸妆乳，清洁力度较强的凝胶状、泡沫状、乳状清洁产品，清洁以不刺激、不干燥为原则。重点清洁 T 区油性皮肤部位，干燥处不重点清洁或一带而过即可。

2）去角质。此类皮肤由于 T 区油性部位的皮肤容易滋生细菌而产生痤疮，应定期去角质，方法与油性皮肤相同。其余部位应区别对待，方法与干性皮肤相同。

3）按摩。按摩应着重于面颊，加强深层按摩，促进血液循环及皮脂的分泌，结实面部肌肉，增加皮肤弹性；T 区部位不宜按摩过久，避免刺激皮脂腺分泌。按摩介质应使用不含致粉刺成分的保湿滋润产品。

4）面膜。根据皮肤的状况，可针对不同区域使用不同面膜。如 T 区部位可使用深层清洁的油性皮肤面膜，脸颊部位则可使用保湿滋养的干性皮肤面膜。

5）爽肤。T 区可选用补水控油型爽肤水，干燥部位可使用保湿滋润的柔肤水。

6）保湿润肤。应根据皮肤具体的干燥和油腻状况来选择护肤品。如果干燥和油腻状况一般，可使用含油脂少的中性皮肤保湿霜；反之，可在 T 区涂抹不含致粉刺成分的补水控油精华液、保湿乳，在干燥部位选择具有镇静、舒缓、保湿、滋润作用的精华液、乳霜、润肤油。

（2）注意事项

1）混合性皮肤兼具两种皮肤的特征，清洁时应顾及干燥的面颊处，滋润时则应顾及较油的 T 区。两种皮肤的特征特别明显时，切忌整脸只使用一种护肤品，否则会使油的地方更油，干的地方更干。

2）健康的混合性皮肤不需要额外的补水控油，正常护理即可。

3）对于健康的混合性皮肤，蒸汽的使用时间最好限制在几分钟。如果 T 区有炎症性痤疮、护理时使用果酸产品、两颊特别干燥，则不建议使用蒸汽。

3. 混合性皮肤的家居护理

（1）家居护理重点。护理时应根据两种不同皮肤的特征，必要时可分区护理。T 区参考油性皮肤家居护理，两颊参考干性皮肤家居护理。

1）卸妆清洁。每天早、晚洗脸，对 T 区清洁控油，疏通毛孔。清洁效果以清爽而不紧绷为宜。

2）去角质。应根据产品种类、产品说明书、皮肤当下的状况进行去角质。T 区可每周 1~2 次，两颊每周 1 次。不可过于频繁。

3）保湿润肤。应根据季节的变化和当下皮肤特点来变换使用护肤品，需要时分区护理。夏季可选含油脂少的中性、混合性皮肤产品，T 区可另外添加补水控油精华素；其他季节可在干燥处添加或使用含油分较多的滋润型护肤品。白天油脂分泌多时可用吸油纸吸去 T 区多余的油脂。

4）面膜。每周可做 1~2 次深层保湿面膜，不可过于频繁。

5）防晒。可选用轻质、不油腻的全天然物理性防晒产品，以防堵塞毛孔，同时做好物理防晒。需要时 T 区可用无油型产品，干燥部位可用含油多的滋润型产品。

6）化妆品选择。T 区容易掉妆，可选用不易掉妆和不堵塞毛孔的全天然矿物质粉底、散粉、无油基粉底。化妆前做好皮肤保湿工作，特别是干燥部位。

（2）家居护理注意事项

1）区别对待不同肤质，与美容院护理类似。

2）健康饮食和有规律的生活习惯。与对中性皮肤的要求类似。

五、不同年龄、性别、季节、种族皮肤特点护理

1. 不同年龄皮肤特点和护理

人的一生中从新生婴儿的娇嫩皮肤，到青春期青春痘的出现，再到晚年的多皱松弛皮肤，每一个阶段的皮肤厚度、角质层的功能、皮脂腺及汗腺的活性等方面会发生很大的变化，皮肤生理特点也有所不同。由于不同年龄段的皮肤都有其自己独特的需要，所以皮肤护理应根据各阶段不同的生理特点，采取不同的方法，选择适合皮肤的产品

来清洁、滋养、修复和保护皮肤，让皮肤维持健康和美丽。

（1）婴幼儿、少儿皮肤特点和护理（见图 4-87）

图 4-87　婴幼儿、少儿皮肤护理

1）婴幼儿、少儿皮肤特点。与成人相比，0~6 岁的婴幼儿与 7~12 岁少儿的皮肤主要有以下特点。

①皮肤含水量高、柔软、细嫩，同时皮肤较薄、弹性差。

②新生儿的皮脂分泌较活跃，随着年龄的增长，皮脂分泌量逐渐减少，婴幼儿、少儿的皮脂膜相对较弱，屏障功能不完善，抵抗力弱，对外来刺激的敏感性强，皮肤水分易经表皮流失，造成干燥甚至皲裂。

③汗腺分泌相对不活跃，分泌较少，排汗不畅，比成人更难以调节体温，抗高温能力差，易长痱子。

④免疫系统不完善，对细菌感染的易感性高，容易致敏，常出现婴幼儿特有的湿疹和尿布皮炎。

⑤黑色素生成很少，易被紫外线灼伤。

2）婴幼儿、少儿皮肤护理

①婴幼儿、少儿皮肤护理的重点是保持和修复皮肤天然保护屏障，以维持其完整性。同时维持表皮的清爽、洁净和湿润，避免、降低和预防外来因素的刺激。

②婴幼儿、少儿皮肤水分易经表皮流失，比成人更需要滋润保湿。每天洗完澡后要立即保湿，以免水分流失。应使用成分简单、保护性和安全性好、能增强皮肤屏障功能的保湿产品。

③婴幼儿、少儿皮肤娇嫩、容易干燥、敏感，要使用配方温和无刺激的婴幼儿专属洗护产品。应使用专用衣物洗涤剂，并让婴幼儿穿宽松的全棉衣服。应避免接触一般的洗涤剂、肥皂、周围环境

中具有刺激性或敏感性的物质。

④婴幼儿易生痱子，需保持皮肤干爽，特别是夏季。可在易出汗或潮湿的部位使用无菌植物油来清洁和保护皮肤，用温水擦洗皮肤褶皱处并涂少量爽身粉，保持干爽，以减少摩擦和预防细菌的滋生。

⑤婴幼儿、少儿对紫外线很敏感，要避免太阳暴晒。6 个月以上婴幼儿可使用物理性婴幼儿防晒品。

（2）青少年皮肤特点和护理

1）青少年皮肤特点。进入青春期后（13~17 岁），人体所有部位的器官、各系统的功能已发育成熟，皮肤的特点与成人相似。青春期的生理变化导致皮肤产生较大的改变，主要特点如下。

①血液循环良好，面色红润，皮肤含水量高，肤质光滑、细腻。

②真皮胶原纤维增多并变得致密，皮下脂肪丰富，使皮肤显得饱满、坚固、柔韧、有弹性。

③受荷尔蒙的影响，皮脂腺明显发达，分泌旺盛，易导致毛孔堵塞、毛孔粗大，易出现粉刺痤疮、毛囊炎等皮肤问题。

④汗腺分泌和新陈代谢旺盛。

图 4-88　青少年皮肤护理

2）青少年皮肤护理（见图 4-88）

①护理重点与油性皮肤相似，需要每天要做好基础护理工作，以保持皮肤清洁干净、毛孔通畅、水油平衡。

②注重皮肤的清洁，每日 2 次。可使用温和的油性皮肤洁面产品。每周做 1~2 次温和去角质，定期到美容院清除白头粉刺、黑头粉刺，有助于预防痤疮的形成。避免因为皮肤出油而过度清洁或大力摩擦皮肤。

③做好控油保湿，早、晚洁面后及时

补水保湿，保持皮肤水油平衡。可使用油性皮肤保湿产品，以清爽质地为主，避免较油腻的膏霜类护肤品。

④每日防晒，可使用物理性防晒剂。如果皮肤出现痤疮，参照痤疮皮肤护理方式。

（3）青年人皮肤特点和护理

1）青年人皮肤特点

① 20~30 岁。皮肤处于最佳时期。皮肤紧实、丰满、有弹性、含水量充足、光泽滑润；皮肤新陈代谢旺盛，细胞更新和自我修复能力强，整体处于年轻健康的状态。女性由于激素的影响，20 岁时皮肤达到最佳状态。25 岁以后新陈代谢、血液循环逐渐减慢，弹性纤维逐渐减少，皮肤越来越薄并逐渐开始老化，前额和下眼睑出现最初期的皱纹。此时期的皮肤没有太多细纹，但常见痤疮和雀斑，皮肤也容易受到各种内外因素的影响而变得不健康。

② 30~40 岁。皮肤逐渐呈现衰老迹象。皮肤生理老化一般从 30 岁左右开始，35 岁是皮肤老化的转折点，皮肤的新陈代谢继续减慢，胶原蛋白产生开始减少，皮肤的弹性和丰满度开始逐渐下降。角质层细胞的更新逐渐减慢，过氧化自由基增多，皮肤保持水分的能力降低，水分逐渐流失，导致两颊逐渐变得干燥、敏感。法令纹、鱼尾纹、眼周小细纹、皱纹、眼袋和黑眼圈等衰老迹象日趋明显。苹果肌逐渐下垂，皮肤开始变得灰暗无光泽，各种色斑变得明显。

③怀孕期。由于受激素水平变化的影响，皮肤易产生妊娠斑、黄褐斑、痤疮、湿疹、过敏等症状。体重的迅速增加易出现妊娠纹。

2）青年人皮肤护理

① 20~30 岁的年轻人应尽早建立基本的清洁、去角质、保湿和防晒护肤的习惯，以预防衰老，而且越早预防，抗皱的效果就越好。此时期若不尽早进行系统的保养，在年轻时没有显现出来的早期衰老迹象会在 30 岁以后恶化。

② 20 多岁的护理重点应该放在维持和防护上。应先保存皮肤固有的水分，适当补水保湿，以维持皮肤健康，预防和延缓皱纹的产生。可使用含透明质酸、维生素 E、芦荟等植物提取物、烟酰胺等保湿、滋养成分的护肤品，包括眼霜。注重防晒，以防光老化。

③ 20 多岁的年轻人皮肤娇嫩细腻，应选用温和的洁面产品。清洁和去角质不宜过

度，清洁时动作轻柔，不要过度摩擦皮肤，避免造成皮肤屏障因护理不当而受损害，水分经表皮流失，使皮肤干燥。护肤步骤应简单，不宜涂抹多层护肤品，过多的成分可能会刺激皮肤。

④ 20 多岁的油性皮肤皮脂腺分泌旺盛，应注意粉刺的产生和痤疮的暴发。可使用含果酸、水杨酸的清洁剂和护肤品，帮助加速角质层细胞更新，疏通毛孔，对抗粉刺。

⑤ 30~40 岁的护肤重点是提高抗衰老的能力，添加抗氧化剂和抗衰老产品，以维持皮肤基础，刺激胶原蛋白的产生，减少皱纹的产生。可添加抗皱纹、保湿滋润、紧致皮肤的视黄醇，含多肽、烟酰胺、神经酰胺、透明质酸等成分的精华素和护肤霜。

⑥减少压力，以防早衰。很多人在 30 多岁时承受着工作和生活的巨大压力，过大的压力会促进痤疮的暴发，影响皮肤的修复，并产生早期皱纹。

⑦怀孕期间应做好皮肤的保湿、防敏和防晒，控制体重和水肿，预防和减少妊娠纹的出现。

（4）中年人皮肤特点和护理

1）中年人皮肤特点

① 40~50 岁。此年龄段进入初老期，女性激素分泌越来越少，皮肤老化慢慢变得明显，光老化迹象开始呈现。皮肤新陈代谢变慢，天然保湿因子含量下降，角质层保水能力变差，皮肤屏障功能下降，皮脂腺和汗腺分泌功能降低，角质层细胞更新时间延长，皮肤逐渐变薄，并变得干燥、粗糙。

一般 40 岁开始出现额纹及眉间纹。真皮胶原蛋白和弹性纤维的合成减少、皮下脂肪减少、皮肤含水量降低，都会导致皮肤萎缩、松弛、下垂等衰老迹象更加明显，形成真性皱纹，毛细血管扩张也显得明显。

② 50~60 岁。弹性纤维逐渐老化，面部多皱且皱纹加深，出现鼻唇沟皱纹，皮肤组织已发生了不可逆的损伤，干燥、敏感等问题更加恶化。由于光老化原因，皮肤出现角质层增厚和不规则的色素斑点，开始出现老年斑。

2）中年人皮肤护理

①这个年龄段的皮肤护理以增加皮肤含水量、补充皮肤营养、修复皮肤屏障功能、刺激胶原蛋白和弹性蛋白产生、延缓皮肤衰老为主。

②定期进行皮肤护理可延缓皮肤衰老。护肤产品以保湿、抗衰为主，可使用功效性精华液、护肤品促进细胞活性，促进胶原蛋白的合成，减少皱纹的产生。更年期妇女避免使用刺激性功效护肤品，注意防止肌肤屏障功能受损。

③造成皮肤衰老的主要外部原因是紫外线。此年龄段随着皮肤天然抗氧化的防御能力开始减弱，皮肤无法像过去那样保护自身。所以，应注重使用抗氧化剂，以帮助皮肤免受紫外线影响，防止异常色素沉着，淡化黑斑，减少光老化迹象。每天使用防晒霜可减少光老化。

（5）老年人皮肤特点和护理

1）老年人皮肤特点

① 60 岁是皮肤老化的一个重要转折点。由于表皮细胞更新缓慢，导致角质层细胞大量堆积，皮肤变得干枯、暗黄、粗糙。对于老年人，皮肤干燥可发展成为老年性皮肤瘙痒症。

②皮肤松弛下坠恶化，口周见放射状皱纹，颈部、下颌部出现皱纹，手背皮肤薄且多皱纹。

③色素沉着斑块较多，老年斑加重。黑色素细胞减少，对紫外线的保护能力下降，易患皮肤癌。

④细胞再生能力下降，皮肤受到创伤后修复时间明显延长。

2）老年人皮肤护理

①护理重点以促进新陈代谢，刺激真皮胶原蛋白合成，清除氧自由基，保湿、润养、修复为主。

②老年人皮肤屏障功能较差，容易受到外来刺激而变得敏感、干燥，应加强保湿和皮肤屏障修复。应使用温和的产品清洁皮肤，每天使用含维生素 E、神经酰胺、透明质酸等具有修复、保湿作用且滋润度高的营养霜。

③可使用温和的果酸、视黄醇等产品来促进角化细胞的正常脱

落，淡化色斑，改善肤质，同时刺激胶原蛋白的产生，减少皱纹，促进抗衰老产品的渗透。

④定期的美容院护理按摩可促进皮肤的血液和淋巴循环，增加皮肤营养供给，锻炼面部浅层肌肉组织，增强细胞活力，增加弹性纤维活性，防止真皮乳头萎缩，有益于延缓衰老。

⑤老年人皮肤脆弱，抗紫外线的能力下降。每天早上使用抗氧化剂加强日常防晒，以预防癌前病变和皮肤癌的发生。

2. 不同性别皮肤特点和护理

男女皮肤在生理特点和结构方面有明显的不同，而直接影响肌肤的是雄性激素和雌性激素。青春期前的男女皮肤并无明显差别，青春期开始发育时，由于受雄激素和雌激素的不同影响，两性的皮肤开始出现明显不同的特点。因此，两性皮肤的护理重点有所不同。

（1）女性皮肤特点和护理

1）女性皮肤特点

①与男性相比，女性的皮肤较薄、细腻、柔软、娇嫩，更容易受损害。

②女性皮脂的分泌量比男性少，皮肤更容易干燥，毛孔相对细小，肌肤毛发较少。

③雌激素是影响女性皮肤的重要因素。女性皮肤在15~25岁时处于最佳状态。20岁时激素水平大致能保持均衡，皮下脂肪发达，皮肤光泽明亮、润滑、有弹性。

④除年龄以外，女性特有的生理特点也会影响皮肤的状况，皮肤会随雌激素分泌的周期性变化而有所改变。如月经期间皮肤特别敏感、粗糙，易生痤疮，而排卵期皮肤又变得光滑、美丽；妊娠期皮肤容易出现黄褐斑、痤疮，皮肤变得粗糙，而哺乳期色素逐渐淡化，皮肤又变得亮丽。

⑤女性皮肤血管收缩和扩张的调节能力比男性弱，更易患冻疮。随着年龄的增长，女性比男性更易患下肢静脉曲张。

⑥女性皮肤会随着更年期（通常在45~55岁）的到来、雌激素水平的下降而发生剧烈变化，皮肤自然老化加速，皮肤变得更差，干燥、松弛、色素沉积等衰老迹象进一步恶化。

2）女性皮肤护理

①对于女性而言，皮肤护理更加重要。女性的皮肤比男性更容易干燥、敏感、产生皱纹，更应注重补水保湿和抗皱。定期做按摩可帮助促进皮肤血液循环，增加皮肤营养和氧气的输送，促进新陈代谢，增加皮肤弹性，延缓衰老。

②女性比男性皮肤娇嫩、薄，更应注重皮肤屏障的维护和保护，以免产生问题皮肤。应该选择较温和的洁面产品，避免过度去角质，以免破坏皮肤的皮脂膜。女性的黑色素含量低于男性，皮肤比男性更易受紫外线损伤，更应注重日常的防晒工作。

③女性皮肤容易受到荷尔蒙变化而产生痤疮，可选用含有去角质、镇静和抗粉刺成分的产品，以预防和减少痤疮的形成。

④无论女性还是男性，都没有一个绝对的皮肤护理和保养措施。应根据不同的年龄段、不同皮肤类型、不同皮肤状况、不同季节来进行针对性的护理。

（2）男性皮肤特点和护理

1）男性皮肤特点

①与女性相比，男性皮肤的胶原蛋白含量较高，皮肤比女性厚约25%，防护能力较强，不易受外来因素的刺激。

②受雄激素影响，男性的皮脂腺和汗腺更活跃，平均油脂分泌量是女性的两倍，所以男性皮肤具有更好的先天性保湿功能。由于男性皮肤偏油性，毛孔较粗大，所以易堵塞毛孔，产生粉刺痤疮。皮肤毛发较多。

③男性的睾酮激素水平变化是影响皮肤衰老的主要激素因素。由于睾酮激素分泌水平在30岁后会每年缓慢下降约1%，总体来说变化不大，所以男性的衰老是逐渐和缓慢的。35岁以后，随着身体机能逐渐衰退，男性皮肤开始进入衰老期。男性皮肤衰老的迹象比女性出现得晚，但特征更加明显，皮肤更容易因脱水而干燥，产生细纹，显得灰暗和疲劳。

④黑色素含量比女性高，保护皮肤免受紫外线损害的作用比女性大。

2）男性皮肤护理

①男性的皮肤油分较多，更应注重日常的清洁，及时清除多余的油脂和污垢，保持毛孔通畅，以防粉刺痤疮、脂溢性皮炎等情况的发生。避免用碱性肥皂洗脸，以减少皮肤的紧绷感。

②男性通常不喜欢使用护肤品，皮肤通常处于缺水状态。男性也应注重皮肤补水保湿，使用控油保湿乳，以平衡水油，减少皮肤油光发亮的状况。

③男性通常喜欢户外活动，但又不喜欢使用防晒品，以免使皮肤看上去更加油腻或肤色不自然。男性在户外活动时应涂抹防晒品，以保护皮肤免受紫外线的伤害。可选用适合自己肤色的全天然矿物质防晒霜，既可控油，又不会堵塞毛孔，用后肤色看起来也比较自然。

④每天剃须容易产生假性毛囊炎（毛发向内生长），应注意正确使用剃须用品，以减少毛发向内生长。非一次性剃须用品要及时清洁和消毒，以防细菌滋生。每次剃须后应立即保湿，并可使用含水杨酸、果酸的产品清洁毛孔，消毒杀菌，减少假性毛囊炎的发生。

⑤男性通常不像女性那样害怕皱纹，较少使用抗衰老护肤品。所以，建议定期做专业深层清洁护理，以疏通毛孔、平衡水油、修复日晒的损伤。适当做面部按摩可促进血液循环，增加肌肉的弹性，使面部更加润泽、光滑和富有弹性，有利于延缓皮肤衰老。

3. 不同季节皮肤特点和护理

皮肤会随着季节变化而发生一定程度上的改变，因此，护肤品的选择和护肤重点需要根据季节、环境的变化适时进行调整。

（1）春季皮肤特点和护理

1）春季皮肤特点。春季气温逐渐变暖，早晚温差大，日照时间变长，紫外线强度增加；身体机能随气温变高而活跃，皮肤新陈代谢逐渐加速。春季万物复苏，春风使空气干燥，花粉飞扬，过敏原多，皮肤容易干燥及发生过敏反应，特别是过敏性和干性皮肤。

2）春季皮肤护理。春季的护肤重点是保湿、防晒和防敏。应选用具有较好保湿功效、油脂含量适中的护肤品，同时注意皮肤清洁，清除皮肤上的灰尘、花粉等过敏原。使用防晒霜不仅能保护皮肤免受紫外线的伤害，还能帮助隔离空气中的过敏原。春夏之交，气温偏高，皮脂腺和汗腺分泌增强，油性皮肤会更油腻，容易诱发痤疮，要注意保持皮肤表面洁净，毛孔通畅。

（2）夏季皮肤特点和护理

1）夏季皮肤特点。夏季气候炎热，皮脂腺和汗腺分泌旺盛，毛孔变得粗大，皮肤偏油性。过多的油脂容易吸附空气中的灰尘、细菌而导致毛孔堵塞，易诱发粉刺痤疮。夏季紫外线强，易引起日光性皮炎，产生或加重色斑、雀斑、黄褐斑。

2）夏季皮肤护理。夏季的护肤重点是控油补水、防护、修复。应选用温和的清洁剂，以免过多地去除油脂；白天应使用抗氧化剂、清爽透气和补水控油的产品，晚上可使用镇静、修复、美白的护肤品，避免使用滋润度过高的化妆品；每周可使用抗氧化、镇静和修复类面膜；油性皮肤注意保持干爽洁净，防止堵塞毛孔而形成痤疮；防晒在夏季非常重要，应涂抹清爽透气的防晒产品，外出时应做好物理防护，并注意避开上午 10: 00 至下午 2: 00 间的紫外线辐射高峰期。

（3）秋季皮肤特点和护理

1）秋季皮肤特点。秋季气温和空气湿度降低，早晚温差大，气候变得干燥，皮肤汗腺、皮脂腺分泌功能开始减弱，角质层易出现缺水现象，使皮肤变得干燥、敏感。秋天风沙大且尘埃多，容易使油性皮肤表面沾上灰尘而堵塞毛孔。

2）秋季皮肤护理。秋季的护肤重点是补水保湿、滋润。应使用保湿和滋润度较高的产品，适当增加皮肤的水分和油脂，全身也应使用润肤霜。秋季也是美白淡斑和修复的好时机，以修复夏天紫外线对皮肤的伤害。每周可做 1~2 次保湿滋润面膜。秋季紫外线依旧强烈，应注意防晒。

（4）冬季皮肤特点和护理

1）冬季皮肤特点。冬季气温低，寒冷干燥，新陈代谢降低，皮脂腺和汗腺分泌明显减少，皮肤血管收缩，加上空调和暖气环境，导致皮肤缺水缺油而变得粗糙、干燥、脱屑甚至皲裂。

2）冬季皮肤护理。冬季的护肤重点是增加皮肤的含水量和滋润度。应使用含油脂较多、保湿和滋润度较强的护肤霜、油膏、润肤油。每周可使用补水保湿滋润面膜。洗浴后立即使用润肤霜。应避免使用去脂强的洁面剂，以免洗去过多的油脂。冬季要注意保暖，避免出现冻伤。冬季也要使用防晒霜。可使用加湿器来增加室内的湿润度。

4. 不同种族皮肤特点和护理

人类根据其肤色、发色及形态、眼睛的颜色，大致分为白种人、黑种人和黄种人。黑色素是决定人类肤色的主要色素，肤色也与皮肤中的胡萝卜素和血红蛋白的含量有关。一个人的黑色素越多，皮肤越黑，越能免受紫外线的伤害。无论哪一种肤色，皮肤的总体结构和功能都非常相似，因此，护理的方式大致相似。但不同种族的皮肤在质地、黑色素的含量及分布、油脂腺和汗腺的分泌等方面存在一定的差异，并且各有各的优点和缺点。所以，不同肤色的护理重点有所差别。

（1）白种人皮肤特点和护理

1）白种人皮肤特点。白种人表皮层比亚洲人厚，但真皮层则较薄，含胶原蛋白和弹性蛋白较少，所以肤质较粗糙，抗衰老能力较低，皮肤老化迹象出现得较早。白种人皮肤的黑色素含量少，防护紫外线伤害的能力差，不易晒黑但易晒伤和产生色斑，容易产生光敏性皮肤病、光老化，得皮肤癌的风险高。肤色浅并略显粉红，皮肤瘀青较明显。白种人油脂腺和汗腺分泌比黑种人少，相对缺乏天然保湿因子，皮肤略偏干燥，但油性皮肤的问题较少。肤色白嫩的人更容易患玫瑰痤疮。

2）白种人皮肤护理。白种人的皮肤护理重点为保湿、防晒和抗衰老，需要用保湿和滋润度较高的护肤品，并需要比黑种人和黄种人更早地使用抗衰老产品，以防止皱纹过早出现。防晒是白种人皮肤护理的重中之重，以降低产生皮肤癌的风险。

（2）黑种人皮肤特点和护理

1）黑种人皮肤特点。黑种人的角质层和真皮层较厚，不易受到外界刺激因素的影响，不易致敏，含有更多的胶原蛋白和弹性蛋白，比其他肤色的人看起来更加年轻，肤质更加细腻，弹性更好，皱纹较少，抗衰老能力最强，衰老迹象出现得晚，皮肤最为强壮。黑种人皮肤的天然神经酰胺含量相对较低，这种天然修复和保湿物质的缺乏会影响皮肤的水合作用，皮肤容易干燥，经皮水分丢失（TEWL）比白种人高。黑种人皮肤的黑色素含量高，能为皮肤提供更多的防晒保护，抵抗紫外线的能力最强，不易发生日晒伤、光老化，且很少出现皮肤癌，但容易产生炎症后色素沉着、黑眼圈、肤色不均匀、凸型疤痕。黑种人油脂腺和汗腺数量比白种人多，分泌旺盛，皮肤偏油性，容易产生痤疮、皮炎、湿疹等问题。

2）黑种人皮肤护理。黑种人痤疮愈合后容易留下色素和疤痕，皮肤护理应以清洁、补水控油、去角质为主，以预防痤疮、皮炎等皮肤病的发生。可使用含果酸、视黄醇、维生素 C、熊果苷等成分的产品，既能增强皮肤的亮度，又能深层清洁皮肤，预防痤疮的形成。黑种人皮肤容易干燥，应注重保湿，可使用含神经酰胺、透明质酸、荷荷巴油等成分的保湿品。黑种人也同样要注意防晒，以防肤色不均匀和色素沉着更加恶化，可使用与肤色相近的着色矿物防晒产品。

（3）黄种人皮肤特点和护理

1）黄种人皮肤特点。黄种人的黑色素含量以及防晒能力介于白种人和黑种人之间，比白种人容易晒黑。与其他肤色的人相比，黄种人的表皮层较薄，透明度高且柔软细腻，但防御能力较差。真皮层比白种人厚，与黑种人类似，含有更多的胶原蛋白和弹性蛋白，皮肤的神经酰胺含量最高，保水能力好，油脂分泌旺盛，所以皮肤较为光滑细腻、紧致、有弹性，皱纹出现得较晚，抗衰老能力比白种人强。但是黄种人的面部皮肤水分含量比白种人低，同时经皮水分丢失（TEWL）较高，皮肤敏感性高于白种人，容易对化妆品产生不良反应，容易产生黄褐斑、痤疮，以及炎症后色素沉着和疤痕，色斑更为明显。皮肤癌较罕见。

2）黄种人皮肤护理。黄种人皮肤的护理重点以深层保湿、抗衰老、美白和防晒为主。由于黄种人皮肤较为细腻，容易敏感，在选用护肤品时应注意产品的种类和成分，并依皮肤种类和当下皮肤状况来选择适合自己的产品。在使用产品时要注意是否会产生过敏反应，如发生过敏，立即停止使用。

第五章
化妆基础

第一节

化妆师职业发展指引

化妆能美化容颜、弥补缺陷、提振精神和增强自信，是重要的美容手段。化妆不仅是美容和形象设计专业学生最喜欢学习的职业技能之一，更是现代女性都想掌握的生活技能。在美容行业，生活化妆是美容师必须掌握的基本技能，美容师的职业能力要求美容师不仅能为顾客提供面部和身体护理，还能为顾客美化容颜及提升形象。世界知名美容组织 CIDESCO、ITEC 等国际美容师认证考核和我国的《美容师国家职业技能标准》都对化妆技能有明确的要求，化妆技术也是世界技能大赛美容项目的考核技术模块之一。

美容业在国内的发展已有几十年的历史，并已细分为美容、美体、化妆、美甲、美睫及文绣等不同市场领域和专项职业。不同的职业对专项能力的要求不同，从业人员职业发展途径不同，有的在称呼上也有所区别，如从事化妆专项职业的美容师，也被称为化妆师。国内职业院校美容与形象设计专业普遍开设了美容、美体、化妆、美甲及文绣等相关课程，学生可以根据自己的喜好和能力擅长选择不同的职业发展方向。

本节重点介绍化妆师的职业能力素质要求，职业发展方向与发展要素，旨在为学生认识和选择化妆作为职业时提供指引。

要点提示

1. 了解化妆的基本概念及主要分类。
2. 了解化妆师的职业定义及能力要求。
3. 了解化妆师的职业发展途径。

关键术语

生活化妆　表演化妆　人物形象设计

一、化妆职业简介

1. 化妆的目的和意义

当今社会，无论是走亲访友、日常上班还是参加各类社会活动，人们越来越重视自我形象的塑造与管理。将自己的容颜描画得精致漂亮是热爱生活的表现，也是对社交对象的尊重。化妆已成为女性最基本的社交礼仪和职场礼仪，化妆师也因此成为现代服务业中不可或缺的时尚职业。

2. 化妆师的职业定义

广义来讲，化妆师是指在婚纱影楼、形象设计工作室、产品销售专柜、影视舞台等相关化妆造型服务场所为顾客提供专业化妆、发型造型、服饰搭配、美甲设计等服务的专业人员。

狭义来讲，化妆师是指运用化妆专业工具和产品，根据人物对象活动场景及角色需要，对其面部及五官进行美化与修饰，从而塑造各种人物形象的专业人员。

3.“化妆”与“化装”的区别与联系

学习化妆经常会遇 “化妆”与“化装”两个概念，它们都具有对面部进行装扮和修饰的意思，但使用范围却有所不同，化妆师执业范围也有所不同。

《广韵》曰：“粧（同‘妆’），粉饰也。” 指古代女子将米碾成极细的粉末来粉饰脸部， 使面部皮肤显得白皙、细腻。如今“妆”特指女性的面部修饰及梳妆打扮。《说文》中将“装”解释为“裹”，是包裹、行囊的意思，即如今所说指的行装。

由此可见，“妆”“装”二字在造字之初就音同意不同。“化妆”主要指人们日常在生活中单纯地对容貌进行修饰，而“化装”则是指在时尚综艺、戏剧戏曲、影视舞台等不同的表演类型中，依照人物角色形象塑造的需要，在皮肤、指甲、毛发及服饰等方面进行整体外部形象的塑造，凸显其身份、年龄、性格及个性气质等特征。

4. 化妆的类型

化妆根据不同的场合、目的和用途，分为生活类化妆和表演类化妆。

（1）生活类化妆。生活类化妆是指人们在日常生活和工作情境中，对面部容貌进行修饰和美化。其主要目的是修饰肤色及五官的不足，扬长避短，凸显个人气质，美化容颜，增添自信及个人魅力。生活类化妆包括生活日妆、职业妆、新娘妆、晚宴妆、节目主持人化妆、主题派对化妆、庆典活动化妆等。

（2）表演类化妆。表演类化妆也称艺术造型化装，是根据艺术作品中对特定人物角色塑造的需要，结合演员本人的实际条件，采用相应的材料和造型手段进行人物形象塑造。它包括影视化装、戏曲化装、歌舞剧化装、舞台表演化装，以及艺术彩绘等。这类艺术造型化装强调技艺并重，要求化妆师具有较深的艺术功底，除了能对面部进行美化和修饰之外，还能利用特殊材料和特效化装造型技术刻画人物的头面部特征，生动地表现人物的生理年龄、性格气质、情绪心理等个性特征，增强艺术作品形象的感染力。

5. 化妆与人物形象设计的关系

人物形象设计是指根据人物对象活动场景及角色需要，结合其职业身份、性格特征、外貌特征等，在服饰搭配、化妆、发型、美甲、礼仪等方面对人物对象进行整体设计与包装，塑造出更加得体、展现个性气质特征的美好形象。

人物形象设计分为生活化人物形象设计和艺术化人物形象设计两种类型，两者的专业设置方向及对从业者的能力素质要求不同，就业方向也不同。

生活化人物形象设计主要包含日常生活的形象设计以及政务、商务等职业的形象设计。要求化妆师具有较高的文化艺术修养、视野见识与沟通能力，掌握服饰搭配、化妆造型、发型设计等知识与技能，就业方向包括形象设计工作室、婚庆、艺术摄影等机构。

艺术化人物形象设计包含影视、戏剧舞台等艺术作品中人物角色的形象设计，对化妆师的文化水平及艺术功底要求高。化妆师必须掌握化装塑型、毛发制作等专业技术，并懂得舞台美术设计、戏剧服装设计等知识，就业方向为影视、戏剧舞台等艺术表演领域。

二、化妆师的职业能力

化妆师从事的是有关人物形象视觉艺术的工作，其涵盖的专业知识与技能要求更侧重于艺术设计方向，化妆师职业能力中的审美素养与创新精神比单一的某种造型技巧更为重要，是立足于时尚行业领域不可缺少的核心能力。化妆师的职业能力主要体现在以下几个方面。

1. 化妆师应掌握的知识

（1）掌握色彩、素描等化妆设计基础知识。

（2）掌握化妆设计的专业理论知识。

（3）了解一定的服饰搭配、发型设计等有关人物整体形象设计的基础知识。

（4）了解皮肤护理基础知识和化妆品基础知识。

（5）熟悉日化线彩妆及专业线彩妆品牌，掌握其产品性能特点。

2. 化妆师应掌握的技能

（1）掌握色彩、素描基础绘画技法和化妆设计表现技法。

（2）熟练操作日妆、新娘妆、晚宴妆、摄影妆等生活化妆。

（3）能运用电吹风、卷棒等工具进行新娘、晚宴等造型的发型造型。

（4）能根据服装的颜色及服饰风格进行妆面的颜色搭配及化妆造型。

3. 化妆师应该具备的综合能力

（1）具有良好的观察力、想象力和创新能力。

（2）具有一定美学修养及审美鉴赏能力。

（3）具有国际化视野及把握时尚的能力。

（4）具有较强的化妆实施表达能力。

（5）具有良好的语言表达与沟通能力。

三、化妆师的职业发展途径

1. 化妆师的职业发展方向

不同市场、不同岗位对化妆师的能力素质要求有所不同，化妆师可以根据自己的喜好和能力擅长选择自己的职业发展方向。生活类化妆主要的就业岗位及发展途径如下。

（1）化妆品销售行业。彩妆作为化妆品的重要组成部分，销售分为线上和线下。线下销售是指彩妆的专柜销售，是靠化妆师的专业技术及销售技巧带动顾客进行体验的销售方法；线上销售是指彩妆的网络销售，是靠电商以虚拟试妆、直播带货等方式分享推荐产品、激发客户购买欲望及引发购买行为的一种营销方法。

在彩妆零售行业中，随着消费者对彩妆消费的热情高涨，销售渠道不断丰富，国际品牌旗舰店、直营店在国内的发展趋势向好，以及国内知名彩妆品牌呈现多元化的经营模式，都为有志于从事彩妆销售的化妆师提供了广阔的职业发展空间。

彩妆销售是顾问式销售，其岗位要求化妆师掌握扎实的化妆知识与技能，具有一定的消费心理学和销售知识，掌握一定沟通及销售技巧。工作经验丰富且具有较强综合能力的化妆师可晋升为柜长、主管、培训师、品牌经理、培训经理等职位。

（2）职业培训学校或职业院校。在化妆及形象设计职业培训市场和中职、技校、高职等职业院校教育领域，化妆教师的主要工作职能是为学员提供化妆专业教学服务。

化妆教师岗位要求掌握扎实的美术知识、化妆专业理论知识和绘画技能，具有丰富的化妆经验，掌握现代化的教学培训与传播手段，并获取相应的教师资格。

（3）婚庆机构。婚庆化妆主要是在举行婚礼庆典过程中为新娘、新郎和伴娘等提供化妆服务。婚庆化妆师主要在婚庆机构、化妆造型网络平台、化妆工作室等从事化妆造型工作。婚庆化妆属于特定情境的人物造型，要求化妆师能根据婚庆主题和人物特征进行整体化妆、发型造型和礼服及饰品搭配。

（4）艺术摄影机构。在艺术摄影机构，为拍摄个人形象照、毕业照、婚纱摄影照、孕妇照、宝宝照、全家福、纪念照，以及各类主题风格写真照艺术照，对人物进行化妆造型，要求化妆师能理解摄影作品要表达的艺术风格，具有一定的摄影艺术创作能力。

（5）化妆工作室。化妆工作室形式多样，规模大小、业务方向各异，大部分是以与独立化妆师合作的模式经营。业务主要包括承接庆典活动、文艺表演、婚庆、宴会、广告宣传、时装发布、时尚期刊、品牌代言等各类造型活动，有的工作室还开展婚纱、礼服及饰品租赁业务，以师带徒的方式开展化妆培训等。

化妆工作室对合作的独立化妆师的业务能力要求比较全面，要求能独立胜任生活中各种活动场景人物的妆发及整体造型。同时，还须具备良好的营销意识和作品宣传推广能力，能进行化妆作品的后期制作和渠道推广，积累良好的人脉及客户资源以确保工作室的可持续发展。

2. 化妆师职业发展要素

（1）不断提高业务水平。化妆师要有追求卓越的工匠精神，在专业技术上精益求精、持续精进，努力将每一件化妆作品都做成艺术精品，让更多的人认识和了解自己的业务水平，良好的口碑才是确保业务持续增长的最佳途径。

（2）不断提高文化艺术修养。化妆属于艺术设计范畴，对于已经掌握化妆技术的化妆师来说，其业务水平的高低更多是眼界、视野、文化艺术修养的体现。化妆师应将提升自己的文化艺术修养、开阔视野作为终身学习的课题，学会从音乐舞蹈、影视作品、绘画作品、民间艺术等多种文化艺术形态中汲取养料，注重学习积累与业务相关的服饰、美容、发型，以及摄影艺术等人物形象设计知识。

（3）拓展业务合作范围。人物形象设计是一项综合型项目，通常由化妆师、发型师和服装设计师协同完成，平面摄影作品的宣传推广还与摄影师与平面设计师密切相关。因此，化妆师要有意识建立和拓展自己的合作团队并经营好人脉关系，只有合作共赢才能确保自己的化妆事业蒸蒸日上。

第二节 化妆产品与工具

“工欲善其事，必先利其器。”完美的妆效需要好的产品与工具保障。化妆产品和工具是否选择正确，其质量的优劣以及是否干净卫生对化妆效果都有直接影响。化妆师只有了解化妆产品与工具的种类、特点及其作用，熟悉各品牌产品性能特点，并能正确地选用和保养，才能更有效地实施化妆技能，使妆容达到理想的效果。

在准备化妆产品与工具时应遵守化妆操作的安全卫生规范，该规范是化妆师在准备工作和操作过程中应遵守的职业规范，贯彻于个人卫生、工具消毒、产品使用、操作流程中。遵守安全卫生规范是化妆师和顾客的健康安全需要，也是化妆师必备的职业素养。

从本节起，本书将系统、循序渐进地介绍化妆基本常识、化妆的操作程序与方法，为初学者学习掌握化妆知识和操作技能打下扎实的基础。

要点提示

1. 了解化妆操作的安全卫生规范。
2. 了解化妆所需的产品。
3. 了解化妆所需的工具。

关键术语

化妆卫生规范　化妆产品　化妆工具

一、化妆操作的安全卫生规范

1. 化妆卫生规范要求

化妆过程中的安全卫生规范主要体现在化妆师的个人卫生要求、产品工具使用的卫生要求、工作环境和操作区域的卫生标准 3 个方面。

（1）化妆师的个人卫生要求。化妆师养成良好的个人卫生习惯能有效地预防感染，树立良好的职业形象。化妆师个人卫生要求参见基础知识职业素养相关内容。

（2）产品工具使用的卫生要求

1）产品使用的卫生要求

① 严禁使用过期、变质的化妆产品。

② 操作前观察顾客皮肤状态，严重痤疮皮肤、皮肤炎症及皮肤破损者不适宜化妆，过敏性皮肤应选用不含刺激成分的纯天然化妆产品。

③ 为了避免造成产品的二次污染，在取用化妆产品时不能用手直接接触产品，应

使用调棒、棉棒等工具取用，取完应立即盖好盖子。若取出的产品未用完，不得放回产品容器中。

2）工具使用的卫生要求

①化妆箱里外、工具及产品容器应保持清洁，收纳及摆放井然有序。

②操作时，工具应摆放在一次性纸巾上（消毒工具范围内），并随时保持安全、整齐和取放方便。

③棉片、棉棒及海绵棒等一次性用品用后即弃，不与干净的工具混放。

④非一次性接触用品如海绵、粉扑、刷具等应做到一客一洗、一客一换。

⑤化妆海绵最好是一次性使用，若需反复使用，用后应以温水及洗洁剂洗涤，置于消毒剂浸泡后晾干，或放入消毒柜中消毒。

⑥化妆刷定期用以酒精为基底的清洁剂清洗，并经常放入消毒柜消毒。

⑦眉钳、修眉刀、眉剪、调棒及化妆盘等工具，在使用前应用酒精或消毒液进行消毒，也可以放入在盛有酒精或消毒液的容器里消毒，或放入消毒柜消毒。

⑧化妆过程中不可将工具放入衣服口袋中使用，若工具不慎掉落，拾起后应消毒才能使用。

⑨化妆结束应及时清洁消毒用品用具，有序地将其收纳并放进化妆箱，将化妆箱存放于阴凉处。

（3）工作环境和操作区域的卫生标准

1）工作环境内禁止饮食和吸烟。

2）化妆环境的光线、温度、通风，以及卫生状况应符合《公共场所卫生管理条例》的规定。

3）操作台在化妆前后要进行清洁消毒，地面和工作台面要保持整洁。

4）操作区域应放置垃圾桶，化妆完毕后应及时清倒。

5）化妆结束后应对操作区域进行清洁整理，将物品归还到位。

2. 预防交叉感染的方法

在化妆过程中，可能出现的外源性交叉感染，主要是通过顾客与化妆师之间、顾客和顾客之间、顾客与工具之间、顾客与产品之间的接触而引起的。化妆师应通过清洁、消毒、灭菌等方法来预防感染，不为患传染病或严重皮肤病的顾客提供化妆服务，可有效避免外源性感染。

二、化妆产品与工具

1. 化妆产品

（1）底妆产品

1）妆前产品。常见的妆前产品有隔离霜和妆前乳。妆前产品一般具有隔离彩妆、保护皮肤、调整肤质状态、修饰肤色，以及平滑肌理等作用。根据不同肤质特点，选择不同功能的妆前产品，可以有效改善上妆的状态，令妆容更加贴合。如控油型妆前乳适合油性皮肤，保湿型妆前乳适合干性皮肤。不同颜色的妆前乳可以起到调整均匀肤色的作用。如绿色的妆前乳适合修饰泛红的皮肤，紫色的妆前乳适合修饰偏黄的皮肤，蓝色的妆前乳适合提亮肤色、减淡暗沉，如图 5-1 所示。

图 5-1 妆前乳

2）粉底产品。粉底产品的主要作用是调整肤色、遮盖瑕疵和修饰面部轮廓。部分粉底产品还有隔离、防晒和保湿的作用。专业粉底产品在色彩及品类方面都更加丰富，可以根据不同肤色进行调色和塑造面部立体感。根据产品成分中粉质、油脂、水的含量，以及质地和遮盖力的不同，一般把粉底产品分为粉底膏、粉底液和粉底霜 3 大类。

①粉底膏。粉底膏是一种质地比较致密的固体粉底产品（见图 5-2），粉质和油脂含量多，具有较强的遮盖力，是修饰面部轮廓效果最显著、妆效最持久的粉底产品。粉底膏主要用于强光下比较

图 5-2 粉底膏

隆重场合的妆面，如晚宴妆、舞台妆等浓妆，一般使用潮湿的化妆海绵来涂抹。在卸妆时需要用卸妆油或清洁力强的卸妆产品才能彻底清洁干净。

②粉底液。粉底液呈半流质状，粉质和油脂含量相对较少，具有质地轻薄、水分和保湿成分含量较高、容易涂抹等特性，适用范围较广，常用于日常生活及自然光线下清透自然的淡妆。粉底液可用湿海绵或粉底刷上妆，也可用手直接涂抹上妆。粉底液一般有瓶装粉底液（见图 5-3）和便携式气垫粉底（见图 5-4）两类，常见的有亚光型、滋润型、珠光型等不同效果的粉底液。

图 5-3 粉底液

图 5-4 便携式气垫粉底

图 5-5 粉底霜

③粉底霜。粉底霜的质地介于粉底膏和粉底液之间，比粉底膏轻薄，比粉底液浓稠，遮瑕和滋润效果较好，延展性较好，易于涂抹。粉底霜可使用湿海绵或粉底刷上妆，应用范围较广，影视妆、日妆、新娘妆和晚妆等都常用，如图 5-5 所示。

3）遮瑕产品。遮瑕产品根据质地不同分为遮瑕膏和遮瑕液两类，主要用于遮盖黑眼圈、色斑、毛孔、细纹等皮肤瑕疵。不同颜色的遮瑕产品其作用有所不同，如绿色用于遮盖面部红血丝及痘印，暖橘色和深浅不同的肉色可以用于遮盖黑眼圈、色斑、伤疤等瑕疵及文绣痕迹。

①遮瑕膏。遮瑕膏是一种质地稠密的固体膏状遮瑕产品，性质较干，适合与粉底膏、粉底霜一起使用，如图 5-6 所示。

②遮瑕液。遮瑕液是一种质地比较轻薄，较为滋润的液体状遮瑕产品，适合与粉底液一起使用，如图 5-7 所示。

图 5-6　遮瑕膏

图 5-7　遮瑕液

4）定妆产品。定妆产品的主要作用是固定底妆，防止晕妆，使妆容更持久。常见的定妆产品有蜜粉、粉饼、定妆喷雾等。

①蜜粉。蜜粉又称散粉，呈松散粉末状，可使用定妆粉刷或粉扑来定妆。蜜粉可吸收脸部多余油脂，避免脸部出现反光，并且可隐匿毛孔，细致皮肤。蜜粉通常有珠光和亚光两种质地，有透明色、自然色、紫色、粉色等多种颜色，可根据不同的妆面需要来选择使用，如图 5-8 所示。

图 5-8　蜜粉

②粉饼。粉饼粉质含量高，胶合压缩成饼状，粉质紧实细腻，小巧精致，便于随身携带。粉饼常用于简便快捷的日间化妆，或定妆和脱妆后的补妆。有些粉饼具有干湿两用功能，干用时直接取用，起到定妆、补妆效果，湿用时将盒内的海绵扑

润湿后取粉，增强遮盖力，达到一定的粉底效果，如图 5-9 所示。

③定妆喷雾。定妆喷雾用于整妆完成后，起到锁妆锁色、防止脱妆、使妆容持久的作用。有些定妆喷雾还具有控油、保湿的功效，如图 5-10 所示。

图 5-9　粉饼

图 5-10　定妆喷雾

5）修容产品。修容产品最常见的就是修容饼（见图 5-11），主要用于加强面部立体感。修容饼由深肤色和浅肤色的块状粉饼组合而成，浅色用于提亮肤色，深色则用于表现面部的阴影，通过调整面部的明暗色调关系来强调凸显与收缩的视觉效果，增加面部及五官的立体感。

图 5-11　修容饼

（2）眼妆产品

1）眼影产品。眼影能起到增加眼部神采、改善眼型轮廓，以及增强眼部立体感等修饰作用。依据材料质地的不同，眼影可分为粉状眼影、膏状眼影和液状眼影。粉状、膏状眼影如图 5-12 所示。

图 5-12　粉状、膏状眼影

①粉状眼影。粉状眼影是目前使用最为普遍的一种眼妆产品。粉状眼影具有质地细腻、上色均匀、延展性与叠加性好等特点。粉质眼影一般分为珠光和亚光两种

质地。

②膏状眼影。膏状眼影呈固体膏状，油脂成分较多，具有上色快、容易涂抹、色彩饱和度较高、色彩还原度较好、容易表现艳丽有质感的眼妆效果等特点。一般在定妆前使用。

③液体眼影。液体眼影呈液态，可以直接用手指涂抹，具有简单快速、延展性好、具莹润质感等特点。

2）眼线产品。眼线产品用于加深睫毛根部颜色，勾画眼型轮廓，使眼神更加明亮，或用于表达造型效果。由于眼部皮肤比较敏感，化眼线时应选择质地柔软、易上色、不易脱妆、无刺激的产品。常见的眼线产品有眼线笔、眼线液笔、眼线膏等，如图 5-13 所示。

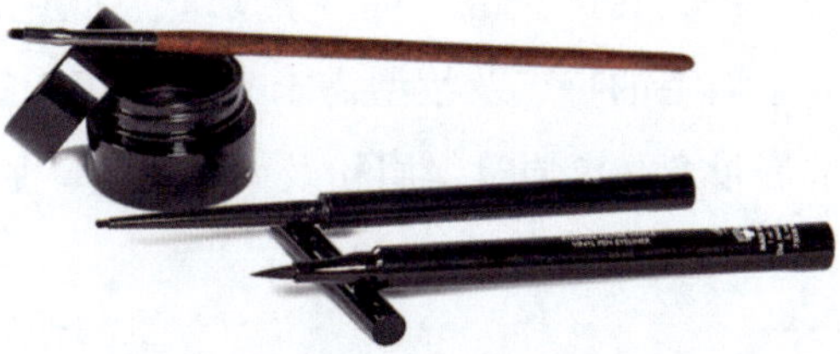

图 5-13　眼线笔、眼线液笔、眼线膏

①眼线笔。眼线笔外观形态为铅笔状，笔芯柔软，对眼睛刺激小。在使用时应将眼线笔头削成圆形且无尖锐角，笔头不宜过长，以防折断。用眼线笔描画眼线简单易操作，颜色柔和易晕染，比较适合初学者。

②眼线液笔。眼线液笔外观呈细管状，内部笔芯为液体质地，笔尖是毛笔状细刷头。眼线液笔画出的眼线轮廓分明、不易脱妆、表现力强。因笔锋细软，在使用时有一定的难度，须掌握一定技巧才能将眼线画得清晰、流畅。

③眼线膏。眼线膏为固体膏状，需要使用眼线刷描画，表现力强。使用眼线膏描画眼线时，可先将眼线刷沾取少量水来保持润泽，确保使用起来丝滑流畅、线条清晰。在眼线未干时，还可结合眼影晕染出明暗层次。

3）睫毛产品。睫毛产品用于修饰睫毛，具有增加睫毛长度和密度、固定形状等作用。让眼睛更有神采。常见的睫毛产品有睫毛膏、睫毛定型液等。

①睫毛膏。睫毛膏可以增加睫毛的长度及密度（见图 5-14）。大部分睫毛膏中添加了天然或合成短纤维，不但可以增

图 5-14　睫毛膏

加睫毛的长度和密度，还可改变睫毛的走向。睫毛膏主要有黑色与棕色，特殊的妆容也会用到彩色睫毛膏。睫毛膏根据功效的不同可分为纤长型睫毛膏、浓密型睫毛膏与防水型睫毛膏等。

② 睫毛定型液。睫毛定型液用于持久固定卷翘的睫毛，一般在睫毛夹夹翘睫毛后使用。因其质地细腻轻盈，也可单独涂抹使用，达到无妆感的效果。睫毛定型液与睫毛膏配合使用，可使睫毛更加浓密纤长，根根分明，且持久定型。睫毛定型液常见的有透明色和黑色。

（3）眉妆产品。眉毛的形状、颜色及浓密稀疏等存在个体差异，化眉毛时应根据原生眉毛的特点及妆型需求来选择相应的产品，塑造出自然、真实的眉妆效果。常见的眉妆产品有眉笔、眉粉及染眉膏等。眉粉、眉笔如图 5-15 所示。

图 5-15　眉粉、眉笔

1）眉笔。眉笔可用于勾画眉型、填充眉色及增加眉毛立体感。眉笔有拉线、刀削和自动等多种形式。常用的颜色有灰色、黑色和棕色。笔芯的软硬度也有所不同，笔芯削成扁平状或鸭嘴形更便于描绘。

2）眉粉。眉粉的外观与眼影粉相似，通常由两种及以上的棕黑色系构成。眉粉具有易于晕染、附着力强、色泽自然柔和的特点。眉粉与眉笔结合使用，可使眉毛的形与色融合自然、立体生动。

3）染眉膏。染眉膏可以起到暂时性改变眉毛颜色的作用，染眉膏的外观与使用方法和睫毛膏相似，通过螺旋刷将膏体附着在眉毛根部。染眉膏颜色主要有黑色系、棕色系和棕黄色系等，特殊妆容也可选择金色等染眉膏。

（4）腮红产品。腮红是面颊修饰的主要产品，能起到增加颜面气色、修饰脸型轮廓及增强脸部立体感等作用。腮红可依据质地分为粉状腮红、膏状腮红和液状腮红。粉状腮红、液状腮红如图5–16所示。

图5–16　粉状腮红、液状腮红

1）粉状腮红。粉状腮红材质与眼影相似，需要借助腮红刷上妆。常用的有暖调橘色系和冷调粉色系。粉状腮红材质可分亚光型和珠光型，可根据不同的妆型选择适合的材质与颜色。

2）膏状腮红。膏状腮红呈膏体状，含油脂成分较高。膏体柔软具有滋润性，一般在定妆前使用，可借助海绵或直接用手上妆，具有妆效自然、剔透、润泽，能够呈现肤质的自然光泽等特点。

3）液状腮红。液状腮红呈液体状，质地水润清透。液状腮红一般在定妆前使用，因为有速干特性，在操作时有一定的难度，不易涂匀，可用手指沾取液体腮红快速上妆，妆效自然、持久。

（5）唇妆产品。唇妆产品用于修饰嘴唇，起到滋润唇部及增加唇部色彩等作用。依据质地，唇妆产品可分为唇膏、唇彩及唇线笔，如图5–17所示。

图5–17　唇膏、唇彩、唇线笔

1）唇膏。唇膏又称口红，用于改变唇色及修饰唇形。唇膏种类多样，根据包装的不同可以分为管状唇膏和块状唇膏，根据膏体配方不同可以分为雾面和光面。雾面唇膏属于亚光材质，具有遮盖力较强、无光感及妆效持久等特性；光面唇膏中蜂蜡和植物油含量较高，具有材质柔软、颜色丰富、易于涂抹及富有光泽等特性。

2）唇彩。唇彩分为唇釉和唇蜜，呈黏稠液体状。唇釉虽为液体状，但显色度和色彩饱和度可以达到与唇膏相近的效果，亚光或亮面的唇彩有上釉般的质感，故称唇釉。唇蜜一般显色度较弱，通常用于提亮及增加嘴唇的光润程度。

3）唇线笔。唇线笔外形似铅笔，笔芯柔软，颜色丰富，用于勾勒唇部外轮廓或调整唇形。唇线笔搭配同色系口红或唇彩使用可使唇形更具有立体感。

2. 化妆工具

（1）笔刷类工具。化妆的笔刷类工具统称为化妆刷（见图5-18）。化妆刷的刷毛一般分为动物毛和合成毛两种。动物毛毛质柔软、有弹性、不刺激皮肤，适合涂抹粉质产品，如眼影刷、腮红刷等。人造毛、人造纤维等合成毛的毛质较硬，适合涂抹膏状产品，如睫毛刷、眉刷等。化妆刷根据使用的不同部位和需求，可分为以下类型。

图5-18　化妆刷

1）粉底刷。粉底刷用于涂抹粉底液和粉底霜。使用刷子上底妆能精准抓取用量，快速高效地将粉底涂匀，并能兼顾眼周、鼻周等细节部位。粉底刷有扁头、平头、圆头及斜头等多种形状。

2）蜜粉刷。蜜粉刷用于涂抹散粉。蜜粉刷是所有化妆刷中体积最大、刷毛最饱满丰盈的。刷头多呈圆形，刷毛较长且蓬松，刷毛抓粉能力强，与皮肤接触面积大，能使散粉快速均匀地附着于底妆之上，比粉扑定妆更清透自然。

3）修容刷。修容刷一般为斜角刷头，其形态契合脸颊的生理结构，易于表现立体轮廓，多用于涂抹修容饼或腮红，以更好地修饰面部轮廓。

4）腮红刷。腮红刷为斜角刷头，易于表现面部的轮廓感。腮红刷的刷毛细密，较散粉刷刷头小，有圆弧形刷头和斜角形刷头两种。圆弧形刷头在接触皮肤时刷毛会自然散开，使腮红粉均匀柔和地贴合于皮肤。

5）眼影刷。眼影刷用于眼影铺色及晕染。眼影刷有圆头刷和扁头刷之分，圆头刷更适合表现眼影晕染效果，扁头刷更易于表现眼影造型轮廓。此外，眼影刷的刷头还有大小型号之分，大头刷适合大面积铺色，而小刷头适合细节描画。

6）眉刷。眉刷为斜面刷头，易于描画眉形。眉刷毛量不厚、软硬适中，有助于将眉粉在眉毛毛发间隙着色，表现自然而立体的眉毛效果。

7）唇刷。唇刷为唇部专用刷，主要用于涂抹唇膏、唇釉，也可用来勾勒唇线，使唇线轮廓清晰，唇膏色泽均匀。唇刷的刷毛应柔软弹性好，不易分叉，勾画时容易涂抹。

8）遮瑕刷。遮瑕刷刷头呈细长扁平的鸭舌状，主要用于沾取遮瑕膏遮盖面部的瑕疵或修饰不完美的唇线、眉底线。根据瑕疵部位面积及大小不同，可选择相应形状及大小的刷具。

9）眼线刷。眼线刷刷头细长，毛质密实有韧性，蘸取眼线膏或水溶性眼线液使用，可以画出流畅的眼线。

10）余粉刷。余粉刷呈扇形，主要用于清扫下眼眶及面部残余的散粉或眼影粉。

11）螺旋刷。螺旋刷用于修整睫毛膏，梳理睫毛和眉毛。

12）眉梳。眉梳一侧为密齿梳，用于梳理眉毛，或将睫毛梳理得根根分明；另一侧是刷毛，一般用于梳理眉毛。

相关链接

化妆刷的清洁保养

化妆刷大部分是毛制品，如果不及时清洁处理，会藏污纳垢，既不卫生，又会影响化妆效果，还会导致使用寿命缩短。

日常清洁：眼影刷、腮红刷每次用完之后，在纸巾上抖掉余粉，用散粉清洁；唇刷一般直接用纸巾吸掉上面的余色，必要时可用卸妆油（婴儿油）清洁。还有一些专用的化妆刷清洁液和专用的洗化妆刷的工具，可供清洁时使用。

定期清洁消毒：化妆刷使用一段时间后可做一次彻底的清洁消毒，将清洁液溶于少许温水，再将刷头放在水中轻轻划动，必要时用手指轻轻捏压。洗净刷毛后用清水冲洗，并整理好刷毛的形状，放置在通风处阴干。

（2）辅助工具

1）化妆海绵。化妆海绵用于涂抹粉底，能使皮肤与粉底结合更伏贴和均匀。海绵应柔软、有弹性、质地细腻，使用时润湿海绵可使粉底更伏贴，如图 5-19 所示。

图 5-19　化妆海绵

2）粉扑。粉扑有两种，一种是气垫粉底使用的粉底粉扑，使用方法可参考化妆海绵；另一种是定妆时使用的蜜粉粉扑（见图 5-20）。粉扑一般呈圆形，多为柔软亲肤和便于取粉的棉或丝绒材质。蜜粉粉扑使用时可夹于小拇指，在上妆过程中支撑于面部，避免手指触碰面颊，造成花妆。

图 5-20　蜜粉粉扑

3）修眉刀。修眉刀主要用于修整眉形和发际处多余的毛发（见图 5-21）。修眉刀有刀片型和电动型两种。刀片型刀头锋利，使用时应绷紧皮肤，刀片与皮肤约成 45°。

4）眉剪。眉剪用于修剪过长的眉毛、假睫毛和美目贴等（见图 5-22），有直头和弯头两种，弯头适合修剪眉毛和美目贴。

5）眉钳。眉钳又称眉夹，用于拔眉，也可在粘贴美目贴和假睫毛时使用（见图 5-23）。眉钳可分为方头、斜头和圆头等类型，圆头眉钳最安全，斜头眉钳更便于控制和操作。

图 5-21　修眉刀

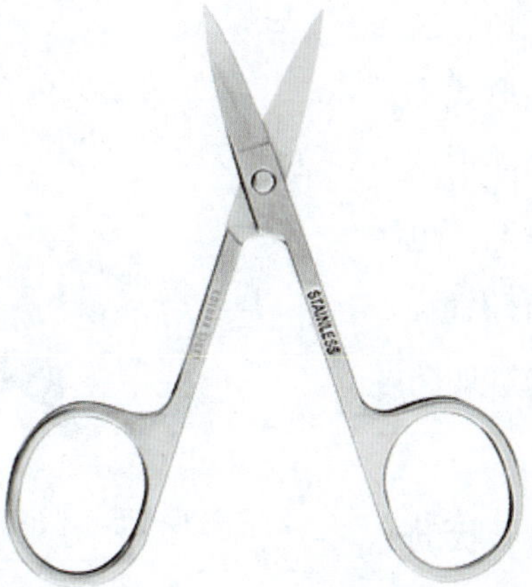

图 5-22　眉剪

图 5-23　眉钳

6）睫毛夹。睫毛夹用于夹翘睫毛，可分为手动睫毛夹和电动睫毛夹两种。手动睫毛夹又分为整体睫毛夹和局部睫毛夹两种：整体睫毛夹适用于将所有睫毛放置于夹体内将睫毛夹至卷翘；而局部睫毛夹适用于少量的漏夹的睫毛。电动睫毛夹是通过加热的原理，将睫毛电烫至卷翘，其操作难度比手动睫毛夹高，应避免过热烫断睫毛或烫伤眼睑。睫毛夹如图 5-24 所示。

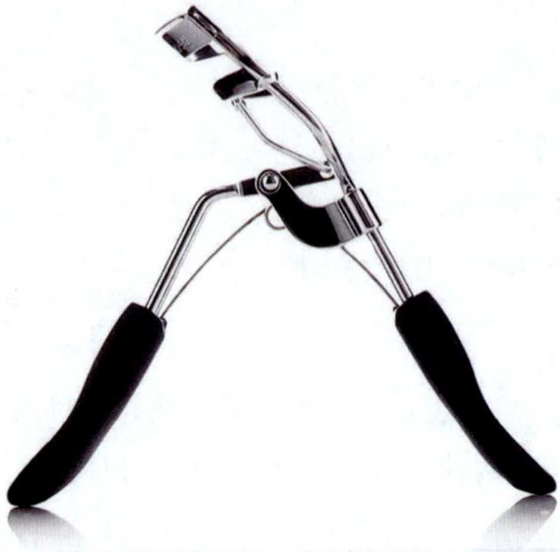

图 5-24　睫毛夹

7）假睫毛与假睫毛胶水。假睫毛一般由人造纤维制成，可根据不同长短、疏密、弧度和颜色区分类型。假睫毛形式多样，化妆师可根据各类妆容设计的需求选择使用。假睫毛胶水用于粘贴假睫毛，也可用来粘贴其他面部装饰物，一般有黑色、白色和透明色。假睫毛、假睫毛胶水如图 5-25 所示。

图 5-25　假睫毛、假睫毛胶水

8）美目贴。美目贴用于眼睑形状的调整。美目贴的种类较多，按材质可分为塑料、纸质和网纱 3 种。塑料美目贴支撑力强，但易反光；纸质美目贴颜色贴近肤色，较自然，但质地较软，支撑力有限；网纱美目贴最具隐形效果，但需待胶水干透再上眼影，也可在眼影晕染完成后使用。美目贴如图 5-26 所示。

图 5-26　美目贴

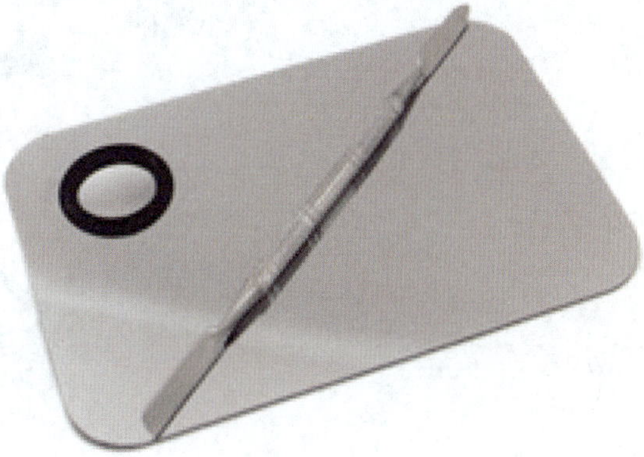

图 5-27　万能刀、调色板

9）万能刀与调色板。万能刀又称塑型刀，主要用于挑取化妆品或调色时搅拌产品。万能刀是不锈钢材质的，可用酒精清洁消毒后反复使用。调色板多为不锈钢或亚克力材质，也有一次性纸质的，常用于调和底妆产品、遮瑕膏及唇膏等产品的颜色。万能刀、调色板如图 5-27 所示。

（3）收纳工具

1）化妆箱。化妆箱用于收纳化妆产品及工具（见图 5-28）。小型化妆箱容量小便于随身携带；大型化妆箱外观类似于行李箱，方便携带更多化妆用具。此外还有配备化妆灯与化妆镜的化妆箱，在存放化妆产品及工具的同时还可当做移动化妆台。

图 5-28　化妆箱

2）化妆包。化妆包用于收纳化妆产品及工具，其外观呈包袋状，易于携带，不占空间。通常为轻便耐磨的面料，易于清洗。小号化妆包可以放置于化妆箱内，用于化妆品及化妆工具的分类；大号化妆包内部有功能区域划分，便于归类整理。

（4）保护用具

1）头发保护用具。发带、发夹、鸭嘴夹、刘海贴、碎发贴、发圈等用具，可起到固定头发、保护顾客头发干净与稳固发型的作用。

2）衣物保护用具。围布用于保护顾客的衣物，以防止被化妆过程中的掉落物弄脏。围裙用于保护化妆师的衣物，多选用黑色。

第三节 化妆基础知识

绘画基础是化妆造型重要的理论和技术基础，绘画的许多技法也是化妆造型重要的技术表达方法。化妆造型是艺术造型的一种，表达语言丰富，主要通过形与色对人的面部及五官进行修饰与刻画，以呈现化妆师的创作意图。从绘画的角度看，化妆造型与人物肖像绘画，在表现面部立体结构方面所使用的技法有异曲同工之处。在化妆中灵活运用绘画造型技巧，通过对形态、比例、明暗及色彩等综合视觉效果的表现，能更加真实自然地修饰、塑造出理想的容貌。

化妆师进行素描与色彩等绘画基本功的训练，首先可以培养自身对形态、色彩等造型元素敏锐而准确的观察能力，在化妆活动中客观而准确地观察人的外貌特征，是塑造理想形象的先决条件与造型基础；其次可以提升自身对比例、空间及构图等美学元素的审美能力，在学习过程中逐步体会与掌握形式美规律，养成从整体到局部，再从局部到整体的专业思维逻辑模式，从而使每一次化妆造型都呈现出和谐统一的美感。最后，扎实的绘画基本功训练，可以培养化妆师在未来的工作中“心手相应”地胜任各类型化妆造型工作。

因此，系统学习绘画知识，科学灵活地运用绘画原理进行化妆造型，是学习化妆的必经之路。绘画功底也是化妆师的核心竞争力和职业发展的基石。

要点提示

1. 掌握素描的基础知识及其与化妆的关系。
2. 掌握色彩的基础知识及其与化妆的关系。
3. 了解光源与化妆的关系。

关键术语

素描基础知识　素描与化妆

色彩基础知识　色彩与化妆

光源与化妆

一、素描与化妆

1. 素描基础知识

（1）素描的基本概念。广义的素描，泛指一切单色的绘画；狭义的素描，专指用于学习美术技巧、探索造型规律、培养绘画专业技能的训练过程。素描是一切造型艺术的基础，是认识和表现形体的最基本的艺术表现手段，也是学习掌握化妆技术的“敲门砖”。

（2）素描的造型手法。素描的造型手法多样，最常用的有以下 3 类。

图 5-29　线条表现法

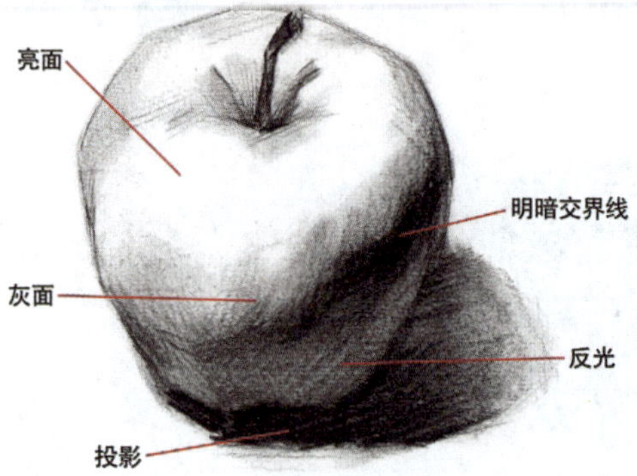

图 5-30　五大调子

图 5-31　线面结合表现法

1）线条表现法。线条表现法是能直接、概括地勾画出对象的形体特征、探求结构连接及透视变化的一种明确的、富有表现力和形式美感的表现手法（见图 5-29）。富有节奏感的轻重起伏、曲直弯转、刚柔并济等是线条表现法独有的特点。

2）明暗表现法。明暗表现法也称为色调法，是一种通过对形体明暗的对比、光影色调的变化表现来塑造立体感、空间感和纵深感的表现手法。明暗是表现物体立体感和空间感的有力手段。物体在光的照射下，呈现出复杂多元的明暗光影效果。因受光角度的不同，物体的每一个面都呈现出丰富的明亮、灰暗层次变化。为了便于学习和掌握，通常可将素描的明暗关系概括为三大面（亮面、灰面、暗面）、五大调子（亮面、灰面、明暗交界线、反光、投影），五大调子如图 5-30 所示。

3）线面结合表现法。线面结合表现法是素描中最常用的一种表现手法，它融合线面各自的表现特点及优势，表现出物体的结构及明暗光影关系（见图 5-31）。线条描绘了物体的“形”，面则展现了物体的明暗、光影变化，线面结合的层次变化更好地呈现出物体的空间感和立体感。

（3）素描静物与素描头像的关系。素描一般按照几何物体、静物、头像和人物的顺序循序渐进地练习，素描静物是素描头像的基础（见图 5-32）。素描静物是先通过对独立的个体静物的绘画练习，让初学者掌握绘画的基本知识与技能，再通过不同形态静物组合的绘画练习，让初学者学习掌握形与形之间的形态、比例、明暗、空间层次等综合视觉效果的表现方法。

图 5-32　素描静物

人体的头部结构是由无数个形状不一的几何体形组成的。掌握素描头像的表现方法，有利于化妆师对头面部结构、形态、明暗、层次、比例关系等造型元素的理解，是学习化妆的理论与技术的基础，如图 5-33 所示。

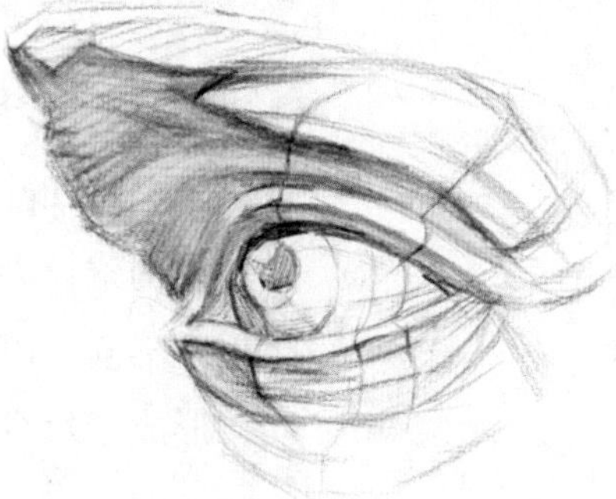

图 5-33　素描头像局部

2. 素描造型在化妆中的运用

素描运用点、线、面的表现技法，能表现和重构物体的形态，具有较强的造型能力，这种能力是化妆造型的基础。化妆师通过对客观物象的形体、结构、比例、明暗、质感、空间感等多种造型因素和变化规律的理解与运用，完成对人的面部及五官“形”的呈现与塑造。

（1）线条在化妆中的运用。面部结构是由无数的线和面构成的。在矫形化妆中，通常运用线条的粗细、曲直、虚实变化，对眉毛、眼线、唇线、皱纹等面部线条进行多方位、多层次的调整和表现，塑造新的结构线，构成新的形式感。如眉毛修饰时，用线条起伏表现出眉毛的形态，用曲直和虚实变化表现眉毛的长短及层次感。

（2）明暗关系在化妆中的运用。人面部生理结构的凹凸变化，决定了面部的明暗关系。在不同光源的照射下，明暗关系会产生变化。在化妆过程中，运用三大面、五大调子的原理来理解面部凹凸结构、转折起伏与明暗光影变化之间的关系，以面部特征结构为依据调整面部明暗层次的关系是化妆中相当重要的环节。如在面部轮廓修饰中，可运用素描造型思维，找到在化妆中与之相对应的高光色（亮面）、阴影色（暗面）、自然色（灰面）的结构范围，按照深色收缩、后退、凹陷，浅色膨胀、前进、突出，灰色过渡、衔接的视错觉原理和表现方法，调整面部及五官结构轮廓，使面部整体层次关系更清晰，达到修饰或矫正脸型及五官轮廓的目的。

（3）线面结合在化妆中的运用。线面结合在化妆中能更好地表现出结构与明暗光影的效果，可以完美地展现出结构层次与空间关系，丰富整体与细节。例如，在画唇时，用唇线修正或强调出唇部轮廓，用口红色调的明暗色彩变化展现出唇部的立体感，唇线与口红结合的表现，就是一种线面结合在化妆中的运用。

3. 头部素描结构关系在化妆中的运用

骨骼的凹凸起伏形成了面部丰富的立体变化，是人面部结构美的基本构架，影响着人的面部轮廓及其美感。因头部骨骼大小、凹凸程度不同，以及附于其上的肌肉发达程度、脂肪层厚薄程度的不同，形成了每个人不同的相貌。

（1）头颅骨骼与化妆。化妆中的“面部”包含头颅的面颅骨区域和部分脑颅骨区域。在光影的作用下，骨骼的凹凸起伏、弯曲回转形成阴影和亮部，确立了面部化妆最基本的明暗关系。头颅骨骼是进行面部轮廓塑造、局部修饰矫正，明暗关系调整的重要生理依据，如图 5-34 所示。化妆就像在人的面部作画，如依据头颅骨骼生理结构，运用素描三大面、五大调子的知识，用深浅不同的底色表现脸部的立体凹凸层次感；又如通过调整鼻梁正面与侧面的光影范围与比例关系，让人产生鼻梁变高的视错觉效果。面部亮色、暗色部位如图 5-35 所示。

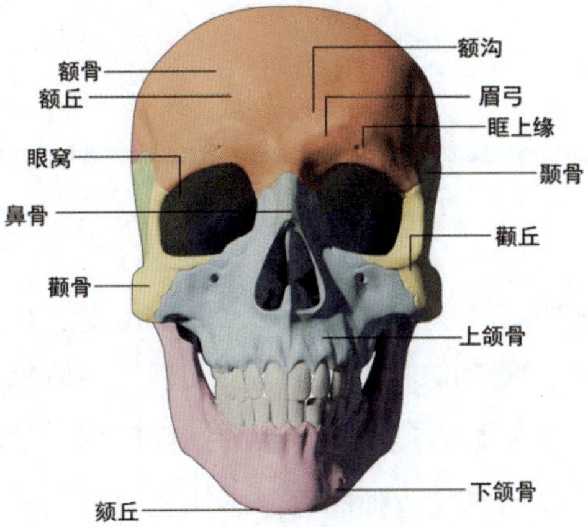

图 5-34　头颅骨骼

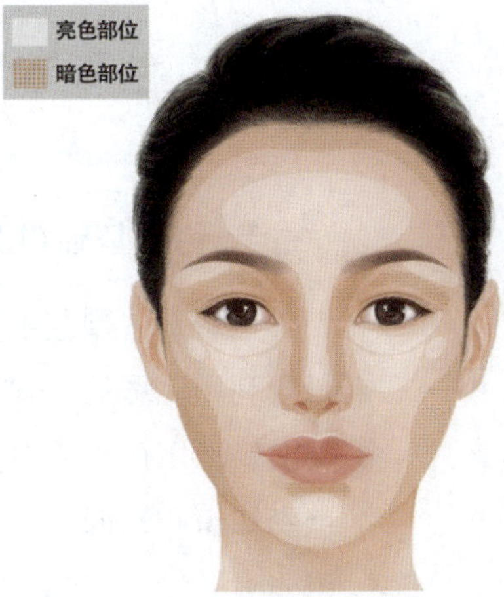

图 5-35　面部亮色、暗色部位

（2）面部肌肉与化妆。肌肉覆盖在骨骼之上，与骨骼一起形成面部不同的形态特征。肌肉会随着年龄的增长而逐渐衰老，失去弹性而下垂，产生皱纹。如额肌形成略带波纹的横行纹，皱眉肌形成“川”字纹，眼轮匝肌形成环状放射性分布的“鱼尾纹”，鼻肌形成鼻梁平行纹，口轮匝肌形成环状放射性分布的唇纹等。面部肌肉如图 5-36 所示。

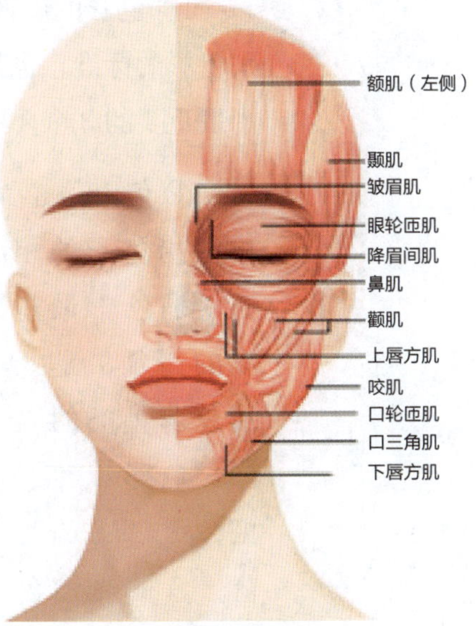

图 5-36　面部肌肉

矫正化妆可以运用素描及色彩知识，依照皱纹生理走向、肌理、色彩等特点，通过对已有皱纹的凹陷部位提亮，削弱、改变皱纹肌理与明暗变化，利用视错觉原理，让皮肤从视觉上达到年轻化的妆容效果；反之，化妆也可通过加深凹陷皱纹，呈现有年龄感的妆容效果。

二、色彩与化妆

1. 色彩基础知识

色彩是造型艺术的重要要素之一，具有视觉上的冲击力。化妆师可利用色彩的基本属性和心理效应来表现面部及五官的立体感、层次感，用色彩的对比来表现色彩的美感及自己的创作理念。学习色彩知识和掌握用色方法可以培养化妆师的色彩感知能力与色彩应用能力。

（1）色彩的基本概念

1）色彩的属性。色彩具有色相、明度和纯度 3 种属性，是识别色彩的标准，也是认识色彩心理效应和情感效应的基础，是色彩中最重要的 3 个要素。

①色相。色相是指色彩的相貌，是色彩最基本的特征，是区别色彩种类的名称。色彩以红、橙、黄、绿、青、蓝、紫的光谱色为基本色相，因其色彩倾向的不同可以进一步细分出不同的色相，并形成一种秩序，这种秩序是以色相环的形式体现的，如图 5-37 所示为 24 色色相环。

图 5-37　24 色色相环

②明度。明度是指色彩的明暗程度，也称亮度、深浅度，也可以说是色彩中的黑、白、灰的程度。明度是全部色彩都具有的属

性，任何色彩都可以还原为明度关系来思考，明度关系是色彩搭配的基础，是表现物体立体感和空间感的重要因素。

在无彩色系中，明度最高的是白色，明度最低的是黑色。黑白之间存在一系列灰色，越靠近白色明度越高，越靠近黑色明度越低。在有彩色系中，最明亮的是黄色，最暗的是紫色。任何一个颜色，加入白色，明度提高，加入黑色，明度降低。明度变化如图 5-38 和图 5-39 所示。

图 5-38 无彩色的明度变化

图 5-39 有彩色的明度变化

③纯度。纯度是指色彩的鲜艳、纯净程度，又称彩度、饱和度、鲜艳度等。色彩越纯净，色相越明确，色彩的纯度越高。

纯度体现了色彩的内在性格。颜色混合的次数越多，纯度越低；反之，纯度越高。黑、白、灰没有纯度，但任何颜色加入黑、白、灰纯度都会降低。色彩的纯度、明度不成正比，纯度高并不等于明度高。纯度变化如图 5-40 所示。

图 5-40 纯度变化

2）色彩的颜料混合

①原色。原色也称为第一次色，是不能由其他色混合而成的，却能调配出其他任何颜色的基本色彩。红（品红）、黄（柠檬黄）、蓝（湖蓝）被称为颜料的三原色。三原色是所有色彩中纯度最高的，如图 5-41 所示。

②间色。间色也称为第二次色，是指由两种原色混合而成的颜色。橙(红+黄)、绿（黄+蓝）、紫（红+蓝）被称为三间色，如图 5-41 所示。

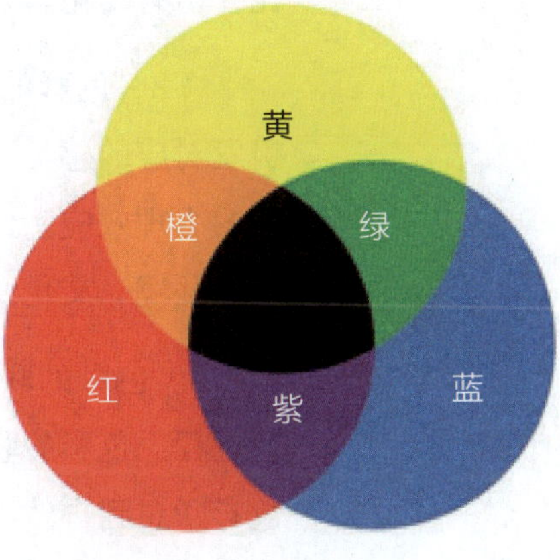

图 5-41 原色、间色

③复色。复色也称为第三次色，是由原色与间色或由间色与间色相混合而成的颜色。复色包含了除原色和间色以外的所有颜色。复色的纯度较低，含灰色成分。复色的色相倾向不明显，混色次数越多越不明显。复色是运用最广泛的颜色。

3）色彩的分类

①无彩色。无彩色包括黑、白及由黑、白两色相混合而成的各种深浅不同的灰色系列。无彩色系只有明度一种属性，无色相，其纯度为零。

②有彩色。可见光谱中全部色彩都属于有彩色，它以红、橙、黄、绿、青、蓝、紫为基本色，基本色之间不同量的混合以及基本色与黑、白、灰之间不同量的混合，所产生的色彩都属于有彩色系。有彩色具有色相、明度和纯度三种属性。

4）色调。色调也称色彩的调子，是色彩外观的重要特征与基本倾向。色调是构成色彩统一的主要因素，主要由色彩的色相、明度、纯度三个要素决定，其中某个因素起主导作用时，就称为某种色调。从色相上划分，有红色调、黄色调、橙色调等；从明度上划分，有亮色调、暗色调、灰色调；从纯度上划分，有鲜色调、浊色调；从色性上划分，有冷色调、暖色调。

配色时，色调不是由以上某个单一要素决定的，而是各个因素综合的表现。色彩搭配时要注意主色调和点缀色主次分明，形成对比，富有变化。

（2）色彩的视觉心理效应。视觉感官在接受色彩刺激时，会引发对应的感觉、情感、情绪、意志等一系列心理反应，这就是色彩的心理效应。色彩的视觉心理受思维者的年龄、性格、经历、民族、环境、文化、艺术修养等方面因素的影响。

1）色彩的联想。联想是由于一种事物而想到另一种事物的心理过程。色彩的联想分具象联想和抽象联想。具象联想是指因某种色彩联想到自然界中的具体事物，如看到白色会联想到雪。抽象联想是指因某种色彩联想到热情、恐惧、甜蜜等深层次的情感联想。

化妆中常常通过色彩的联想，而达到某种运用效果。具体表现见表 5-1。

表 5-1　色彩的联想

色彩	具象联想	抽象联想	运用效果
红	血、火、中式婚礼	热烈、喜庆、吉祥、兴奋、激情	刺激、强烈、醒目、性感
橙	阳光、金秋、橘子	朝气、愉快、温暖、健康、开放	活力、朝气、鲜艳、动感
黄	光、油菜花、柠檬	光明、外向、开朗、活泼、欢快	动感、灿烂、耀眼、可爱
绿	春天、植物、森林	新鲜、希望、环保、健康、生命	清新、轻松、年轻、亲和
蓝	天空、海洋、宇宙	理智、沉静、清爽、忧郁、遥远	深邃、稳重、严谨、典雅
紫	薰衣草、女性、葡萄	权力、魔幻、内向、神秘、冷静	高贵、梦幻、浪漫、古典
褐	咖啡、泥土、枯叶	中庸、陈旧、亲切、沉稳、厚重	质朴、自然、成熟、粗犷
黑	夜晚、葬礼、深渊	哀悼、邪恶、危险、严肃、权威	经典、收缩、时尚、神秘
白	雪、西式婚礼、白纸	圣洁、单纯、清晰、纯粹、空洞	纯洁、轻薄、耐看、前进
灰	建筑、阴天、烟雾	坚实、包容、孤独、中性、隐秘	优雅、内敛、颓废、工业化
金	黄金	财富、奢侈、昂贵、傲慢	华丽、耀眼、醒目、光泽感
银	铂金、银、钻石	科技、未来感、低调的奢华	时尚、酷、个性化、光泽感

2）色彩的冷暖。冷暖感原为触觉对外界的反映，但由于长期的经验及条件反射作用，使视觉变成触觉的先导。例如，当人们看到红色、橙色时就会联想到火、太阳，从而感觉温暖而炽热。由此可见，色彩的冷暖感觉，是由于人们的心理联想而产生的。冷色给人寒冷、清爽、理智等感觉，以及空间感、空气感；暖色给人热情、热烈、刺激、喜庆、有力量等感觉。色彩的冷暖如图 5-42 所示。

图 5-42　色彩的冷暖

色彩的冷暖感与色相、明度和纯度都有关系。

①从色相上看。红、橙、黄为暖色，其中橙是最暖的，为极暖色；紫红、黄绿为中性微暖色；紫、绿为中性微冷色；蓝紫、蓝绿、蓝为冷色，其中蓝是最冷的，为极冷色。

②从纯度上看。高纯度的冷色显得更冷，高纯度的暖色显得更暖。

③从明度上看。冷色系的色彩明度越高，越冷；明度越低，越暖。暖色系的色彩明度变高和变低，都会变冷。

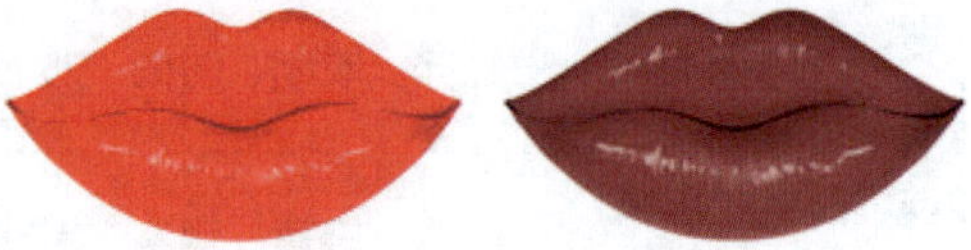

图 5-43　色彩的胀缩与进退

3）色彩的胀缩与进退。生活中，两个以上的同形同面积的不同色彩，在相同的背景衬托下，可能会给人不同的感觉。在色彩的比较中，给人比实际距离近的色彩叫前进色，给人比实际距离远的色彩叫后退色。让人感觉比实际大的色彩叫膨胀色，让人感觉比实际小的色彩叫收缩色。从色相、明度和纯度上看，一般而言，暖的、明度高的、纯度高的色彩给人前进和膨胀的感觉，冷的、明度低的、纯度低的色彩给人后退和收缩的感觉，如图 5-43 所示。

4）色彩的轻重。色彩的轻重感与直觉因素和联想因素有关。例如，黑色会让人联想到铁、炭等有重量感的物质，而白色会让人联想到白云、白雪、棉花等轻的物体。决定色彩轻重感的主要因素是明度，明度高的色彩感觉轻，明度低的色彩感觉重。决定色彩轻重感的另一个因素是纯度，在同明度、同色相条件下，纯度高的感觉轻，纯度低的感觉重。另外，物体的质感对色彩的轻重感也有不小的影响，表面光滑的、软的给人感觉轻，表面粗糙的、质感细密的、坚硬的给人感觉重，如图 5-44 所示。

图 5-44　色彩的轻重

2. 色彩知识在化妆中的运用

（1）人体的色彩美。人体色彩具有丰富性、和谐性和对比性等特征。丰富性表现在不同种族的人，肤色不同，同种族的人，肤色上也有色相、明度上的差异。人体是多色调的和谐统一体，如黄种人，有着乌黑的头发，黑白分明的眼睛、朱红色的嘴唇、洁白的牙齿、黄里泛红的肤色，整体色调统一而协调。人体色彩具有其对比性，如黑色的虹膜和白色的巩膜就形成了鲜明的对比。

人体的色彩可分为人体固有色和人体装饰色。妆容中的色彩美感在于人体固有色与人体装饰色的协调，是理想美与现实美、个性美与共性美的有机统一。

1）人体固有色。人体固有色是指一个物体在正常情况下给人的色彩印象，人体固有色主要是指人的肤色、发色和虹膜色。肤色是化妆中的一个重要固有色因素。肤色因种族、个体以及分布部位不同而有所差异，种族之间人体外观差异重要的标志之一就是肤色。

2）人体装饰色。人体装饰色是指除人体皮肤、毛发以外的，对人体美起装饰和点缀作用的色彩，包括服饰、化妆、染发等的色彩。装饰色能体现人的个性美。

（2）常见化妆配色形式及方法。好的化妆配色是决定化妆效果的重要因素。化妆配色应遵循统一、平衡、对比、强调的原则。应注意妆色与光色的融合，色彩的选择与有序组织，面部各部位色彩的相互和谐以及化妆色与服饰色、环境色等协调。在实践中可运用下列形式及方法配色。

1）色相对比。因色相的差别而形成的色彩对比称之为色相对比。最常用的色相配色方法有邻近色对比、类似色对比、对比色对比、互补色对比。

①邻近色对比。在色相环中，色相之间距离 30° 左右的色彩对比关系即邻近色对比，是最微弱的色相对比。其对比特点为单纯、朴素、含蓄、稳重，但容易显得模糊、单调、平淡、无表现力，常用于日妆、职业妆。若能通过加入适当的对比色来点缀，则会增强其趣味性，如图 5-45 所示。

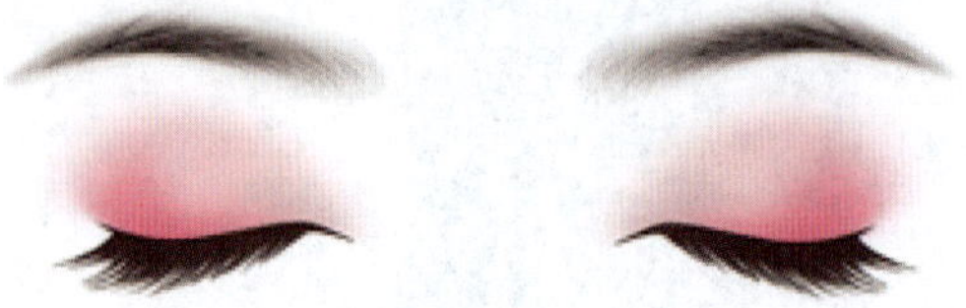

图 5-45　邻近色对比

②类似色对比。在色相环中相邻，色相之间距离 60° 左右的色彩对比关系即类似色对比。如红色与橙色、橙色与黄色。其特点既保持了邻近色对比的统一、单纯、柔和，又具有耐看、明确的优点，弥补了邻近色对比的平淡、无表现力等不足，常用于日妆、新娘妆或一些社交场合的晚宴妆，如图 5-46 所示。

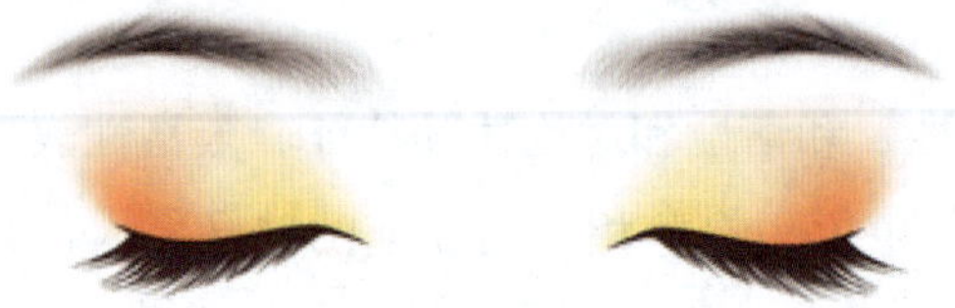

图 5-46　类似色对比

③对比色对比。在色相环中相邻，色相之间距离 120° 左右的色彩对比关系即对比色对比。对比色对比属于强对比，其特点为效果强烈、鲜明、醒目、饱满、华丽、活跃，但容易显得杂乱、刺激，产生视觉疲劳，不易统一调和，倾向性复杂，主色调不明显，常用于晚妆、广告妆、舞台妆等。在妆容配色时应注意控制各色彩的色量和面积，因对比色的色相差大，必须增加色彩的纯度和明度的共性，并通过色调的一致来促进色彩的调和，如图 5-47 所示。

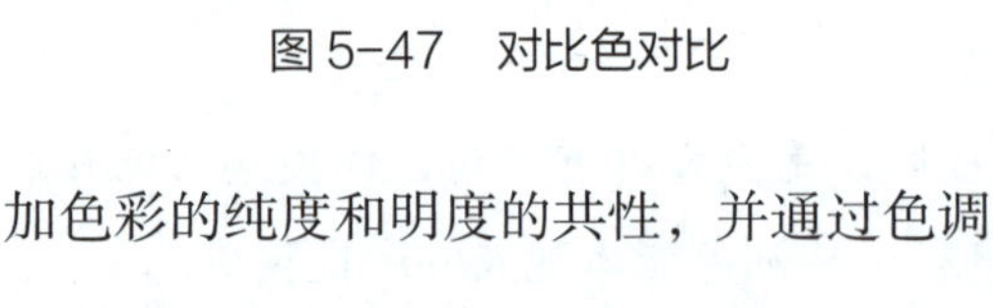

图 5-47　对比色对比

④ 互补色对比。在色相环中，色相之间距离 180° 的色彩对比关系即互补色对比，它是色相对比中对比最强的，其特点为效果强烈、活跃、饱满、炫目、刺激，但处理不当易产生杂乱、粗俗、生硬、不协调等感觉，且易产生视觉疲劳。在妆容配色中，由于互补色的色相差很大，不容易取得妆色上的和谐统一，必须采用多种调和手段来达到和谐的效果。一是可采用在两互补色中混入第三色，使两色都具有相同因素而使之调和；二是也可以通过调整两色的面积对比来使之调和；三是可以利用金、银、黑、

白、灰等中性色使之调和，如图5-48所示。

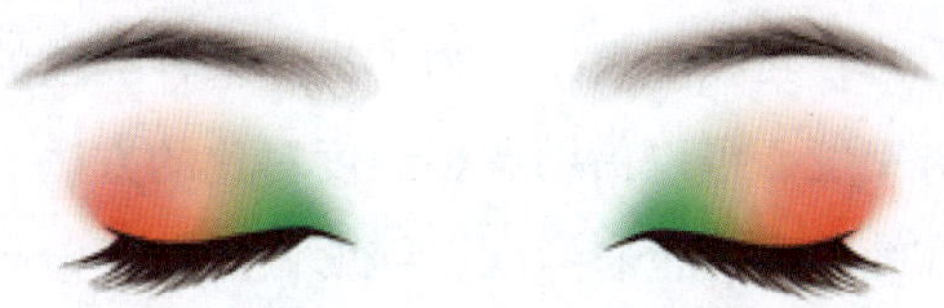

图5-48　互补色对比

2）明度对比。明度对比是色彩明暗程度的对比，也称色彩的黑白灰对比。明度对比对视觉的影响最强烈、最敏感，色彩的层次与空间关系主要依靠色彩的明度对比来表现。在化妆中，面部轮廓和五官的立体感就是通过明暗对比来塑造的。妆色对比的强弱很大程度上取决于色彩明暗对比的程度。如在同一肤色上，修饰不同深浅的眼妆、唇妆和眉妆，会发现妆色与肤色差异大时，效果较突出，反之，效果较柔和。

在化妆时常常采用明度的强对比和弱对比，以达到不同的妆效。明度强对比是黑白、深浅反差大的对比，其妆容的效果鲜明、强烈、明快、光感强、清晰度高、远效果好，适合用于舞台、晚宴等妆感较强的妆面。明度弱对比是黑白、深浅对比反差小的对比，其妆容效果含蓄、柔和、淡雅、舒适、清晰度低、近效果好，适合新娘妆、日妆等，如图5-49所示。

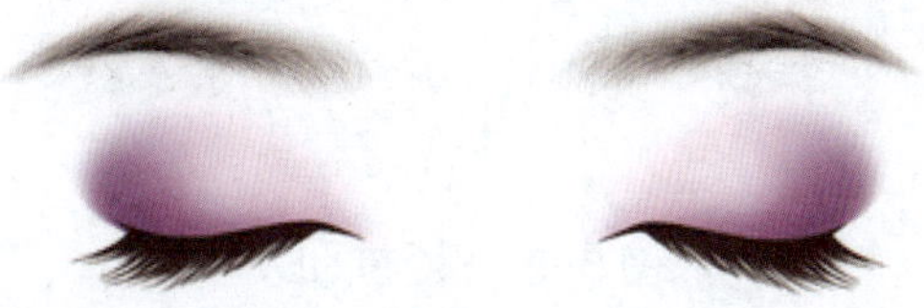

图5-49　明度对比

3）纯度对比。纯度对比是将不同纯度的色彩并置而形成的鲜浊对比。相对于明度对比和色相对比而言，纯度对比是一种潜在而低调的对比，其对比效果更柔和、含蓄。纯度对比强，鲜艳的颜色会显得更鲜艳，增强配色效果，引人注目，显得活泼、生动、艳丽，但过强时会显得生硬、刺激、炫目；纯度对比越弱，效果含蓄、柔和，但对比不足时会显得单调、含混、沉闷、单一。

在化妆配色中，为了提高某种颜色的鲜艳度，可以借助调整纯度对比的方法。在纯度高的色彩旁配以纯度低的色彩，高纯度色彩在低纯度色彩的陪衬下，将显得分外艳丽，可以使妆容效果更生动、鲜明。例如，在同一肤色下，艳色的口红色会比裸色的口红使妆感更强烈，装饰性更强，增加整体妆容的艳丽效果。纯度对比如图5-50所示。

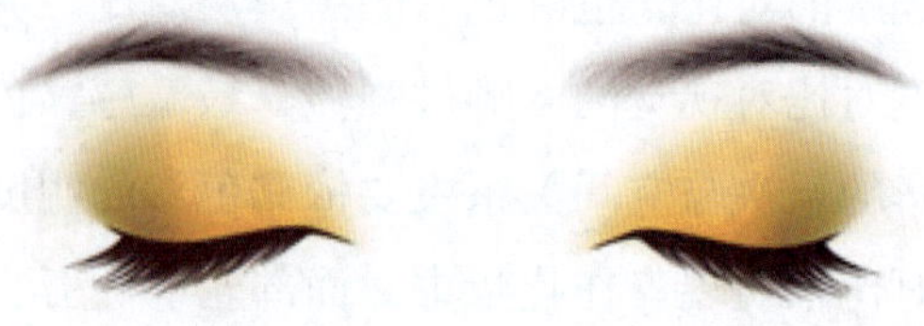

图5-50　纯度对比

4）冷暖对比。冷暖对比是指由于色彩的冷暖差异而形成的对比形式。冷暖对比会产生较强的色彩感，增强对比双方的色彩冷暖感，体现彼此的色彩魅力，使冷色更冷，暖色更暖。冷暖对比越强，对比双方冷暖的反差越大，冷暖倾向越明显，刺激感越强，在妆容中总体色调较难协调。冷暖对比的反差越小，冷暖倾向越不明显，但在妆容中总体色调的冷暖感会增强，较容易协调。冷暖对比如图5-51所示。

图5-51　冷暖对比

5）面积对比。面积对比是指因色彩间面积大小的变化而产生的不同对比效果。在化妆中，面积对比是指不同色彩面积的大小比例要有主次之分，色彩的地位是按其所占面积的大小决定的。占据面积大，在配色中起主导作用，称为主体色；占据面积小，则起陪衬与点缀的作用，称为辅色或点缀色。

在化妆配色中，色彩面积的比例和量的变化，可以改变对比效果，达到均衡。在化妆中，高纯度和低明度的颜色通常为小面积的辅色，通过强对比，衬托大面积的主色调，使主色调显得更鲜艳、明亮。化妆配色时，要先确定主体色调，避免等量、凌乱。一般化妆色彩的分布要有大小、主次、浓淡之分，但有些特殊的妆容，也可能没有明显的主体色和辅色之分，各种颜色相混合也会产生意想不到的效果。面积对比如图 5-52 所示。

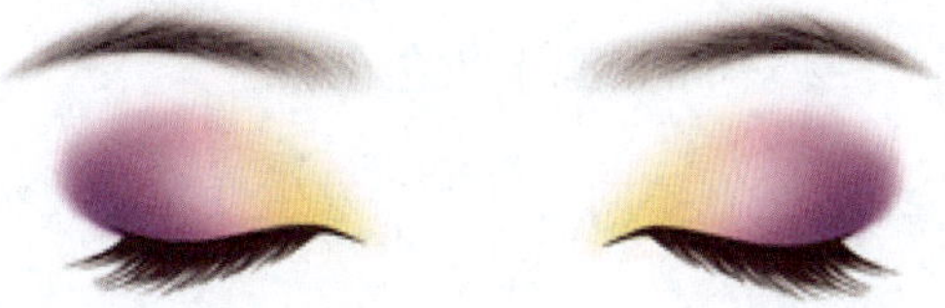

图 5-52　面积对比

三、光源与化妆

1. 光色与妆色的关系

形与色是在光的照射下显现的。不同的光源条件对化妆色彩有着不同的影响。相同的妆色在不同的光色中会发生变化，最理想的情况是化妆时的光源与彩妆呈现场合的光源一致，把握好光色与妆色的关系，决定着化妆的最终呈现的效果。

（1）光源的分类。通常光是由红、橙、黄、绿、蓝、青、紫 7 种色光混合而成的，又称为“七色光”。当其中某一单色光占比变多，光源就会发生主体色调变化的现象，对所照射的物像也会产生混色变化的影响。

光源可分为两大类：一类是自然光，自然光有直射光和散射光之分；另一类是人造光，人造光有日光灯光、白炽灯光及其他各种色光。一般来说，散射光和日光灯的光色偏冷，为冷色光；直射光、白炽灯光的光色偏暖，为暖色光；其他各种色光依各自色相冷暖变化分为不同的冷暖光。在化妆中常用色温为 4 000~5 500 K 的中性白光作为照明光源。

（2）冷暖光源与化妆

1）暖色光源照射到暖色妆面上，妆面色调会偏暖、偏浅，妆容色彩会产生变浅、变亮的效果，妆面有失色感。

2）冷色光源照射到冷色妆面上，妆面色调偏冷，妆容色彩会更加鲜艳、亮丽。

3）暖色光源照射到冷色妆面上或冷色光源照射到暖色妆面上，妆容色彩都会变得含混，显出偏冷的色调。

2. 不同光源下妆色要点

妆色在不同光源下会发生变化，化妆时应做相应处理，见表 5-2。

表 5-2　不同光源下妆色处理要点

光色	妆色变化	妆色处理要点
红色光	红、橙、黄等暖色妆妆色变浅、变亮；含有蓝、紫、绿等冷色妆妆色明度变暗，近似黑色	红色光会冲淡妆容色彩，使面部及五官轮廓变模糊，明暗关系变弱。因此，化妆底色应变浅，阴影色应加重，纯色要加重，以强调面部立体感和轮廓
蓝色光	红、橙、紫、棕等妆色会变得相互接近，色调变暗，接近黑色；蓝、绿等妆色变得鲜亮；黄色变成暗绿色	妆色应减淡，腮红要薄涂，口红宜选择偏冷色系
黄色光	红、橙妆色在明度上提高，变得明亮，红色在色相上变得更为饱和，橙色发红；黄、绿妆色明度不变，在色相和色度上，黄色接近白色，绿色显为黄绿色；蓝色、紫色妆色接近于黑色；粉色变得鲜艳	化妆底色宜浓，腮红略深，阴影色宜用偏紫棕色系
强光	妆容失色，颜色饱和度降低	底色要重，妆色宜浓
弱光	妆色朦胧，五官轮廓模糊	底色宜浅，线条轮廓要清晰

3. 光的投射角度与效果

光的投照角度对化妆效果也有一定的影响。理想的照明应在面部的正前上方，加上面部左右的照明光线，可减少面部的阴影，保证面部亮度的均匀。

（1）正面光。多为日间的自然光源，适宜作为化妆用光。

（2）斜射光。面部正前上方 45° 的人造光源，适宜作为化妆用光。

（3）逆光。光源从身后照射过来，面部完全处于背光中，光源可以是自然或人造的。

（4）侧逆光。光源从身体的侧面照射过来，面部一部分外轮廓受光，一部分外轮廓背光，光源可以是自然或人造的。

（5）顶光。光源从头顶上照射下来，如正午时分的日光或人造光，此时人的脸部阴影较多，适合用于艺术摄影和舞台人物造型。

（6）脚光。光源从底部及外轮廓照射过来，一般为人造光源。人的脸部阴影较多，适用于艺术摄影和舞台人物造型。

第四节 化妆程序及方法

化妆包括准备工作、粉底、定妆、眼影，眉毛、唇膏、腮红等技术环节，各环节之间存在一定的递进关系，如某些环节出了问题，可能会影响到下一个环节及整体效果。化妆是非常细致的工作，细节决定成败，程序和方法则是控制细节最好的工具。而选择科学、合理、效率最优的程序及方法可以减少多余环节、提高效率、节省时间、减少失误，达到最优的效果。最优程序及方法还包含工具、产品的使用计划、方法和实施途径。

每个化妆师都会在常规标准化妆程序和方法的基础上形成自己的习惯做法。本节着重讲解化妆常规程序及方法，初学者应重视化妆程序及方法的作用和重要性，并逐步摸索出适合自己的、科学的、最优的化妆程序及方法。

要点提示

1. 掌握化妆的基本程序。
2. 掌握化妆的基础方法。

关键术语

妆容设计　底妆　平涂法　渐层法　段式法
结构法　“三庭五眼”　“四高三低”

一、化妆基本程序

1. 妆容设计

化妆前应与顾客进行充分沟通，了解顾客化妆的目的及要求、顾客的性格特征及个人喜好等基本情况，观察并了解顾客的五官、皮肤等形象特征和整体气质，在此基础上进行化妆风格、配色等设计，并与顾客达成一致意见，确保妆容效果符合顾客容貌特征以及应用场景的需求后再开始准备化妆。表 5-3 为顾客资料及妆容设计方案。

表 5-3　顾客资料及妆容设计方案

填写时间：__________　资料编号：__________

基本信息	姓名：__________ 性别：__________ 职业：__________	联系电话：__________ 年龄：__________ 性格特征：__________
形象特征	身高：__________ 体型：__________ 五官比例：__________ 虹膜色：__________ 头型：__________ 皮肤类型及状况：______	体重：__________ 脸型：__________ 五官特点：__________ 肤色：__________ 发量、发色：__________

续表

化妆愿望	场合、目的及角色：________ 妆容与颜色喜好：________ 服装色调及风格：________ 主要需求：________ 其他需求：________
设计方案	妆容风格：________ 妆容色调：________ 化妆重点：________ 产品选择：________ 使用的特殊产品、工具及技法：________

2. 化妆准备工作

（1）化妆区域准备

1）化妆照明。化妆区域的灯光条件直接影响着妆容效果。发出漫射光、色温为 4 000~5 500 K 的荧光灯是最适宜化妆的照明光源。

化妆一般不在自然光下进行，若活动场合为户外，因日光会强化色彩的纯度，用色应该更加自然柔和。

化妆理想的光源位置应在面部的正前上方及左右侧，可保证面部受光均匀。一般带光源的专业化妆镜台都能满足化妆对光源亮度和位置的需要。

2）化妆产品和工具准备。在摆放工具产品前，应确保化妆台面干净卫生。在摆放区域用纸巾或棉卷纸保护好台面，眉钳、修眉刀、眉剪、调棒、化妆盘等工具应先消毒（见图 5-53）。产品和工具摆放整齐、井然有序、取用方便（见图 5-54），削好所有化妆笔。

图 5-53　工具消毒

图 5-54　产品和工具摆放

3）化妆座椅准备。将化妆座椅调节到便于操作及符合人体工学的位置，椅背稍倾斜，让顾客肩颈部能得到放松，同时也方便化妆师在一侧进行全程操作，避免在化妆过程中来回走动。

（2）化妆师准备。化妆师在操作前整理好个人头发、衣物，洗净双手并消毒，可佩戴口罩。将手机调至静音，全身心投入工作中。

（3）顾客准备。化妆前，化妆师提醒顾客保管好物品，用化妆围布或用面巾纸保护好顾客衣服，用化妆头巾、发带固定及保护头发，让顾客坐姿舒适等。

3. 化妆基本操作程序

（1）洁肤。化妆前可用洁面产品清除皮肤表面污垢和油脂，使皮肤保持洁净、容易上妆和避免脱妆。若顾客面部带妆则应先卸妆再清洁。洁肤后立即用爽肤水或乳液滋润皮肤，避免干燥而引发皮肤敏感。洁肤如图 5-55 所示。

（2）修眉。在化眉毛前对眉毛的形状、疏密、长短进行修整，可使眉毛的轮廓更加清晰、对称，使眉毛的主体方向更加明确。修眉如图 5-56 所示。

（3）护肤。可根据皮肤类型及状态、活动场合需要选择使用不同剂型的面霜、隔离或防晒产品，确保顾客皮肤滋润健康。如唇部干燥，可使用润唇膏滋润唇部。护肤如图 5-57 所示。

（4）打底。打底的目的是均匀肤色、遮盖面部瑕疵、改善皮肤质感和修饰面部轮廓，使底妆干净自然、柔和立体，为塑造完美的妆容创造必要条件。打底的一般操作程序顺序为：基础底妆、立体底妆、遮瑕、定妆、修容，如图 5-58 至图 5-62 所示。

（5）化眉毛。化眉毛可以起到协调五官、矫正脸型、使五官更精致有型、突出个性气质等作用。在具体操作中，可根据化妆师的习惯和顾客眉毛的基础条件灵活运用不同程序及技法。化眉毛如图 5-63 所示。

（6）化眼妆。眼妆是通过眼影、眼线和睫毛的协同修饰，使眼部及五官更加立体，眼睛更有神采。眼妆是妆容刻画的重点，也是最难描画的部分。若需要用美目贴重塑双眼睑，应在底妆之前完成。眼妆的一般操作程序顺序为：涂眼影、化眼线、修饰睫毛，如图 5-64~ 图 5-66 所示。

（7）涂腮红。腮红能起到修饰脸型、协调妆色，使肤色更加红润健康及提振精神的作用。涂腮红如图 5-67 所示。

（8）涂唇膏。唇膏能起到调整唇形、改变唇色、协调妆色，使嘴唇更加滋润健康，唇部更加饱满及富有立体感的作用。涂唇膏如图 5-68 所示。

（9）完善妆容。以上程序完成后，应从整体进行妆容整洁度、对称性和协调性的调整和各处细节的修正完善。同时，与顾客沟通、确认妆容效果并确保其满意。整妆效果如图 5-69 所示。

图 5-55　洁肤

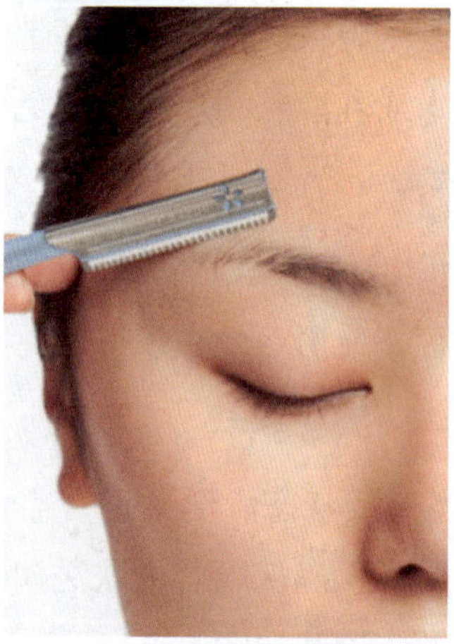

图 5-56　修眉

图 5-57　护肤

图 5-58　基础底妆

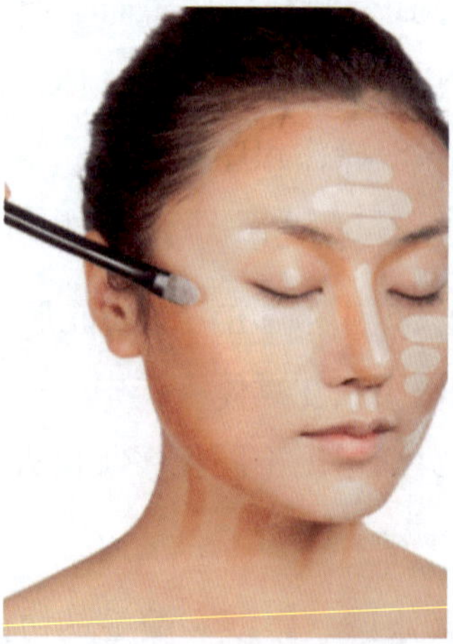

图 5-59　立体底妆

图 5-60　遮瑕

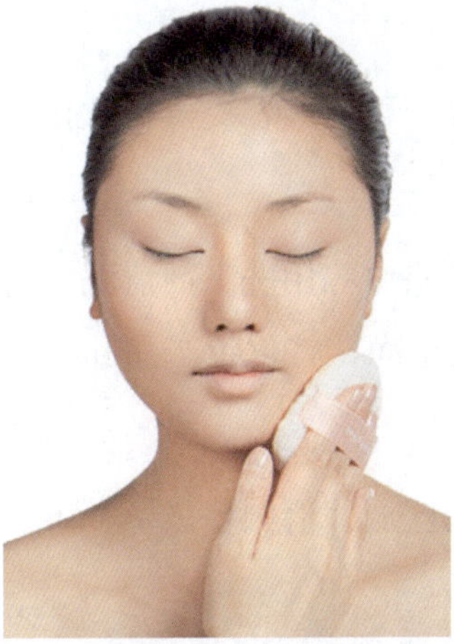
图 5-61 定妆

图 5-62 修容

图 5-63 化眉毛

图 5-64 涂眼影

图 5-65 化眼线

图 5-66 修饰睫毛

图 5-67 涂腮红

图 5-68 涂唇膏

图 5-69 整妆效果

4. 结束工作

（1）整理好顾客头发、衣物，护送顾客离开。如有需要，可为顾客提供日常化妆品购买及化妆技巧建议。

（2）清洁消毒眉钳、调棒、调色盘等工具，海绵、化妆头巾等用洗涤剂清洗，清理干净化妆刷上的粉末和油脂，检查化妆品包装是否密封、干净，将化妆产品和工具井然有序地摆放回化妆箱内。

（3）清洁、消毒化妆台面、地面、化妆椅、镜面等工作区域，清倒垃圾桶，将工作区域归整到原样。

二、底妆修饰

1. 脸型的审美

脸型是由头部的额骨、颧骨、颞骨、上颌骨和下颌骨及其边缘轮廓线条构成的形态，脸型和五官因素共同影响着面部的和谐与美感。

“三庭五眼”“四高三低”是对理想脸型的长度与宽度、五官比例，以及面部立体感的概括，是面部比例和谐的重要因素。大众审美的理想脸型长与宽的比例约为 4 ∶ 3，且整体线条修长，呈饱满的外弧形。

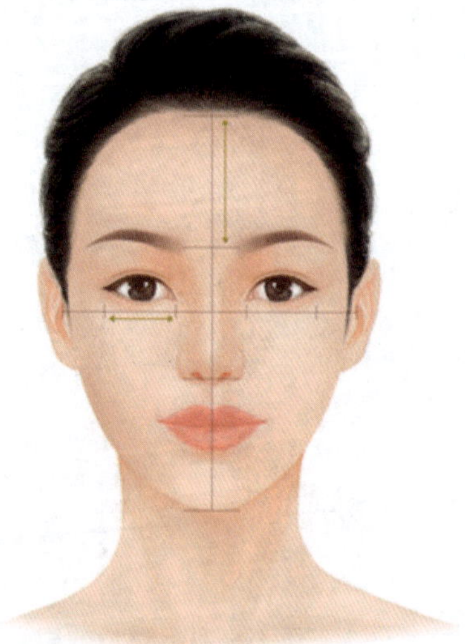

图 5-70　“三庭五眼”示意图

（1）“三庭五眼”。“三庭”是指面部的长度比例，是将面部纵向从前发际线到下颏分为三等份，“上庭”为前额发际线至眉头连线，“中庭”为眉头连线至鼻底线，“下庭”为鼻底线至下颏线。

“五眼”是指面部的横向宽度比例，是以一只眼睛的长度为单位，将脸的宽度从左侧发际线至右侧发际线分为五等份，其中两眼内眼角之间为一只眼睛的长度，两只眼睛的外眼角至同侧发际线各为一只眼睛的长度。化妆时一般按照“三庭五眼”的标准来调整面部比例。“三庭五眼”示意图如图 5-70 所示。

（2）“四高三低”。“四高”是指面部中心线上有四个明显的凸起部位，即额头、鼻尖、唇珠和下颏。“三低”是指面部三处明显凹陷的位置，即两眼之间的鼻额交界处、人中沟凹陷处、唇下方凹陷处。“四高三低”及面部立体感主要由骨骼大小、肌肉及脂肪厚薄决定，化妆时可以用色彩的明暗来调整面部的凹凸层次，在一定程度上增加面部的立体感。“四高三低”示意图如图 5-71 所示。

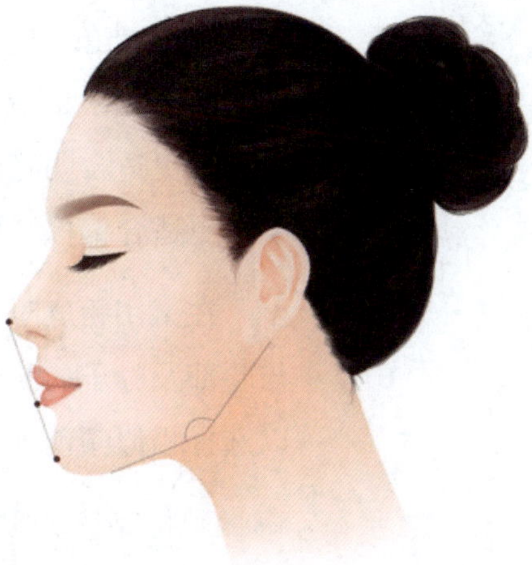

图 5-71　“四高三低”示意图

2. 底妆修饰方法

底妆修饰是在遵循顾客面部骨骼、肌肉等生理结构的前提下，按照理想的脸型、五官比例标准通过高光、阴影及明暗关系的修饰，对面部的骨骼位置、面积、形状及转折关系进行适当而自然的调整，使面部凹凸结构更加明显，轮廓更清晰立体，从而为塑造立体妆容打下基础。

底妆修饰的总体要求为伏贴、瑕疵遮盖自然、肤色均匀、自然通透；底妆与发际线、脖子等边缘肤色衔接自然；深浅修容过渡自然，有立体感且不脱离实际。

（1）粉底颜色的选择。人的面部凹凸变化及立体感修饰可以通过不同色调、不同深浅的粉底来加以表现。选择粉底颜色需要综合考虑顾客肤色、妆容定位及风格等因素。粉底的常用底色主要有基础色、提亮色、阴影色 3 种色调，也可在需要重点强调表现的部位，增加明度高于提亮色的高光色配合使用。高光色是在提亮色基础上重点表现，起强调作用。好比素描里亮面与高光的关系。

1）基础色。基础色是粉底的主色，起到均匀及统一肤色的作用。在生活化妆中，最自然的基础色是与肤色相同或相近的颜色。如白皙肤色更适合明亮的粉底色，偏黄肤色更适合温暖的粉底色，小麦肤色更适合偏棕红色的粉底色。

在试用粉底时，可取少许粉底均匀涂抹在下颌角处，观察是否与脸部及脖子的肤色相同或相近。如没有直接适合的粉底颜色，可以选择相似颜色进行调色。

2）提亮色。提亮色用于突显面部的凸面和提亮局部，具有突出、膨胀、前进的效果。提亮色比基础色浅，一般选择比基础色浅 1~2 个色号的粉底色。

3）阴影色。阴影色用于加强面部结构的收缩及凹陷感，颜色比基础色深，一般选择比基础色深 2~3 个色号的粉底色。

（2）基础色修饰。取适量粉底于调色板，用粉底刷适量沾取，由内轮廓至外轮廓、从上至下均匀涂抹（见图 5–72），注意仔细涂抹眼角、鼻翼、嘴角等细节部位，最后用化妆海绵以按压的方式使粉底更贴合皮肤。

一般内轮廓的粉底涂抹比外轮廓稍厚，所以在使用化妆海绵打底时，内轮廓一般采用按压的手势。为了确保粉底与发际线和脖子衔接自然，外轮廓一般以拉抹的手势涂抹。基础色修饰效果如图 5–73 所示。

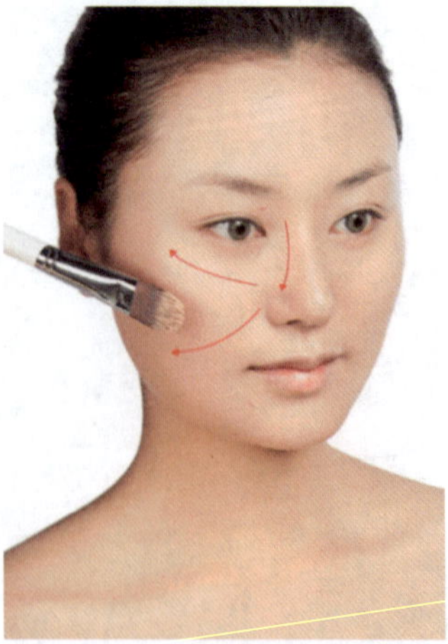

图 5–72　打底顺序示意图

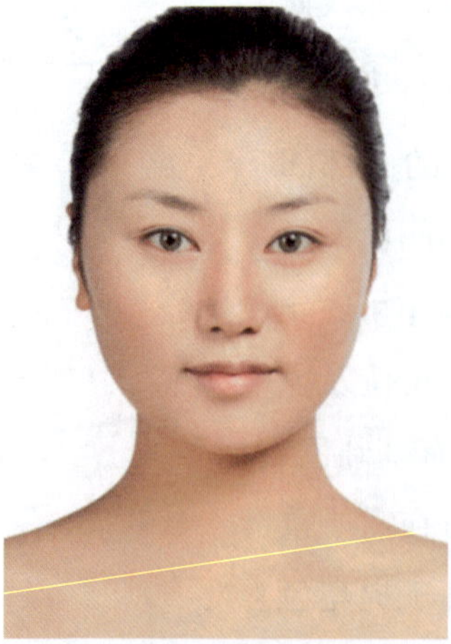

图 5–73　基础色修饰效果

（3）提亮色修饰。提亮色主要涂抹在额头、鼻梁、下眼睑三角区、下颏尖等面部内轮廓区域（见图 5–74），涂抹时应与基础色和阴影色自然融合。在提亮区域需要重点强调突显的部位，可用高光色点缀，涂抹时高光色边沿应与提亮色自然融合。

（4）阴影色修饰。阴影色主要涂抹在颧骨下方、下颌骨、面颊，以及发际线周围等面部外轮廓区域（见图 5–74），涂抹时应与基础底色自然融合。立体底妆效果如图 5–75 所示。

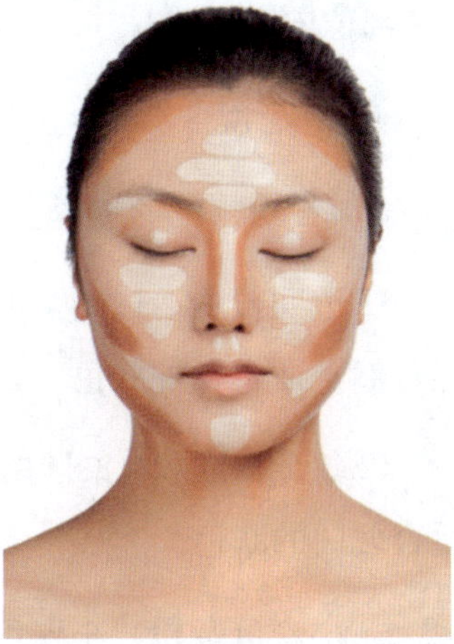

图 5–74　提亮色、阴影色位置

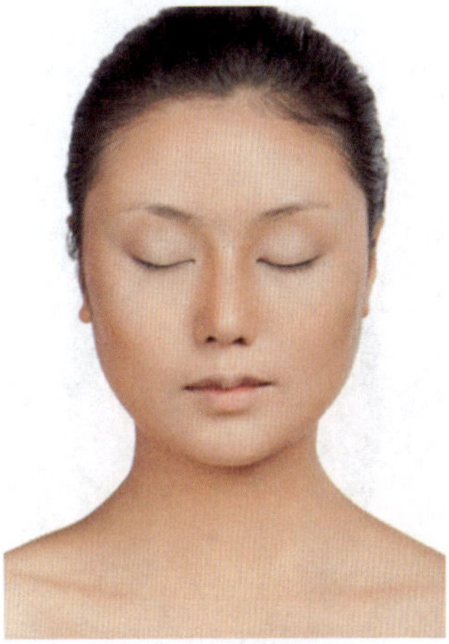

图 5–75　立体底妆效果

相关链接

海绵打底技法

拉抹法：以来回的方式涂抹，粉底附着力较弱、较表面，适用于薄涂和面部边缘的涂抹。

点拍法：以点状拍打的方式涂抹，粉底附着力较强、贴合皮肤，多用于遮盖瑕疵、局部提亮及阴影色的涂抹，也适用于淡妆。

按压法：以直上直下按压的方式涂抹，粉底的附着力强，更加贴合皮肤，适用于面部瑕疵较多的皮肤、内轮廓打底和较浓的妆容。

在打底时，以上 3 种方法可根据顾客皮肤条件及粉底效果的需要，单独或结合使用，达到自然、协调的效果。

（5）瑕疵修饰。在立体底妆完成后，对未能完全遮盖的斑点、痘印、泪沟、法令纹等瑕疵，可使用与修饰后的肤色协调统一的遮瑕膏修饰，最大限度地隐藏或减弱瑕疵。在遮瑕时，可用遮瑕刷沾取少量遮瑕膏，涂抹在瑕疵处并将边缘轻轻晕开，与周围的粉底色自然过渡衔接。

黑眼圈应在基础打底之前修饰，遮盖青色黑眼圈时，应选择橘色调遮瑕膏，遮盖棕色黑眼圈应选择米黄色或肉色调遮瑕膏。涂抹时，先沾取适量遮瑕膏，从黑眼圈及深色部位向眼周涂抹。

（6）定妆

1）蜜粉颜色的选择

①透明蜜粉。透明蜜粉不会改变底妆原本的色彩，通透自然，适合各种肤色。

②象牙白蜜粉。象牙白蜜粉明亮白皙，有增白的作用，适合偏白的肤色。

③小麦色蜜粉。小麦色蜜粉适合带有小麦色调的肤色和塑造阳光、健康的妆效。

④有色蜜粉。有色蜜粉带有颜色，可直观辨别，具有改变底色的作用，应搭配同色系粉底使用。如粉色蜜粉能使肤色变得红润健康，适合表现年轻有活力的皮肤状态；紫色蜜粉能使偏黄、暗沉的皮肤变得明亮。

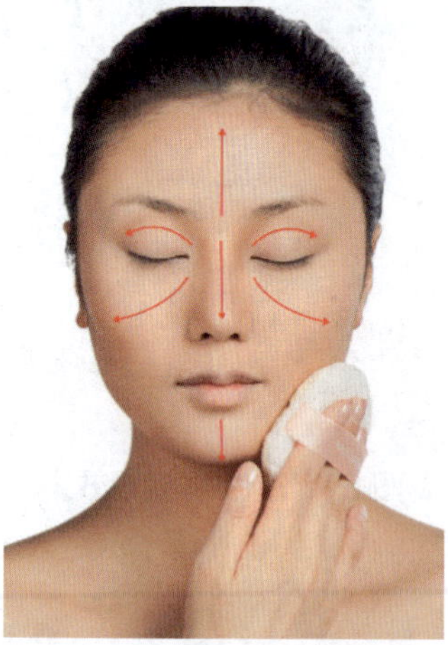

图 5–76　定妆顺序示意图

2）定妆的方法

①用粉扑沾取适量蜜粉，轻轻揉搓至整个粉扑均匀沾满蜜粉，或用散粉刷沾取蜜粉，抖掉多余粉。

②由内轮廓到外轮廓、从上至下以按压的方式定妆（见图 5–76）。鼻翼、眼角、嘴角等细节部位可以用眼影刷沾取蜜粉定妆。T 区容易出油，应重点定妆。

③定完妆后用散粉刷轻轻扫除面部多余的浮粉，如图 5–77 所示。

图 5–77　扫除多余浮粉

（7）修容。修容是用修容粉再次加强底妆的立体感。修容的步骤及方法如下。

1）浅色修容。用修容刷沾取提亮色修容粉，在额头、下眼睑三角区、下颌前突处、眉弓骨、嘴角、鼻梁等需要突出或饱满感不足的区域进行再次提亮，并根据需要补充高光。

2）深色修容。用修容刷沾取阴影色修容粉，在颧弓凹陷处、下颌凹陷处、面颊、额角、鼻翼两侧、发际线边缘等需要收缩及后退的区域进行补色。

底妆修饰视频可扫二维码观看。

底妆修饰

三、眉毛修饰

1. 眉毛的审美

眉毛是表现人内心情感的最佳工具，古人称之为“七情之虹”，所以眉毛在面部审美中具有非常重要的作用，也是在化妆中可以重新塑造的部位之一。在生活类化妆中，化妆应该掌握并遵循眉毛美学规律，通过适当调整眉毛的形状、粗细、长短、曲直、颜色和疏密来增加眉毛的表现力，调整脸型的不足，突出个性特征，使妆容更加精致完美。

（1）眉毛结构及比例关系。眉毛生长于眼眶上缘及眉弓骨之上，由眉头、眉腰、眉峰、眉尾四个部分构成特定的形状，如图 5-78 所示。眉毛各部位基准位置如下。

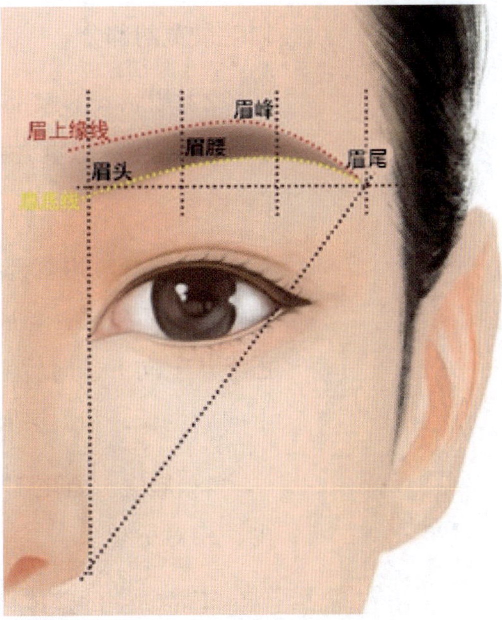

图 5-78　眉毛结构比例图

1）眉头。眉头位于鼻翼外侧至内眼角的延长线上，两眉头之间为一只眼的距离。眉头下缘是眉毛的最低点。

2）眉腰。眉头与眉峰之间的区域为眉腰，是眉毛的主体部分。

3）眉峰。当眼睛平视前方时，眉峰大约位于虹膜外侧向上的延长线上，约在整个眉毛的外 1/3 处。眉峰是眉毛的最高点。

4）眉尾。眉尾大约位于鼻翼外侧至外眼角的延长线上。

5）眉底线。眉底线是眉毛下缘及底部的基准线，决定着眉毛的形状与风格。

6）眉上缘线。眉上缘线是对应眉底线形状形成的眉毛宽窄范围，与眉底线共同决定了眉毛的形状、粗细变化及个性。

（2）眉毛的自然生长状态。眉毛的自然状态由生长方向和浓密度决定。绝大多数人眉毛的毛发自然生长方向大体一致，但也有个体差异。一般生长规律如下。

1）眉头。眉头部分的眉毛由底部向上、向外倾斜呈放射状生长，长势比较松散稀疏。眉头外轮廓多呈椭圆、扇形，也有偏方形，是眉毛最宽的部分。

2）眉腰。眉腰部分的眉毛由向上生长逐渐转为向眉峰倾斜生长，并相互交织重叠生长，是眉毛的主体部分，也是最为浓密的部分。

3）眉峰。眉峰部分包含与眉腰和眉尾的衔接，眉毛一般从上向下、向后生长，与眉尾相连。眉毛浓密的会有上下两层，上层的眉毛从上向下、向后生长，下层眉毛相对于上层眉毛偏短，整体向上向后生长，和上层眉毛交汇。

4）眉尾。眉尾部分的毛发多向下、向后倾斜生长，并逐渐减少，相对稀少。

正常眉毛的整体自然状态为眉头和眉尾部位较为稀疏，色泽较浅，眉腰及眉峰部位较浓密。眉毛各部位因为受光不同会产生不同的明暗度。眉毛上缘受光强，较浅亮；眉毛下缘不直接受光并受毛发遮挡而较深暗。因此，在描绘眉毛时，应循两头虚中间实，上虚下实的自然长势描绘，才能使眉毛更加自然、立体、生动。

2. 眉毛修饰方法

眉毛修饰总体要求为：眉头有形无框，眉毛两头虚中间实，上虚下实，无明显边缘线且有层次感；眉色自然，与发色协调；眉形适合顾客脸型，左右对称，整体舒展大气、自然流畅、干净整洁、生动有立体感。

（1）修眉的方法

1）眉形设计。综合考虑顾客脸型、眼型、职业、个性和眉毛基础等因素，在心里描绘出将要修饰好的眉形。

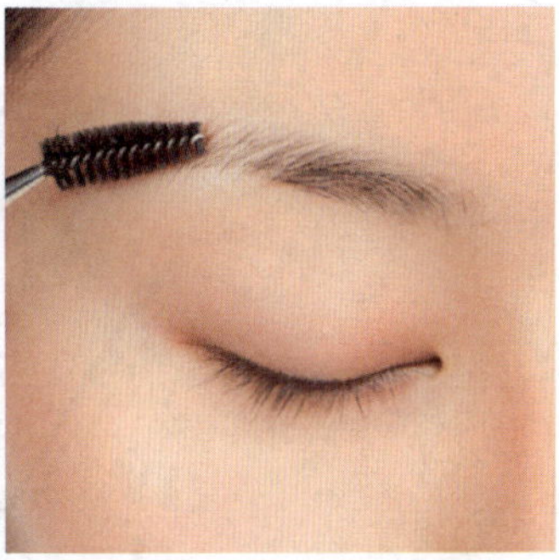

图 5-79　梳理眉毛

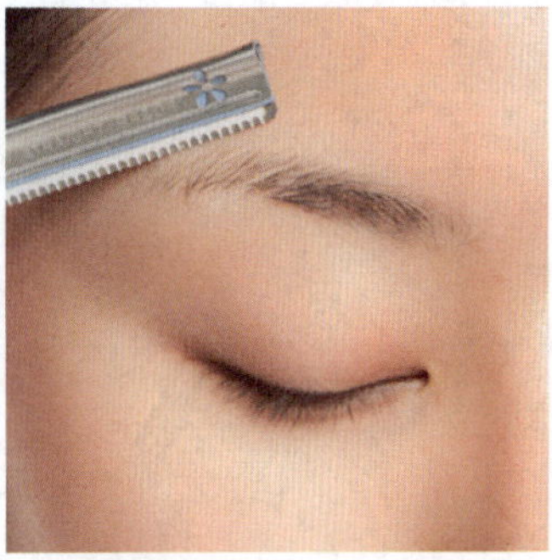

图 5-80　刮眉

2）刮眉。化妆前修眉一般采用修眉刀快速去除眉毛形状外多余的毛发。修眉时先梳理眉毛（见图 5-79），然后绷紧皮肤，刀片与皮肤约成 45°。一般上缘眉毛顺着眉毛生长方向刮除，下缘眉毛逆着生长方向刮除，如图 5-80 所示。

图 5-81　剪眉

图 5-82　拔眉

3）剪眉、拔眉。剪眉和拔眉（见图 5-81 和图 5-82）具体内容参见本书第四章第八节内容。

（2）化眉的方法

1）根据眉毛的基础色、发色和妆效需要，选择适合的眉妆产品颜色。

2）用眉刷将眉毛梳理成型，可用眉毛定型液将其固型。

3）确定眉头、眉峰、眉尾的位置，再用眉笔（或眉粉）轻轻勾画出对称的眉底线，如图 5-83 所示。

4）用眉刷沾取浅色眉粉，从眉腰的下缘及深色部分开始上色，逐渐向眉头、眉尾及眉毛上缘晕染，勾画出眉毛的基本形状（见图 5-84）；再用深色眉粉在眉腰、眉峰及眉底线部位加深颜色，加强层次及虚实感，如图 5-85 所示。

5）衔接残缺部位，用眉笔按眉毛自然生长方向一根根地画出眉毛，使画出的眉毛与其他部分的毛发质感及颜色自然衔接，使眉毛完整流畅。

6）如有需要，可用遮瑕刷修整眉底线，使眉毛更清晰立体，如图 5-86 所示。眉毛修饰效果如图 5-87 所示。

图 5-83 画眉底线

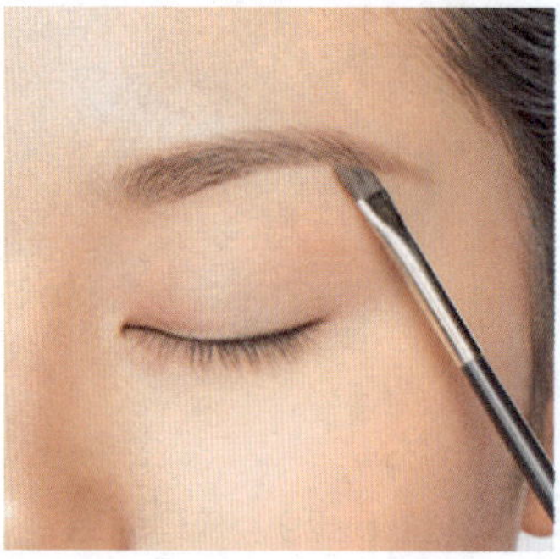

图 5-84 晕染眉形

图 5-85 勾画眉毛层次

图 5-86 修整眉底线

图 5-87 眉毛修饰效果

眉毛修饰视频可扫二维码观看。

眉毛修饰

四、眼妆修饰

眼睛一直被人们描绘成“心灵之窗”，是体现人内心情感及神采的重要部位。对于眼部化妆来说，眉毛和眼影的形与色，眼线的粗细与形状、睫毛的形状与浓密等细节的变化都会影响面部比例、表情、人物个性特征及整体形象效果。

由此可见，眼妆在化妆中是妆容刻画的重点和难点，有较大发挥及可塑空间。眼妆修饰通过眼影、眼线和睫毛的细致描绘与协同作用，修饰眼形轮廓、增加眼部立体感，在美化的同时增强眼睛神采的目的。

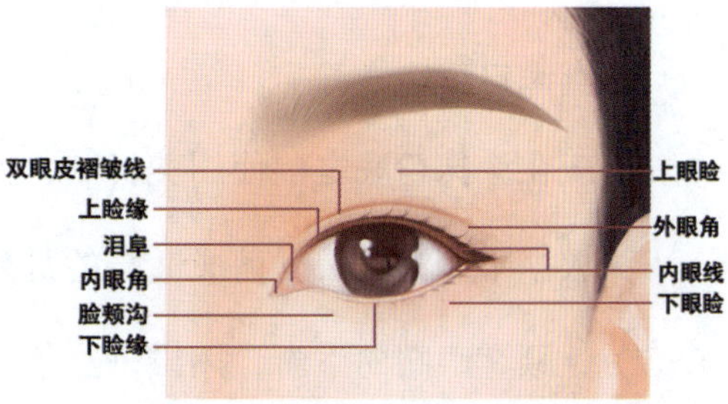

图 5-88　眼睛的外观形态

1. 眼睛的审美

眼睛由眼球和辅助组织构成，眼睛的外观形态由眼睑、眼角、睫毛、睑缘、双眼皮褶皱线、睑颊沟等组成，如图 5-88 所示。

虽然每一双眼睛配上个人的容貌都有自己独特的风格，各有各的美，但大众对眼睛的审美有相似之处。按照东方现代审美观，理想的眼睛眉弓及眼部结构立体，眉眼距离适中；眼睛外形大致呈杏仁形，双眼皮，眼角微上扬，形状及大小对称，基本符合“三庭五眼”的标准，与脸型及五官比例和谐；睫毛卷翘浓密，眼睛清澈明亮，有立体感、生动传神。上下眼睑前唇的睫毛根部排列形成的线为睫毛线，俗称为眼线，是眼部化妆特有术语。眼线的浓淡、形态及其变化能美化和调整眼型，在眼部审美中具有一定意义。眼睛的比例位置如图 5-89 所示。

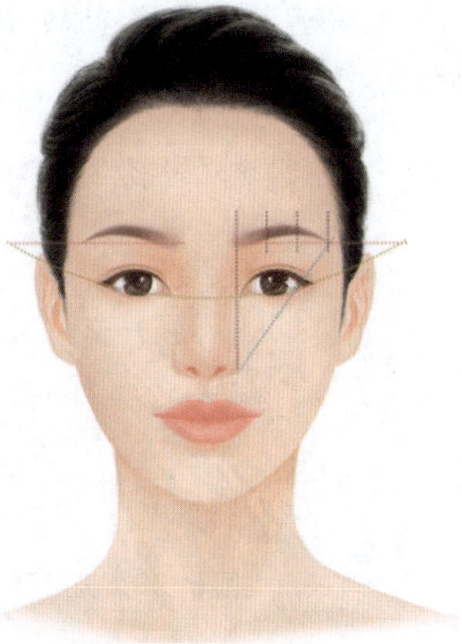

图 5-89　眼睛的比例位置

2. 眼妆修饰方法

眼妆修饰的强弱要符合妆型的浓淡及风格要求。应注重眼影面积、形状及颜色、眼线长短与粗细、睫毛疏密与卷翘的左右对称性；眼影颜色晕染应过渡自然、干净利索，与妆色协调；眼线流畅，粗细变化自然；睫毛卷翘自然，假睫毛粘贴牢固，睫毛修饰根根分明，与真睫毛粘合紧密。整体眼妆呈现真实、自然的美感。

（1）美目贴

1）应在涂抹粉底之前使用美目贴，上眼睑干净无油更易于粘贴牢固。

2）根据眼型将美目贴剪成适合的月牙形，长度接近于眼长，如图 5-90 所示。

3）让顾客眼睛向下看，用镊子夹住美目贴中部，将美目贴粘贴在双眼皮褶皱线上（见图 5-91），适当提高褶皱线的高度，内外眼角可根据矫正需要适当调整位置。

4）可先固定内眼角，然后顺势向后贴平；也可先从中间定点固定，再分别从两边贴平，如图 5-92 所示。

5）粘贴好后，让顾客睁眼，观察是否达到矫正效果，如有需要再进行调整。美目贴粘贴效果如图 5-93 所示。

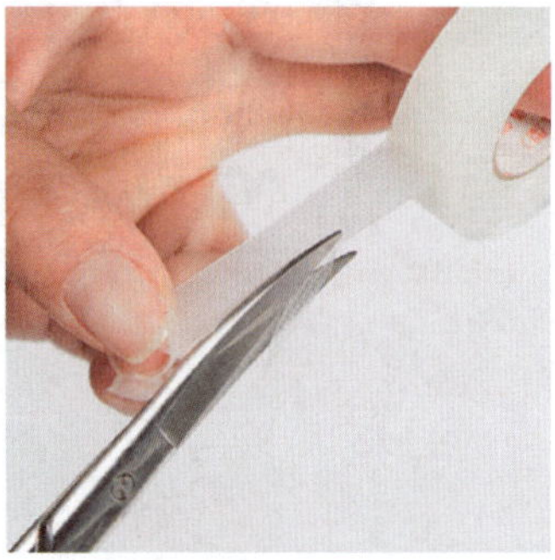

图 5-90　剪美目贴

图 5-91　美目贴粘贴位置

图 5-92 粘贴美目贴

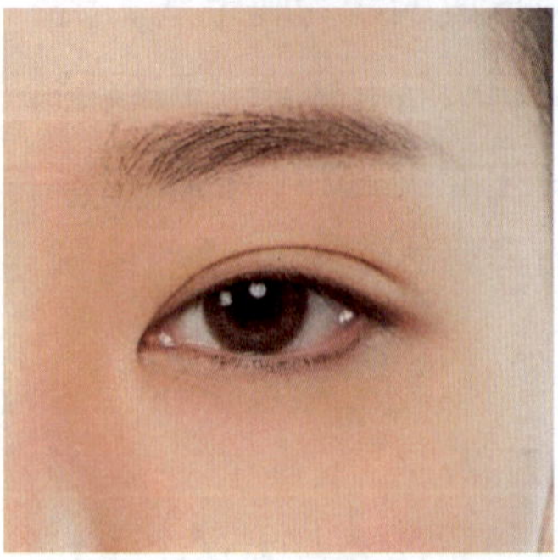

图 5-93　美目贴粘贴效果

（2）眼影修饰。眼影修饰是运用不同眼影色的明暗对比关系来表现眼部立体感，与此同时起到美化和丰富面部色彩的效果。一般用明度高的色彩表现需要突出的部位，用明度低的色彩来表现需要收缩后退的部位。眼影刷的大小、形状可根据晕染面积及部位来选择。眼影晕染要求均匀，色彩层次过渡自然，并与周围粉底自然衔接，整体干净整洁、有形无边。

常用的眼影修饰技法有平涂法、渐层法、段式法、结构法。

1）平涂法。平涂法是根据不同性状的眼影，用眼影刷以横向来回涂抹或点压的方式均匀、没有层次地进行晕染。此法简单易学，是基础的眼影修饰技法。适合原生眼部结构比较立体的眼型，单层平涂就能表现清新淡雅的眼妆效果。

2）渐层法。渐层法分为单色渐层晕染和多色渐层晕染。大多数亚洲人的眼部原生条件更适合使用渐层法，会使眼部更加立体深邃。

单色渐层晕染是在平涂法的基础上增加了颜色深浅层次的变化。从睫毛根部到眉骨下缘，通过单一颜色的深浅变化，晕染出自然柔和，有层次感的效果。单色渐层晕染是生活化妆常用的眼影晕染方式，可使眼睛更深邃和妩媚动人。

多色渐层晕染是运用两种或两种以上的眼影色进行渐层晕染，一般可用中性色或无彩色增加颜色层次，也可通过同色系颜色的深浅变化晕染出层次感。多色渐层晕染常用于表现较有立体感、装饰性较强的眼妆。渐层法具体方法如下。

①用大号眼影刷沾取浅色眼影，以平涂或单色渐层晕染，从睫毛根部起，在眉弓骨以下的范围，向上涂抹面积最大的第一层眼影，如图 5-94 所示。

②用中号眼影刷沾取略深的眼影，从睫毛根部起，在第一层约 1/3 的范围向上晕染涂抹第二层，颜色由深至浅，与第一层颜色自然过渡，如图 5-95 所示。

③用小号眼影刷沾取深色眼影，从睫毛根部起，在第二层约 1/3 的范围向上晕染涂抹第三层，颜色由深至浅，注意眼线与第三

层眼影颜色的衔接与自然过渡，如图 5–96 所示。

④涂抹下眼影选用较小号的眼影刷，从外眼角开始，沿睫毛根部向内眼角方向由宽到细、由深到浅晕染，外缘与皮肤自然衔接，如图 5–97 所示。下眼影应与上眼影呼应，呈现出由深到浅的渐变效果。晕染时下眼影与上眼影同步进行。

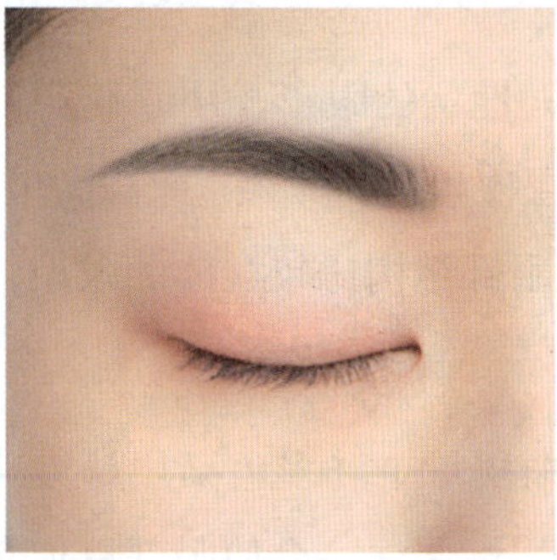

图 5–94　平涂第一层眼影

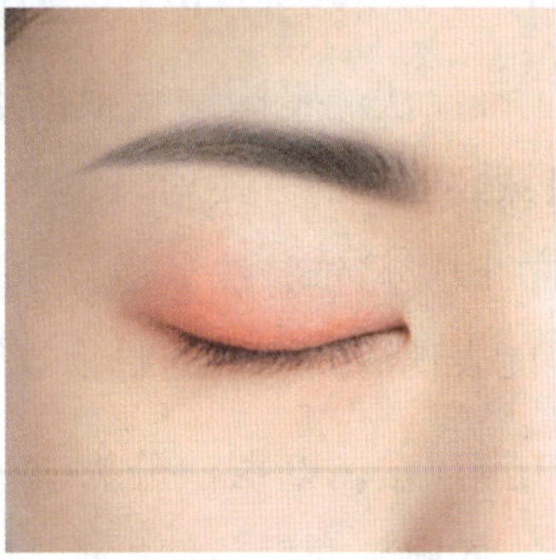

图 5–95　涂抹第二层眼影

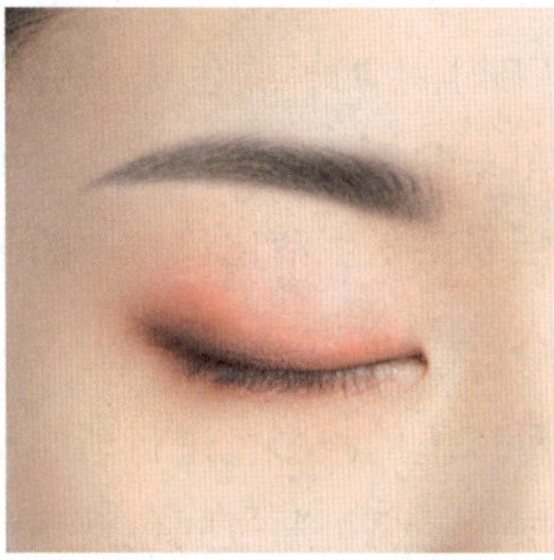

图 5–96　涂抹第三层眼影

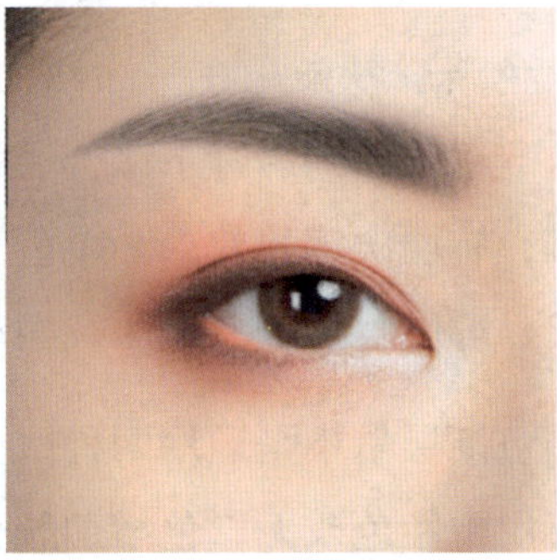

图 5–97　涂抹下眼影

渐层眼影视频可扫二维码观看。

3）段式法。段式法常见的有两段式和三段式，运用平涂或渐层的方法晕染，可用明度不同的单色或多种颜色搭配进行表现。段式法能更好地表现眼部横向及弧度立体结构，从内眼角区域至外眼角区域横向晕染，一般眼影颜色以前浅后深的方式自然衔接过渡。

各段的面积和色调比例要有主次之分，应避免等比、对称和无序，一般前段稍长、后段稍短，在眼尾及睫毛根部加深颜色更能营造立体深邃的效果，具体范围可根据眼形实际情况而定。常用的两段式晕染方法如下。

①用中号眼影刷以眼球边沿弧度为参考，从内眼角到眼球前 2/3 处，由浅至深晕染前半段眼影颜色，如图 5-98 所示。

②从外眼角睫毛根部开始向内眼角方向，以眼球边沿弧度为参考，由深至浅，晕染后半段眼影颜色，并与前段颜色自然衔接过渡，如图 5-99 和图 5-100 所示。

③下眼影晕染方法可与上眼影一致，也可根据眼妆需要进行调整，一般保持外眼角向内眼角方向逐渐变窄的状态，如图 5-101 所示。

图 5-98　涂抹内眼角眼影

图 5-99　涂抹外眼角眼影

图 5-100　加深外眼角眼影

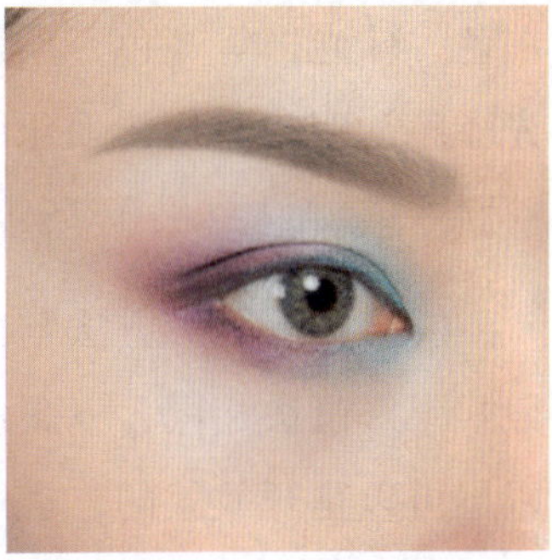

图 5-101　涂抹下眼影

④用小号眼影刷加深睫毛根部区域的颜色，使眼影更有层次感。

段式眼影视频可扫二维码观看。

段式眼影

4）结构法。结构法是依据眼部生理结构特征，利用高、中、低 3 个层次眼影颜色产生的明度对比，调整原生眼部凹凸起伏的明暗关系，强化骨骼的结构感，营造立体深邃的眼妆效果。重点刻画上眼睑区域眶上缘与眼球之间的凹陷结构，凸显眉弓骨与眼球最高处。结构法最常用的是欧式倒钩法，具体方法如下。

①用中明度至低明度色彩的眼影，从外眼角至眉头下方眼窝处逐层叠加，勾画上眼睑区域眶上缘与眼球之间的凹陷结构，晕染边际，使边际与粉底自然衔接过渡，如图 5–102 所示。

②刻画眼部横向和弧度立体结构，晕染外眼角区域并使之与眶上缘凹陷部眼影衔接并自然过渡，如图 5–103 所示。

③加深眼窝，并在眼球中央、内眼角和下眼睑内眼角处涂抹明度高的白色、米白色、珠光白等亮色，增加光泽感和明暗对比，强化眼部立体感，如图 5–104 所示。

④涂抹下眼影方法与两段式眼影画法相同，下眼影眼尾可以是开放式的，也可以与上眼影自然衔接，如图 5–105 所示。

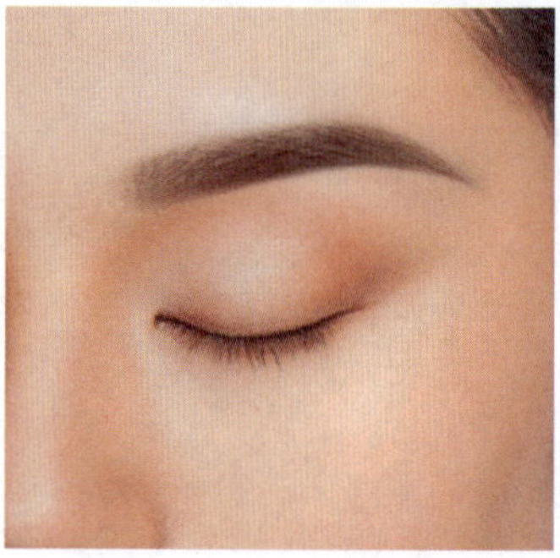
图 5–102　勾画结构

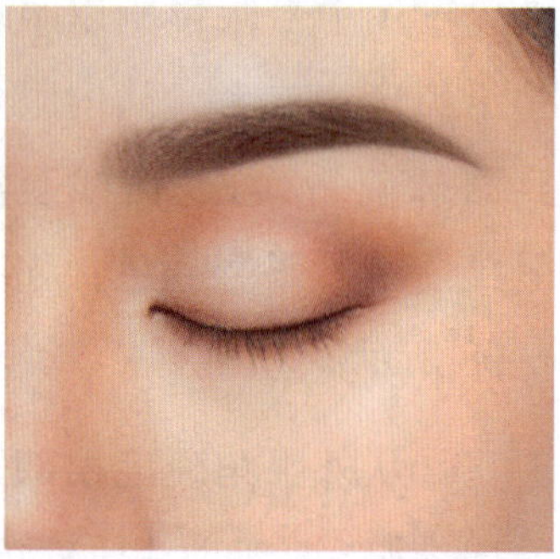
图 5–103　晕染立体结构

图 5–104　加深眼窝，提亮眼球

图 5–105　涂抹下眼影

欧式眼影视频可扫二维码观看。

相关链接

眼影刷使用技法

使用眼影刷时，手腕要放松，灵活控制轻重。轻薄的、浅色的区域手法要轻柔，厚重的、深色的区域可稍重。

涂抹法：用眼影刷横向地来回涂抹，常用于平涂眼影。

打圈法：用眼影刷以打圈的方式涂抹，适合于眼影层次的晕染及不同颜色之间的衔接。

点压法：用眼影刷以点状按压的方式涂抹，适合于小范围的涂抹，或叠加颜色，增加眼影的饱和度和厚重感。

（3）眼线修饰。化眼线能强调并改善眼睛轮廓及形状，加强与眼白的明度对比效果，使眼睛更有神采。化眼线的要求是在睫毛根部上色，上眼线自外眼角向内眼角从粗到细地自然过渡，逐渐融入皮肤，整体线条流畅并有下实上虚的自然视觉效果。下眼线化法与上眼线一样，但整体较虚。眼线修饰方法如下。

1）用棉签或手指轻轻提拉上眼睑，露出睫毛根部，如图 5-106 所示。

2）勾画上眼线时，一般从眼睛外 1/3 处的睫毛根部开始向两端分段描画，如图 5-107 和图 5-108 所示。眼尾末梢可根据眼形矫正需要向外适当延长并微微上翘，达到拉长眼裂的视觉效果。

3）下眼线一般使用比上眼线略浅的颜色，重点描画外眼角 1/3 的部分。

4）用眼线笔画完后，可用小眼影刷将眼线边缘颜色晕开，使眼线有层次感，视觉效果更生动自然，如图 5-109 所示。

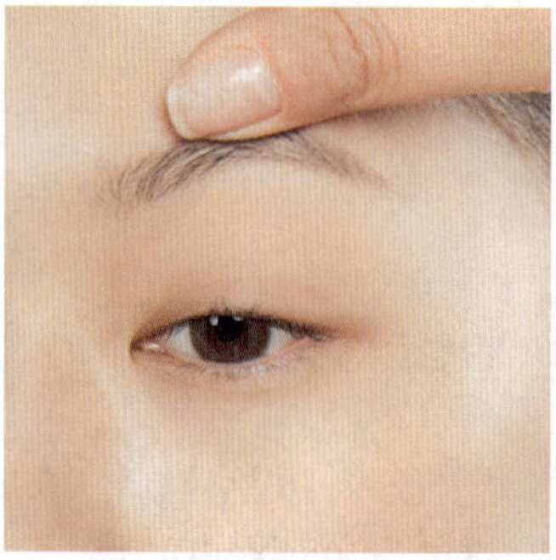

图 5-106　提拉上眼睑

图 5-107　勾画外 1/3 眼线

图 5-108　勾画上眼线

图 5-109　晕染下眼线

眼线修饰视频可扫二维码观看。

（4）睫毛修饰

1）夹睫毛

①使顾客眼睛向下看，提拉上眼睑（见图 5-110），露出睫毛根部，用螺旋梳梳顺睫毛。

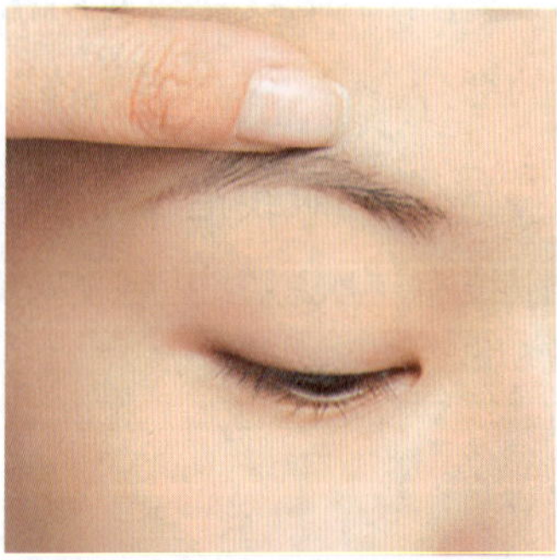

图 5-110　提拉上眼睑

②先夹根部，睫毛夹开口的上方贴近睫毛根部，缓缓闭合，夹住睫毛稍稍用力，保持 3~5 s 后松开（见图 5-111）。反复多次，可加强睫毛根部的支撑力。

③依次夹睫毛中部、尾部，力度稍小，使睫毛呈自然上翘的圆弧状。

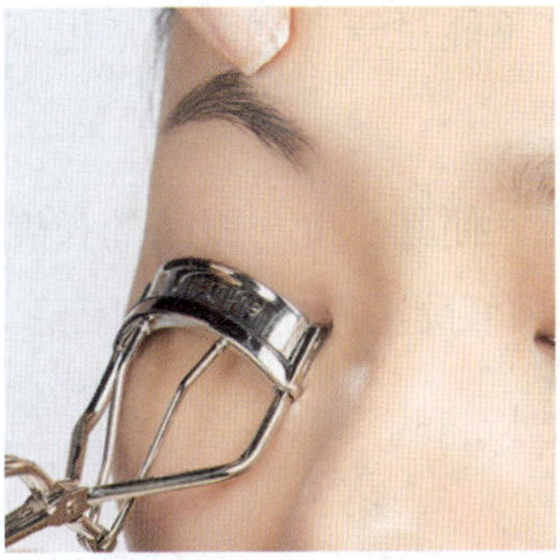

图 5-111　卷翘睫毛

2）涂睫毛膏

①上睫毛。使顾客眼睛向下看，提拉上眼睑，露出睫毛根部。用睫毛刷从睫毛根部起，横向呈“Z”字形逐步向上移动薄涂至睫毛末梢，然后再纵向刷匀至根根分明，如图 5-112 和图 5-113 所示。

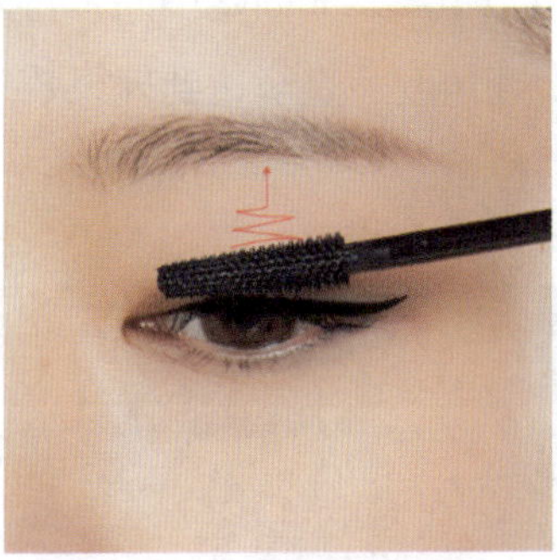

图 5-112　横向刷上睫毛

图 5-113　纵向刷上睫毛

②下睫毛。使顾客眼睛向上看，从根部到末梢横向涂抹，过于细短的睫毛可用刷头的尖部纵向涂抹，如图 5-114 和图 5-115 所示。

图 5-114　横向刷下睫毛

图 5-115　纵向刷下睫毛

③待第一层睫毛膏基本凝固后，可反复多次地薄涂，直到浓密，且根根分明、干净利落。

3）粘贴假睫毛。粘贴假睫毛的要求是牢固舒适，真假睫毛自然融合不分层；假睫毛粘贴角度不能过于卷翘夸张，也不能平直或下垂遮挡眼睛视线。

图 5–116　修剪假睫毛

①根据眼睑长度修剪假睫毛，使其长度与眼睛的长度接近（见图 5–116）。通常只修剪假睫毛眼尾部分的睫毛。

②在假睫毛根部涂抹适量胶水，两头可多涂一些，更容易粘牢。

③待胶水半干时，用镊子夹取假睫毛放置于真睫毛根部的皮肤位置，眼头留出适当距离，先固定中间，再固定两边，最后调整睫毛弧度和上翘角度，直至达到理想效果，如图 5–117 和图 5–118 所示。

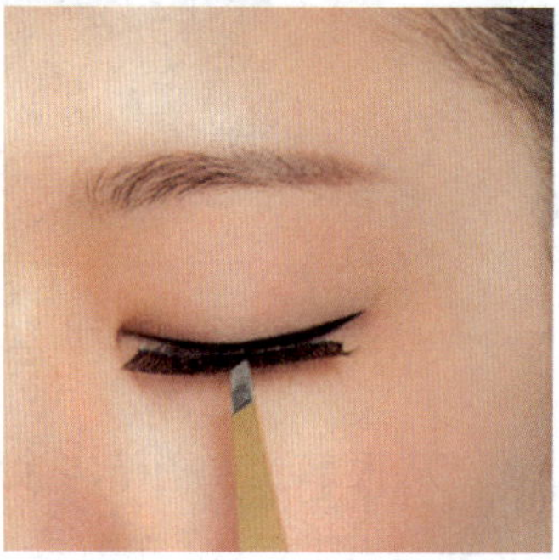

图 5–117　从睫毛中间固定

图 5–118　固定内外眼角

睫毛修饰视频可扫二维码观看。

相关链接

单簇假睫毛粘贴方法

单簇假睫毛能塑造更为自然的效果，常用于上下睫毛的补充。粘贴单簇假睫毛要求按照睫毛自然生长方向有序进行粘贴，并与真睫毛自然融合，排列整齐、疏密有致，见下图。

1. 涂抹胶水：用镊子取单簇假睫毛，将适量胶水涂于假睫毛根部。

2. 粘贴睫毛：从眼睛中间向两侧粘贴在睫毛根部的皮肤上，再调整其弧度与真睫毛弧度一致。

粘贴单簇上睫毛

粘贴单簇下睫毛

单簇粘贴效果

五、唇妆修饰

唇是面部情绪表达及表情活动范围最大的器官，唇的形态在面容美学中的重要性仅次于眼睛，也是五官刻画的重点。唇妆修饰可以通过唇膏颜色深浅及明暗关系、线条起伏和晕染范围的调整，使口唇比例与五官更加协调，面色更加健康，口唇更加立体，妆容更有美感，性格气质更加凸显。

1. 唇的审美

唇分为上唇和下唇，边缘的轮廓为上唇缘和下唇缘。上唇缘和下唇缘两边的起始点为唇角，两唇之间为唇裂，上唇中央上方为人中，上唇缘有两个凸起的最高点为唇峰，两唇峰中间的凹陷点为唇谷，上下唇中部的凸起为唇珠，下唇连接下颏的凹陷处为颏唇沟。唇的结构如图 5-119 所示。

唇的形态千姿百态，小巧与丰满、清纯与性感、干练与妩媚、冷艳与庄重各有风情，大众对唇的审美呈现多元化。一般而言，唇的美感主要取决于其形状、厚薄、大小与脸型、五官的和谐比例和唇色。

上唇与下唇的厚度比例没有严格的标准，一般认为理想的唇为下唇较上唇稍厚，唇峰位于人中嵴上，嘴角微翘，下唇线流畅呈船底形；口唇端正对称，轮廓线清晰，色泽健康、饱满而富有立体感。唇的比例位置如图 5-120 所示。

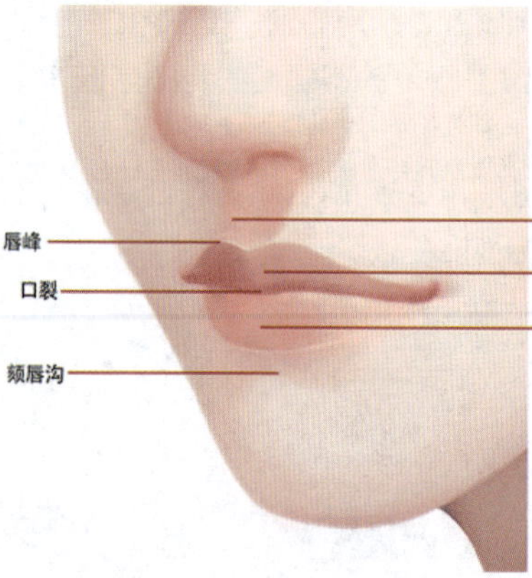

图 5-119　唇的结构

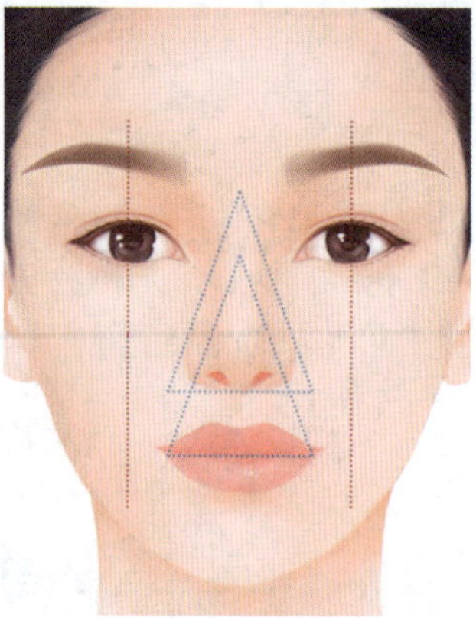

图 5-120　唇的比例位置

2. 唇妆修饰方法

唇妆修饰要求唇色与妆色协调，唇线干净流畅，与唇色衔接自然；上下唇比例协调，左右对称，形状自然，立体饱满。唇部立体修饰方法如下。

（1）确定唇峰、唇谷、唇角、唇底线的位置，用唇线笔勾勒出对称的唇形，如图 5-121 和图 5-122 所示。

（2）用唇刷沾取唇膏并覆盖唇线，少量多次地平涂，直至颜色均匀饱满，再用颜色略深的唇膏涂在嘴唇外缘，如图 5-123 和图 5-124 所示。如想保持唇妆持久，可用纸巾轻轻按压、吸去多余唇膏，再使用少量透明散粉按压唇部后，再上一层唇膏。

（3）为增加唇部的滋润感和光泽感，可在唇的表面上一层唇釉，也可只在唇部中央涂抹唇釉，增加唇部立体感，如图 5-125 所示。

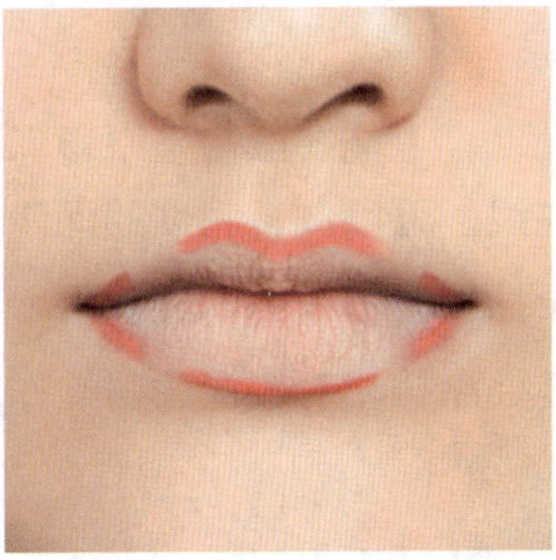

图 5-121　确定位置

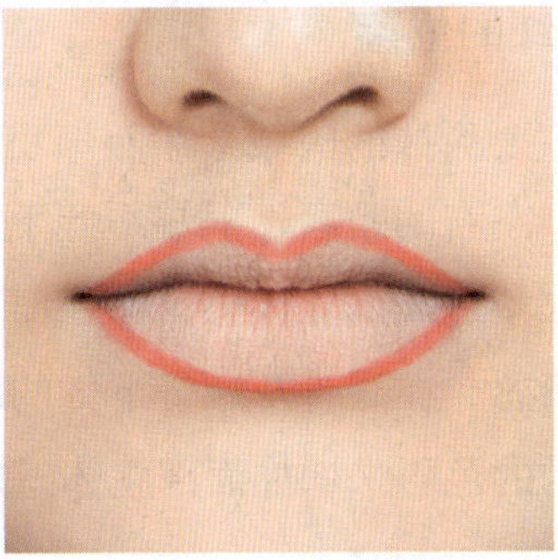

图 5-122　勾画唇形

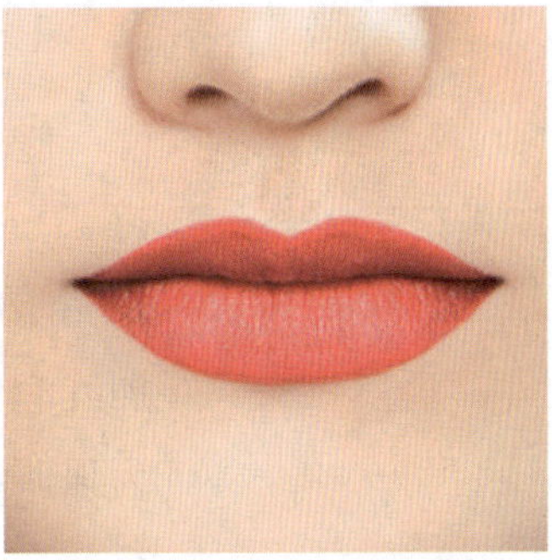

图 5-123　平涂唇膏

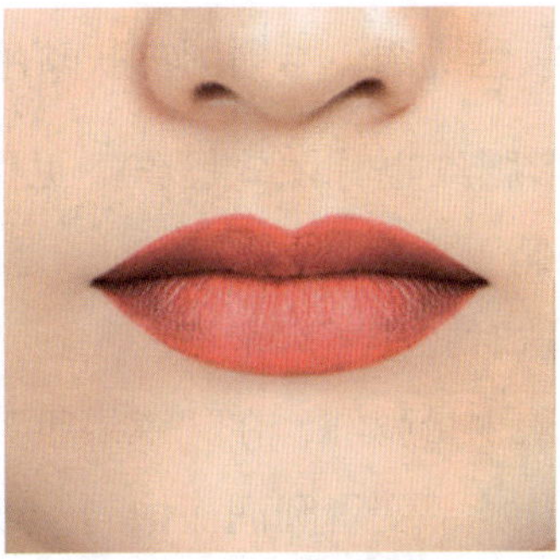

图 5-124　加深唇角颜色

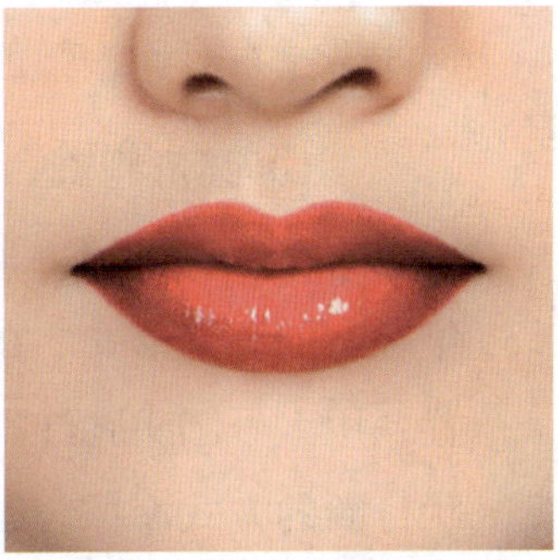

图 5-125　涂抹唇釉

唇妆修饰视频可扫二维码观看。

六、腮红修饰

腮红的修饰是在立体底妆的基础上，运用红色、橘色等暖色调腮红，对面颊及颧骨部位进行修饰晕染，使面部结构更加柔和，妆色更加协调，气色健康自然，妆容更加立体生动。

腮红的颜色及深浅、位置都会对面部的结构和脸形态产生影响，应根据个人的脸型、肤色，妆容、妆色而定。

1. 腮红的位置

腮红主要涂抹的区域是在面颊及颧骨处，上端一般与下眼影保持“一指”左右的距离，下端不低于鼻底线。可以调整腮红的深浅及明暗层次塑造面部立体感，如在面颊涂抹相对较浅的腮红色来增加红润健康感，在颧骨及颧骨下方的凹陷处涂抹相对较深的腮红作为强调结构的色彩来增加面部立体感。

2. 常见的腮红形态及修饰方法

腮红的形状和位置应符合顾客脸型条件及面部生理结构，面积、深浅需左右对称，颜色与妆色协调，与周围皮肤颜色自然衔接。

（1）圆形腮红。圆形腮红也称团式腮红（见图 5-126），范围主要在“苹果肌”，即眼睛下方至嘴角的 1/2 处，是一种表现可爱、年轻态的腮红形式。在涂抹时，让顾客微笑，找到“苹果肌”的位置，用大号圆头腮红刷沾取少量腮红，在“苹果肌”上团扫即以环状打圈的方式涂抹。如想让脸部变得圆润而饱满，可用珠光色腮红在“苹果肌”的中部提亮。

（2）长形腮红。长形腮红的范围在鬓角至鼻翼的长形区域，具有拉长脸型、提升面部肌肉、收缩面部轮廓的视错觉效果（见图 5-127）。用斜头腮红刷沾取较深的腮红色，从鬓角向鼻翼方向斜扫，向内在内外轮廓线处与粉底自然衔接，向下不低于鼻底线。斜扫常与团扫结合，使晕染更高效快捷。

（3）三角形腮红。三角形腮红的范围主要是在颧骨下方的凹陷处，从耳中部向鼻翼方向呈三角形，具有强调颧骨、增加面部立体感的效果（见图 5-128）。用斜头腮红刷沾取较深的腮红色，从耳中部向鼻翼方向横扫，向内在内外轮廓线处与粉底自然衔接，向下不低于鼻底线。横扫与团扫结合运用更高效快捷。如想突出颧骨的立体感和光泽感，可在颧骨处用珠光、裸色等浅色进行提亮。

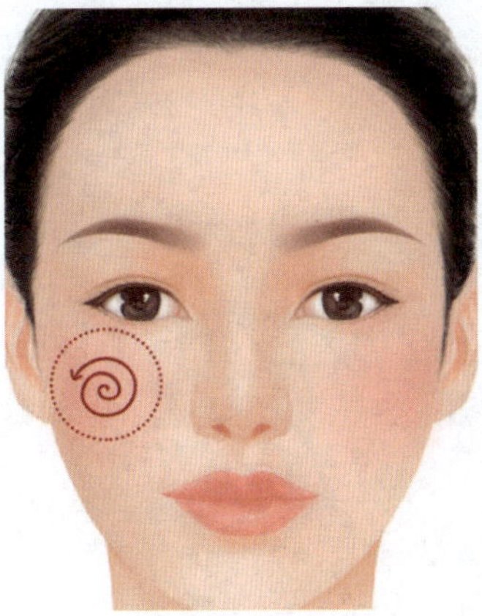

图 5-126　圆形腮红

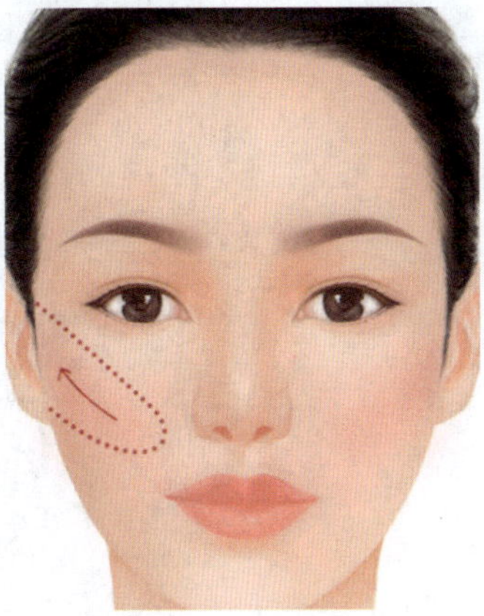

图 5-127　长形腮红

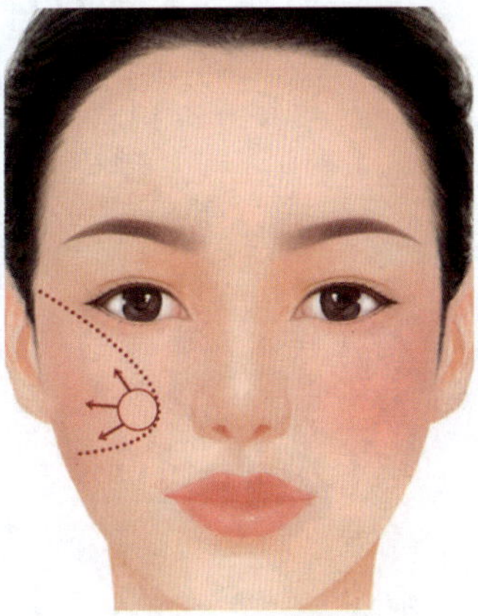

图 5-128　三角形腮红

腮红修饰视频可扫二维码观看。

腮红修饰

第五节
矫正化妆

依据大众对面部的审美标准，现实生活中绝大多数人的脸型与五官都或多或少存在不够理想的地方。矫正化妆是指利用视错觉原理，运用色彩原理知识、素描造型表现手法等造型要素，对顾客的脸型及五官进行立体结构与比例关系的调整塑造，使局部与整体产生均衡和谐的美感。由于每个人的面部特征都是独一无二的，脸型与五官的问题千差万别，本节仅对最常见的典型问题以及通用的矫正原理方法进行介绍，初学者应学会举一反三和灵活运用。

要点提示

1. 了解矫正化妆的基本要求、原理及方法。
2. 掌握脸型、眉、眼、唇的矫正方法。

关键术语

矫正化妆　底妆矫正　眉形矫正
眼形矫正　鼻形矫正　唇形矫正

一、矫正化妆概述

1. 矫正化妆的基本要求

（1）整体观察。化妆师在化妆造型过程中对顾客形象特征的观察与化妆技能同样重要，良好的观察习惯和观察能力是正确刻画人物形象的前提。应从整体与局部之间的关系入手，再从局部与整体之间、局部之间的和谐关系进行观察判断。

（2）比例协调。比例关系是矫正化妆“构图”的灵魂，应以面部“三庭五眼”的比例关系为基准进行局部形态关系的调整，弥补、弱化不足之处。

（3）自然真实。矫正化妆应以人体生理结构及个人形象特征为依据，过度矫正会失去真实感，破坏面部自然和谐的美感。

2. 矫正化妆的原理与方法

矫正化妆是利用视错觉原理，运用色彩原理知识、素描造型表现手法等造型要素，对顾客的脸型与五官进行立体结构与比例关系的调整，使局部与整体产生均衡和谐的美感。具体方法如下。

（1）线条。脸、眉、眼、唇的结构轮廓都由线条组成，调整各部分的线条走向、曲直可以起到矫形修饰作用。如横向线条有拉宽感，纵向线条有拉长感，弧线有柔和感，直线有阳刚感，有棱角的线条有坚硬感，粗线条有力量感，细线条有秀美感。

（2）色彩。色彩的深浅、冷暖及明暗变化会产生胀缩、凹凸、进退等视错觉，可以达到调整脸型及五官比例，强调或减弱立体感的矫形效果。

（3）形态。形的大与小、长与短、硬与柔、粗与细等都是相对的，合理利用其对比关系可以从视觉上起到矫正的效果。

相关链接

视错觉原理

视错觉是当人们在观察物体时，基于经验主义或不当的参照形成的错误的判断和感知。例如，“假双眼影”技法的表现，即是在单眼皮上采用绘画手法，利用视错觉原理，描画出双眼皮褶皱线，产生双眼皮的视觉效果。

二、脸型的矫正

脸型的矫正是运用视错觉原理，在遵循化妆对象原有脸型条件的基础上，对影响面部形状轮廓的线条弧度及明暗变化做适当的结构线矫正与调整，完成脸型的化妆矫正。椭圆形脸宽度适中，长与宽度比例为 4 ∶ 3，轮廓线条柔和圆润，具有女性的柔美感，一直被大众认同为理想的脸型（见图 5-129 和图 5-130）。脸型的矫正通常就是以理想的椭圆形脸为参照标准，通过对底妆、面部轮廓的修饰和影响脸型因素的眉毛、腮红、唇的形态调整，使脸型在视觉上趋于椭圆形。常见脸型及矫正方法如下。

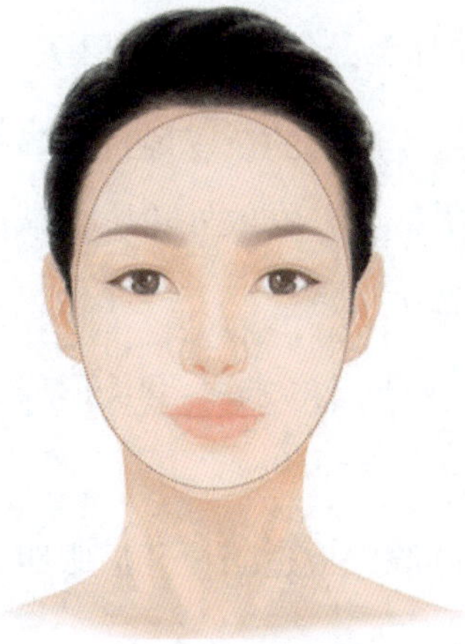

图 5-129　椭圆脸

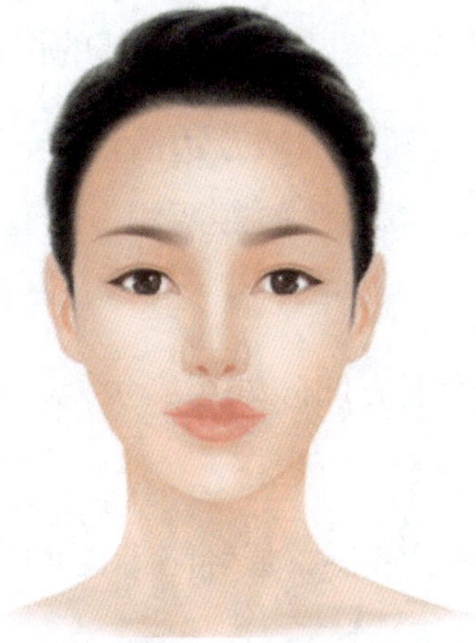

图 5-130　椭圆脸修饰

1. 圆脸的矫正

（1）脸型特点。脸的长宽度比例接近，脸偏短，颧骨及下颌骨结构不明显，外轮廓近似圆形，肌肉饱满，缺少立体感，给人可爱、青春、亲切的印象，但易显得稚气，如图 5-131 所示。

（2）矫正目的。拉长脸形和缩减宽度，增加立体感，减少弧线感。

（3）矫正方法

1）底妆（见图 5-132）

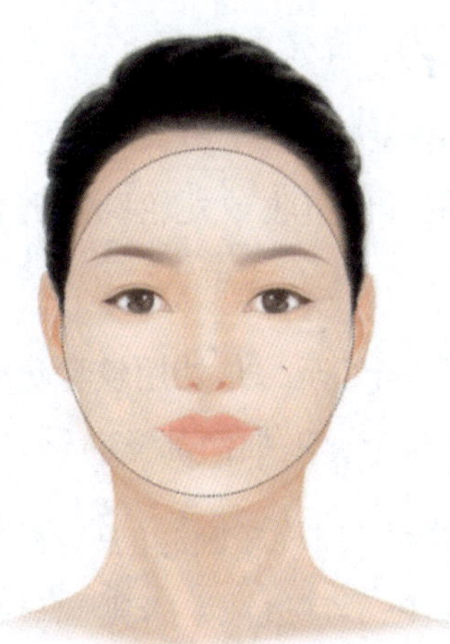

图 5-131　圆脸

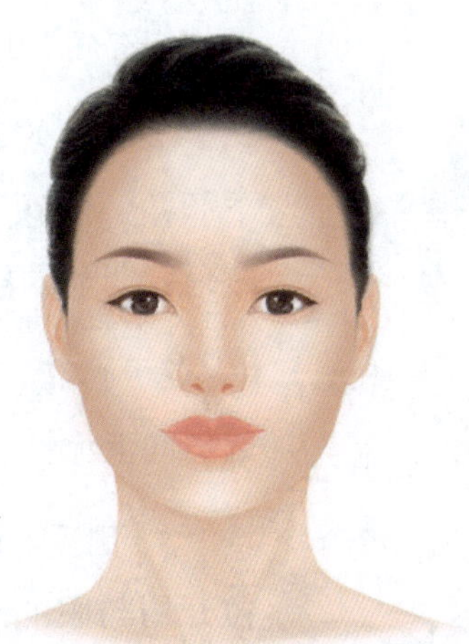

图 5-132　圆脸的底妆矫正

①浅色修容。确定矫正区域及边沿形状，运用浅色膨胀、前进的色彩原理，将提亮色从额中部至发际线提亮，鼻梁与额部的提亮色相连，涂抹至鼻尖，提亮下巴尖。

②深色修容。确定矫正区域及边沿形状，运用深色收缩、后退的色彩原理，鼻侧影由眉头延长至鼻翼。鬓角、脸颊两侧、颧骨凹陷处涂抹阴影色以收敛外轮廓，减弱圆弧感。

2）腮红。在颧骨下方凹陷处至鬓角处，用较深色腮红斜向上涂抹，呈长形或三角形。

3）眉毛。眉形具直线感，眉峰略带棱角的高挑眉适合圆脸，应适当拉开眉眼距。

4）唇。避免唇线及轮廓线过于圆润，唇峰应稍有棱角或平缓。

2. 方脸的矫正

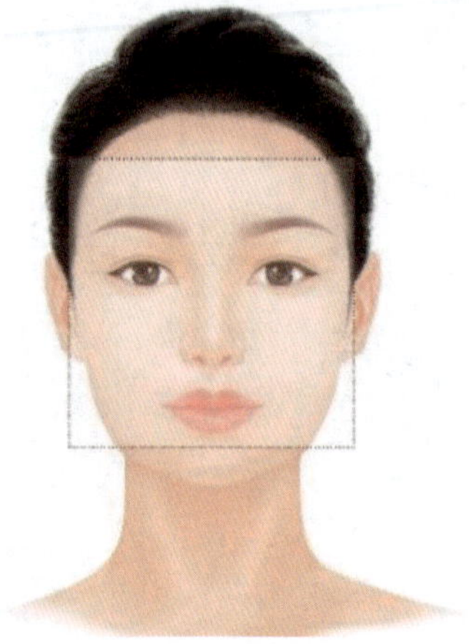
图 5-133　方脸

（1）脸型的特点。脸宽且偏方，前额和下颌骨有棱角感，面部轮廓线较硬朗，棱角分明，给人稳重、理智、刚硬的印象，但缺乏柔美感，如图 5-133 所示。

（2）矫正目的。缩减面部宽度，减弱额角和下颌角棱角感，增加柔美的弧线感，使外轮廓趋于圆润。

（3）矫正方法

1）底妆（见图 5-134）

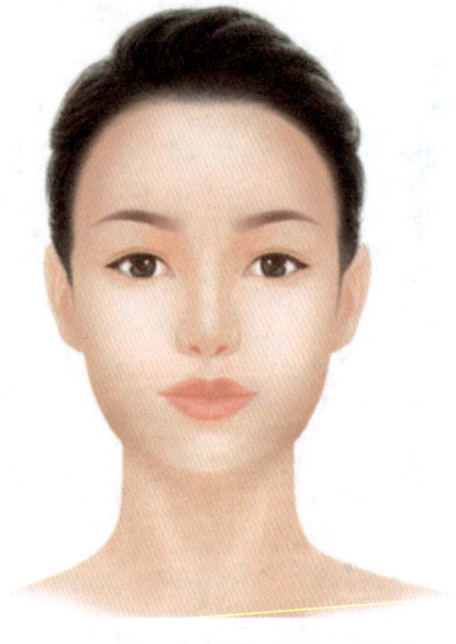
图 5-134　方脸的底妆矫正

①浅色修容。从额中部至发际线提亮，鼻梁与额部的提亮色相连，涂抹至鼻尖，提亮下巴尖。

②深色修容。鼻侧影由眉头延长至鼻翼，额角、下颌角、面颊部位等涂抹阴影色，收敛外轮廓，弱化棱角感明显的额角及下颌角。

2）腮红。在颧骨下方凹陷处至鬓角处用较深色腮红斜向上涂抹，呈长形或三角形，增加面部纵向感。

3）眉毛。调整为眉形柔和、眉峰较圆润的高挑眉，拉开眉与眼的距离；眉毛颜色不宜过浓，否则会显得面部更加刚硬和严肃。

4）唇。轮廓线较柔和，唇峰轮廓较圆润或平缓。

3. 长脸的矫正

（1）脸型特点。脸的外轮廓偏长，额头与脸颊宽度比较接近，不够生动、柔和，给人严肃、成稳、理智的印象，如图 5-135 所示。

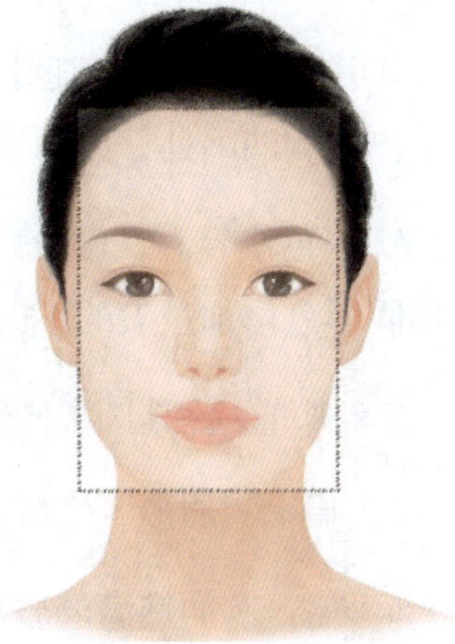
图 5-135 长脸

（2）矫正目的。缩短脸部长度，增加面部宽度，增加柔美感。

（3）矫正方法

1）底妆（见图 5-136）

①浅色修容。提亮颧骨、颞骨部位，使脸横向延伸。下眼睑三角区的提亮色和鼻梁提亮色晕染不宜过长。

②深色修容。阴影色涂抹在发际线及额部上方、下颌骨沿线。适当弱化鼻侧影，对于鼻部过长的，鼻侧影从鼻梁根部两侧开始晕染，鼻尖下方可适当涂抹阴影色。

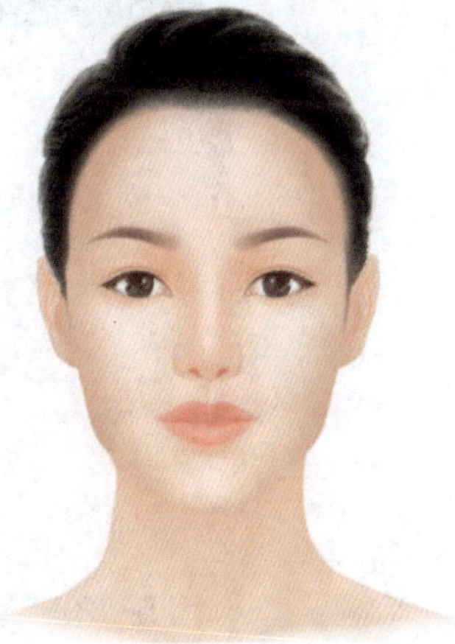
图 5-136 长脸的底妆矫正

2）腮红。横向涂抹以加强横向延伸感，位置不能低于鼻底线。

3）眉毛。眉毛可适当拉长且较平直，以增加中庭的横向感，也可适当降低眉头，缩短中庭长度。

4）唇。饱满的唇形可弱化下巴的长度。

4. 菱形脸的矫正

（1）脸型特点。菱形脸的外轮廓线近似于菱形，额头较窄，颧弓骨较宽且颧骨突出，下颏部较尖，面部清瘦有棱角感，不够柔和，给人机敏、理智、高傲的印象，如图 5-137 所示。

（2）矫正目的。拉宽额部，减弱颧骨及面部棱角，增加柔美的弧线感，使面部轮廓柔和。

（3）矫正方法

1）底妆（见图 5–138）

①浅色修容。提亮色扩展额角至颞窝部位，增加额头宽度。可适当提亮脸颊两侧和下巴两侧凹陷处，以增加膨胀感，削弱尖瘦感。鼻梁的高光部位不宜过窄、过长。

②深色修容。在颧骨两侧使用阴影色，削弱其宽度或高度，使之变窄、变柔和，可用阴影色修饰过尖的下巴，鼻部的阴影与高光区域的转折处过渡要柔和。

2）腮红。涂抹圆形腮红，以增加面颊的圆润感。

3）眉毛。眉形可平缓柔和、稍长，眉峰位置可适当外移，以增加额部宽度。

4）唇。圆润饱满的唇形可增加面部下庭的体量感。

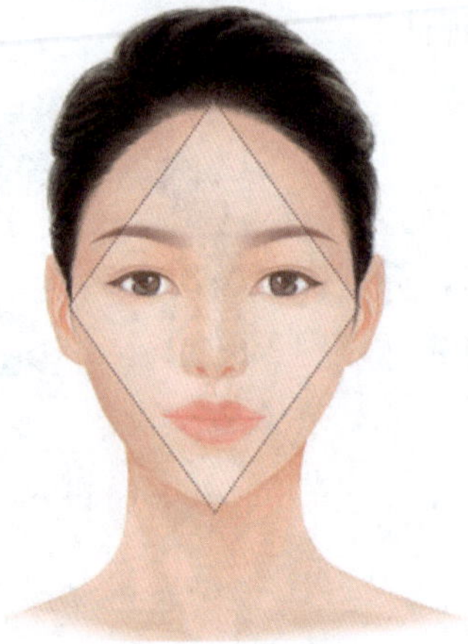

图 5–137　菱形脸

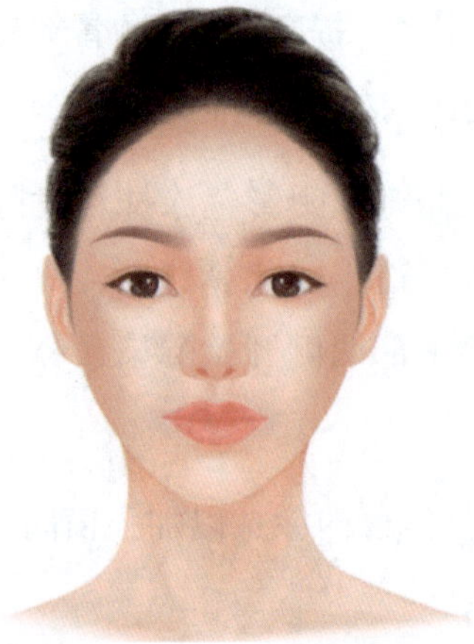

图 5–138　菱形脸的底妆矫正

5. 三角形脸的矫正

（1）脸型特点。额头窄，下颌骨宽，整体脸形接近三角形，给人稳重、安定的印象，容易显老成，缺少女性的柔美感，如图 5–139 所示。

（2）矫正目的。增加额头宽度，收敛较宽大的面颊或突显的下颌角，使面部上下体量趋于平衡。

（3）矫正方法

1）底妆（见图 5–140）

①浅色修容。提亮色扩展额角至颞窝部位，增加额头的宽度，提亮下巴尖增加纵向感。

②深色修容。阴影色涂抹在宽大的面颊或突显的下颌角部位，收缩下半部脸的轮廓。

2）腮红。自颧骨下方凹陷处至鬓角处用较深色腮红斜向上涂抹，呈长形或三角形。

3）眉毛。眉毛可略微上扬，弧度柔和；眉峰可向外移，适当拉长眉毛以增加上半部脸的宽度。

4）唇。唇不宜过大，唇色自然，不过度修饰，避免下半部脸成为视觉焦点。

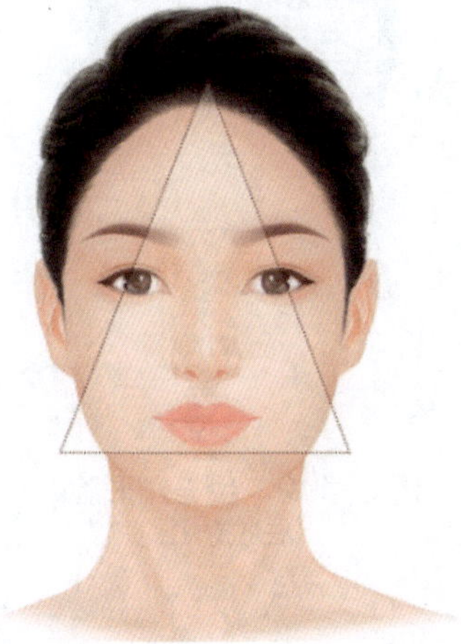

图 5-139　三角形脸

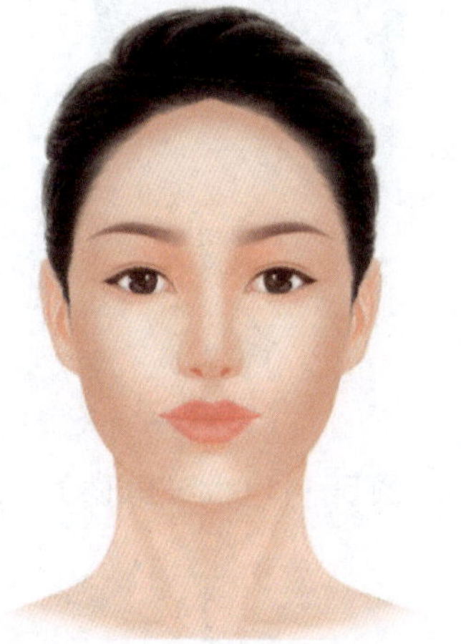

图 5-140　三角形脸的底妆矫正

6. 倒三角形脸的矫正

（1）脸型特点。脸部上宽下窄，额部较宽，下颌较窄，脸偏小，轮廓清秀，易显得单薄、柔弱，给人清秀、机灵、俏丽的印象，如图 5-141 所示。

（2）矫正目的。收缩较宽的额部，增加柔美的弧线感，使脸颊的饱满、面部上下体量趋于平衡。

（3）矫正方法

1）底妆（见图 5-142）

①浅色修容。提亮脸颊及下颌角，增加体量感。在鼻梁、鼻头使用高光色，强调圆润感。

②深色修容。额角至颞窝部位涂抹阴影色，以收缩额头的宽度。适当涂抹鼻侧影增加立体感。

2）腮红。涂抹圆形腮红，以增加面颊的圆润、饱满感。

3）眉毛。自然柔和呈圆弧形，不宜过长。

4）唇。唇线及轮廓幅度平缓圆润，唇部饱满，增加下半部脸的体量感。

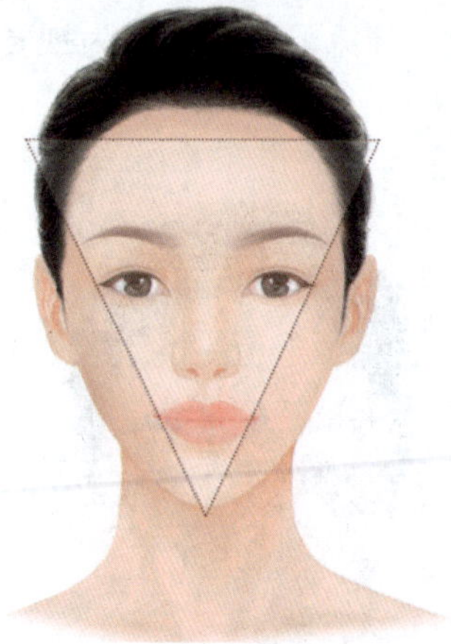

图 5-141　倒三角形脸

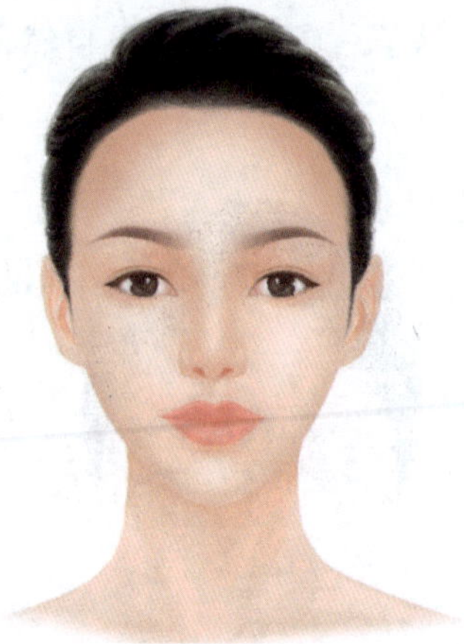

图 5-142　倒三角形脸的底妆矫正

三、五官的矫正

1. 眉形的矫正

（1）常见眉形及特征

1）标准眉。眉头、眉峰、眉尾的高度不在一条水平线上，眉腰上扬，眉峰到眉尾弧度平缓下降，眉形舒展、流畅、柔和，给人平和、端庄、温婉的印象，如图 5-143 所示。

2）平眉。眉头、眉峰、眉尾的位置基本在同一水平线上，呈一字形，给人自然、年轻、平和、帅气的印象，如图 5-144 所示。

3）高挑眉。眉峰高挑，眉尾高于眉头，眉毛弯曲，弧度较大，呈拱形，给人精明、冷艳、成熟的印象，如图 5-145 所示。

4）棱角眉。眉峰呈直线折角，有明显的棱角，眉形线条清晰明朗，给人刚毅、中性、率真的印象，如图 5-146 所示。

5）下挂眉。眉尾低于眉头，眉峰不明显，眉形呈下垂趋势，给人柔弱、无辜、发愁、老气、没精神的印象，如图 5-147 所示。

6）上扬眉。从眉峰至眉尾呈上扬的斜线，给人刚强、坚毅、个性、自信的印象，如图 5-148 所示。

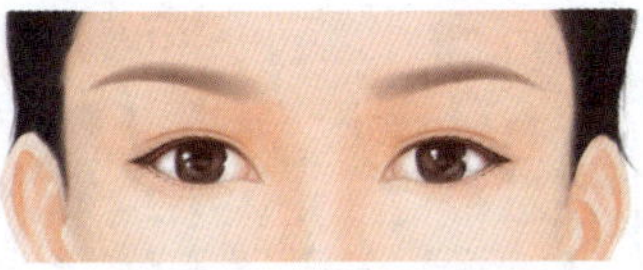
图 5-143　标准眉

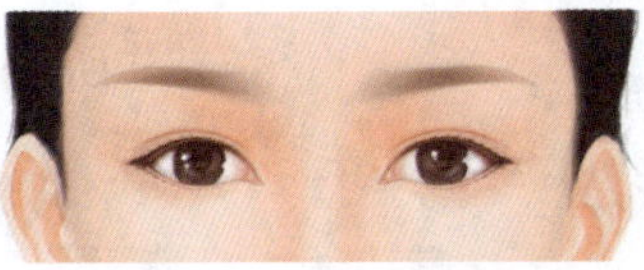
图 5-144　平眉

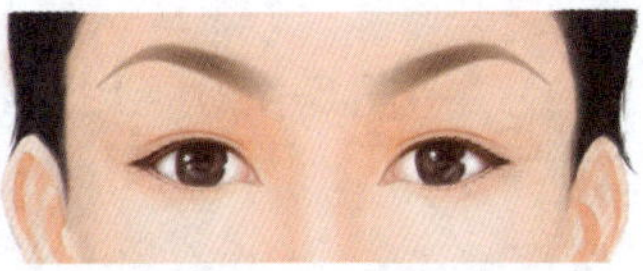
图 5-145　高挑眉

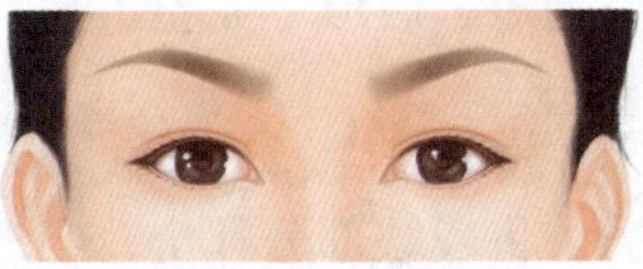
图 5-146　棱角眉

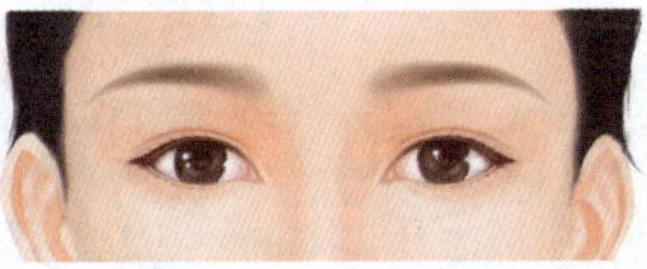
图 5-147　下挂眉

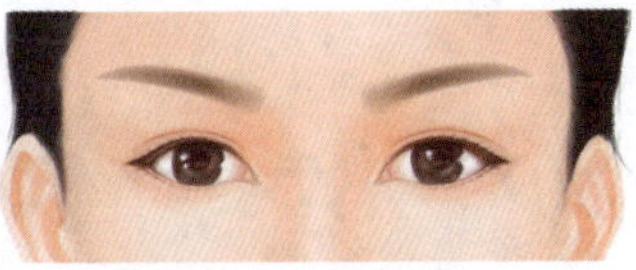
图 5-148　上扬眉

（2）眉形的矫正方法。眉毛的矫正应最大限度地保留原生眉形的基本形状及主体部分毛发，运用线条和明暗变化产生的视错觉，通过改变眉毛颜色深浅和增减毛发线条来适当调整眉毛的形状和塑造立体感，以确保修饰后的眉毛保持自然美观。

1）下挂眉

①缺陷特征。眉尾低于眉头，呈八字形。

②矫正目的。降低眉头，抬高眉尾，使眉头与眉尾趋于处在同一水平线上。

③矫正方法。修掉眉头上缘多余眉毛，以降低眉头；修掉眉峰至眉尾下缘的眉毛，以抬高眉尾；化眉时，加重眉头与眉腰的下缘线区域的颜色，将眉峰至眉尾上缘的部分调整得较平直，如图 5-149 所示。

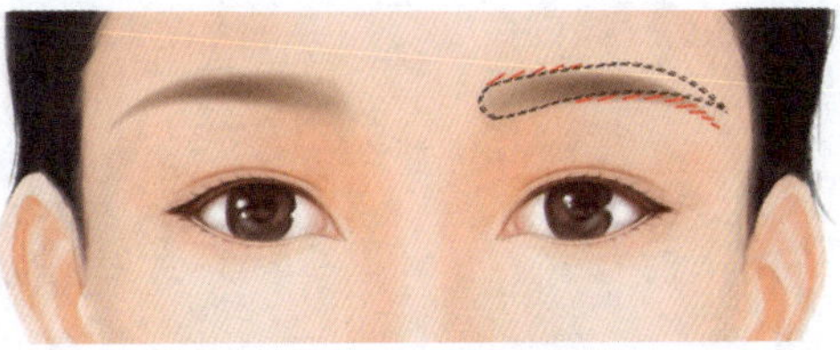
图 5-149　下挂眉矫正

2）上扬眉

①缺陷特征。眉头低，眉尾过高，呈倒八字形。

②矫正目的。降低眉尾高度，使眉头与眉尾趋于处在同一水平线上。

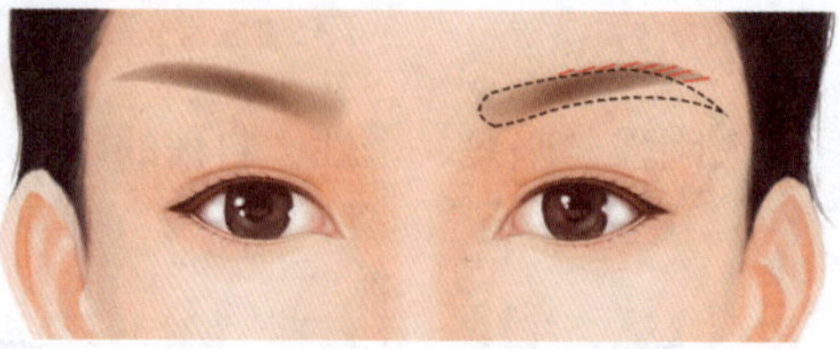

图 5-150　上扬眉矫正

③矫正方法。修掉眉峰至眉尾上缘多余的眉毛；化眉时，加宽眉头上缘和眉峰至眉尾下缘部分，使眉头、眉腰、眉峰和眉尾略带弧度地自然衔接，如图 5-150 所示。

3）残缺眉

①缺陷特征。毛发稀疏或浓密，有残缺或空缺，眉毛过短、眉形不完整、眉毛线条不流畅。

②矫正目的。将残缺部分补全，与原生眉毛自然衔接，呈现完整、自然的眉形。

③矫正方法。设计眉形，选择与眉毛颜色相近的化眉产品，先用眉粉对残缺部分进行填补，再用眉笔按照毛发自然生长方向一根一根画出毛发，与原生眉毛自然衔接。也可先画毛发后用眉粉轻扫，或者全部用线条衔接并刻画出立体感，如图 5-151 所示。

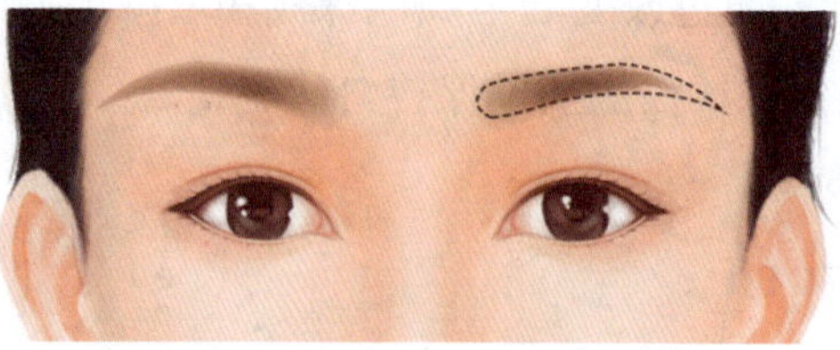

图 5-151　残缺眉矫正

2. 眼形的矫正

眼形矫正应参照原生眼形的基本形状，充分运用线条特性调整眼轮廓形状，再运用明暗关系及色彩特性对眼形进行化妆矫正。

（1）常见眼形及特征

1）圆眼。圆眼的上眼缘呈明显的圆弧形，眼裂较宽，眼睛显圆，给人灵动、活泼的印象，如图 5-152 所示。

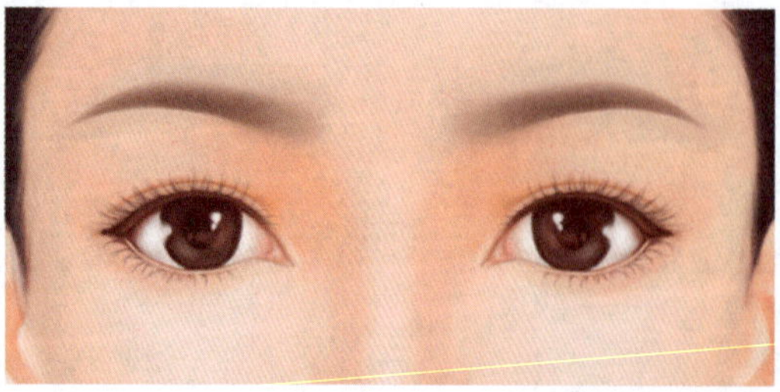

图 5-152　圆眼

2）长眼。长眼的眼裂狭长，上眼缘

的弧度小，眼睛显得细长，给人婉约、秀气的印象，如图 5-153 所示。

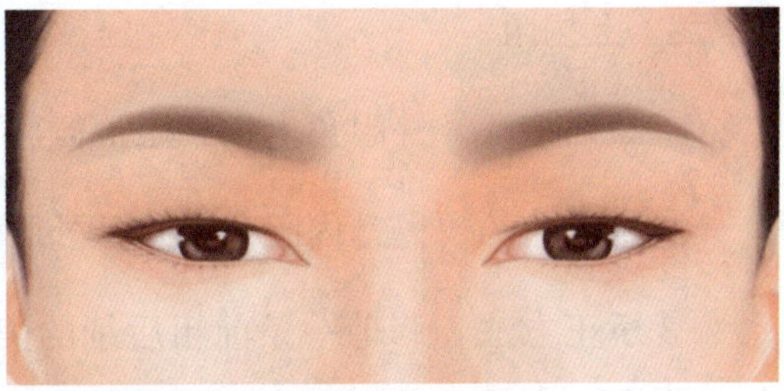

图 5-153　长眼

3）下挂眼。下挂眼又称为垂眼，内眼角高于外眼角，上眼缘尾部倾斜向下，呈低垂状，给人无辜的印象。随着年龄的增长，上眼睑皮肤松弛会引起外眼角下垂而显老，如图 5-154 所示。

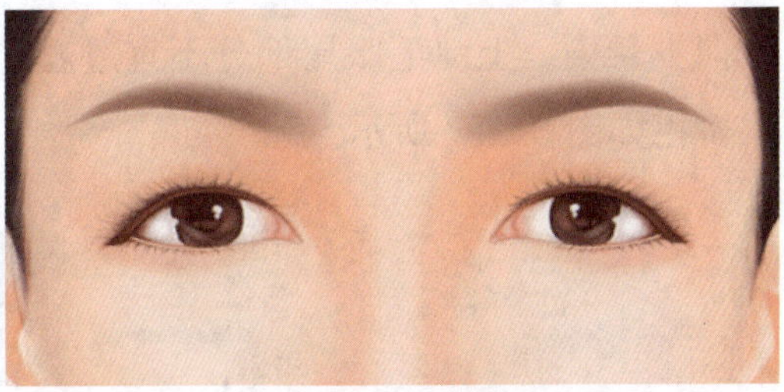

图 5-154　下挂眼

4）上扬眼。上扬眼俗称为丹凤眼，外眼角高于内眼角，眼尾向上倾斜呈飞扬状，常给人精明、凌厉的印象，如图 5-155 所示。

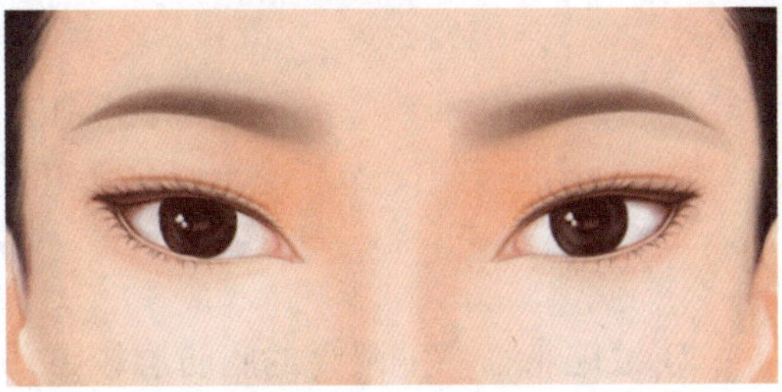

图 5-155　上扬眼

（2）眼形矫正方法

1）下挂眼

①缺陷特征。内眼角高于外眼角，或因上眼睑皮肤松弛导致外眼角下垂。

②矫正目的。降低内眼角，提升外眼角，使内外眼角在视觉上趋于平衡。

③矫正方法。可先用美目贴将外眼角区域的双眼皮加宽，以撑起下挂的眼皮。利用线条特性，调整上眼线角度和宽度，使外眼角自然上扬；下眼线在外眼角处不宜过宽。眼影随眼线调整后的眼形轮廓涂抹，上眼影内眼角范围窄，外眼角范围加宽，眼尾略微上扬。假睫毛随眼线调整后的位置粘贴，提高外眼角。下挂眼矫正如图 5-156 所示。

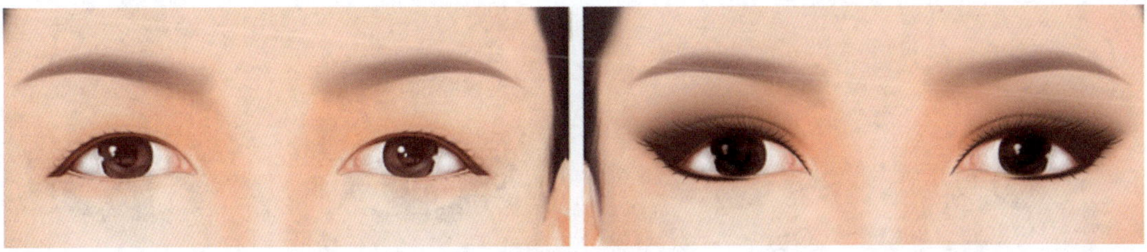

图 5-156　下挂眼矫正

2）上扬眼

①缺陷特征。外眼角上扬，眼形倾斜向上。

②矫正目的。提升内眼角，降低外眼角，使内外眼角在视觉上趋于平衡。

③矫正方法。修剪一条前粗后细的美目贴，增加内眼角宽度。画上眼线时，略微加宽内眼角眼线，至眼睛中间逐渐变细，到外眼角处下拉；下眼线在外眼角处加粗，逐渐向内眼角方向变细，至瞳孔下方消失。上眼影内眼角的晕染范围加宽，至外眼角处向下晕染。上睫毛眼尾部分不宜过翘和过长，下睫毛可强调外眼角的浓密度。上扬眼矫正如图 5-157 所示。

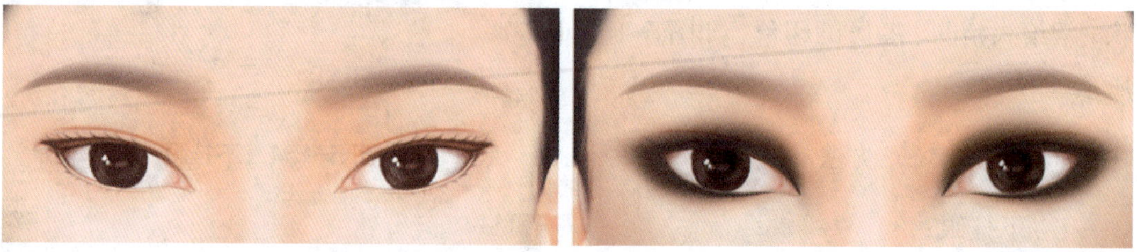

图 5-157　上扬眼矫正

3）肿眼

①缺陷特征。上眼睑的脂肪层较厚，眼部缺乏立体感。

②矫正目的。减弱眼睑的膨突感，加强立体感。

③矫正方法。调整眼睑明暗关系，运用色彩特性，提亮眶上缘、眉弓骨及外眼角轮廓，增强骨感。选择亚光、明度较低的冷色系、中性色眼影，由睫毛根部向周围晕染出由深到浅的渐变层次，并加深眼部轮廓。眼线描绘明显精致，以提升眼睛明亮度，减弱眼睑的浮肿。肿眼矫正如图 5-158 所示。

图 5-158　肿眼矫正

4）凹陷眼

①缺陷特征。对于东方人来说，上眼睑脂肪层薄，眶上缘突出，眼窝凹陷比较显得老气。

②矫正目的。运用色彩特性，调整眼睑明暗关系，以减弱眼窝的凹陷感。

③矫正方法。将明度高的暖色眼影涂抹在眼窝凹陷处增加膨胀感，弱化眼眶上缘，减弱眼窝和眼眶的对比，使眼部结构变柔和。眼线描绘稍粗，有上虚下实感。加强睫毛的浓密感，从而弱化明显的眼窝结构。凹陷眼矫正如图 5–159 所示。

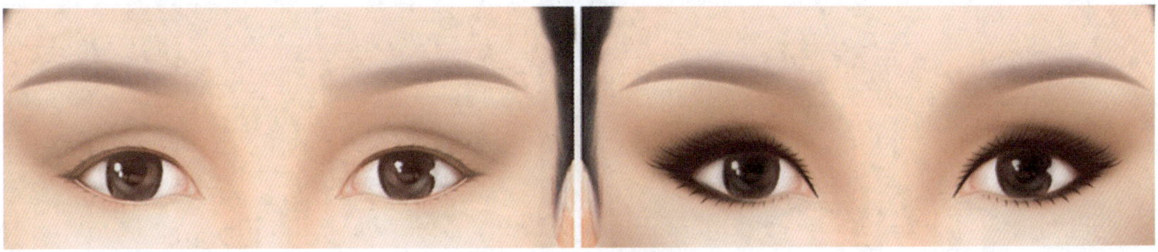

图 5–159　凹陷眼矫正

5）两眼距离过近

①缺陷特征。两眼之间的距离小于一只眼睛的长度，显得拘谨，心思过重。

②矫正目的。弱化内眼角、强调外眼角的修饰，拉开两眼距离。

③矫正方法。两眼距离过近会使鼻梁偏窄，因此，应先淡化鼻根的阴影，鼻梁的提亮色可适当加宽，减弱鼻部的立体感。内眼角用浅色眼影，深色眼影用在外眼角处并向外延展。眼线强调眼尾并适当延长。可以选择浓密纤长型的假睫毛扩大及延展外眼角。也可将眉头稍微修短、减淡，以拉开两眼间的距离。两眼距离过近的矫正如图 5–160 所示。

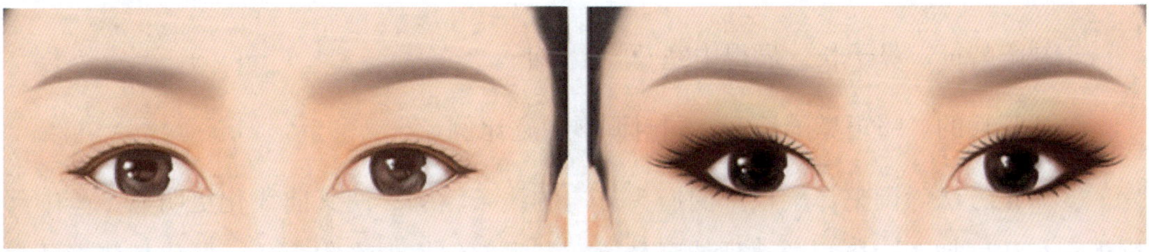

图 5–160　两眼距离过近的矫正

6）两眼距离过远

①缺陷特征。两眼之间的距离大于一只眼睛的长度，显得迟钝，不够聪慧。

②矫正目的。强调内眼角部分的修饰，弱化外眼角，拉近两眼距离。

③矫正方法。加强鼻部立体感。深色眼影用在内眼角。内眼角眼线可适当延长，但要纤细，外眼角的眼线不能延长，眼线的颜色从内眼角往外眼角逐渐由深变浅。不强调眼尾的睫毛，可适当加长两眉头，以拉近两眼的距离。两眼距离过远的矫正如图 5-161 所示。

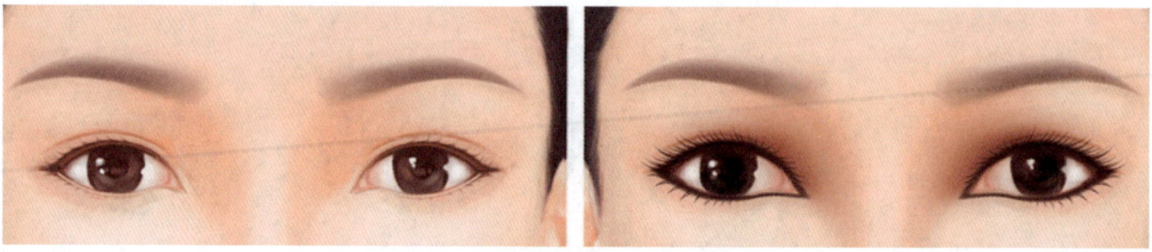

图 5-161 两眼距离过远的矫正

3. 鼻形的矫正

（1）鼻形。鼻部位于面中部突出和醒目的位置，体现面部的立体感。鼻子的大小、长短、高低及形状对面部美感起到决定性作用。受人种、遗传等因素影响，鼻部的形态各异，难以归类。一般认为，理想的鼻形鼻梁挺拔、鼻头圆润，鼻翼大小适当，与五官协调。不理想的鼻形包含过长、过短、过塌、过宽等。鼻形矫正应参照原生鼻子的基本形状，适当运用线条特性调整鼻部轮廓的比例关系，再运用明暗关系及色彩特性对鼻形进行矫正，使鼻形趋于理想。

（2）鼻形矫正方法

1）鼻子过长

①缺陷特征。鼻子长，显得中庭及脸型偏长。

②矫正目的。缩短鼻子长度，同时调整中庭比例。

③矫正方法。调整鼻梁根部向眉头方向的线条轮廓，使其曲线化更明显；鼻中部用提亮色适度加宽，鼻侧影不延伸至鼻翼，鼻尖部位扫少许阴影色，弱化鼻侧影及鼻部高光色与阴影色的对比。如果鼻梁够高或有驼峰则不需要修饰鼻侧影。可适当降低

眉头或眉底线，从视觉上缩短鼻子和中庭。鼻子过长的矫正如图 5-162 所示。

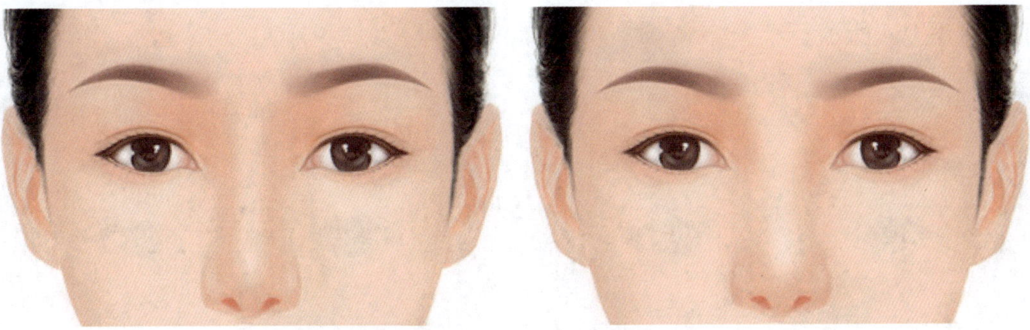

图 5-162　鼻子过长的矫正

2）鼻子过短

①缺陷特征。鼻子短，一般中庭偏短，脸型偏短。

②矫正目的。延长鼻子并加强鼻部立体感。

③矫正方法。鼻梁提亮色从眉间向下一直晕染至鼻尖，高光区域稍窄。鼻侧影从眉头延伸至鼻翼，使鼻子在视觉上有明显的纵向延伸感。也可通过抬高眉头来抬高鼻根位置，与鼻影呼应拉长鼻子。鼻子过短的矫正如图 5-163 所示。

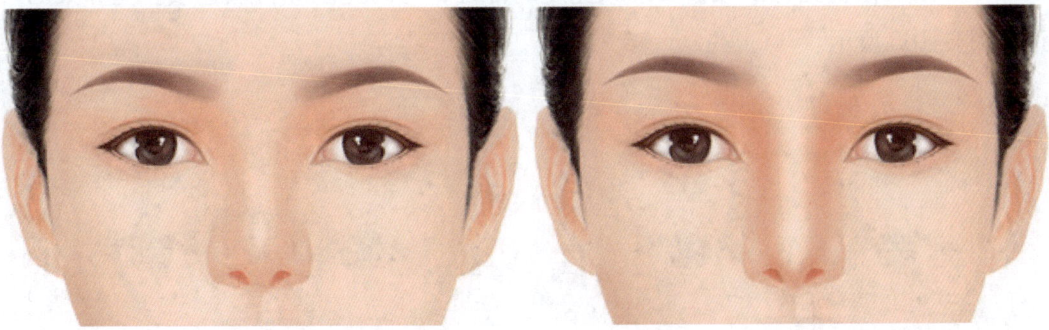

图 5-163　鼻子过短的矫正

3）塌鼻梁

①缺陷特征。因为鼻根、鼻梁低而扁平显得轮廓不清晰，缺乏立体感。

②矫正目的。增加鼻梁高度和立体感。

③矫正方法。鼻梁提亮色从眉间向下一直晕染至鼻尖，再根据鼻梁原生条件分别

在鼻根、鼻骨或鼻尖处涂抹高光色，可用珠光感的眼影提亮，由于亮光的反射可增加鼻梁的突出感。鼻侧影与高光色呼应，产生明暗对比以突出鼻梁的高度。塌鼻梁的矫正如图 5–164 所示。

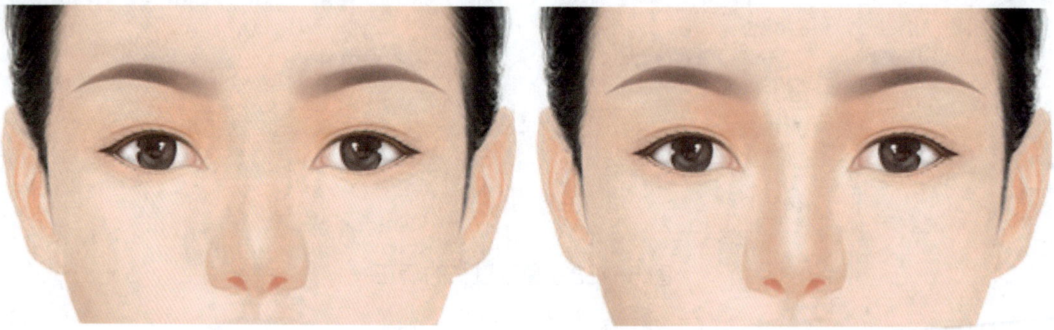

图 5–164　塌鼻梁的矫正

4）宽鼻梁

①缺陷特征。鼻梁较宽，显得五官不够精致，缺乏立体感。

②矫正目的。缩减鼻梁宽度，使鼻部显得立体、精致。

③矫正方法。适当缩减鼻梁提亮色区域的宽度，鼻侧影从眉头延伸至鼻翼，并覆盖部分鼻梁正面，亮色区域需要缩减宽度的部位，与高光区域自然连接。宽鼻梁的矫正如图 5–165 所示。

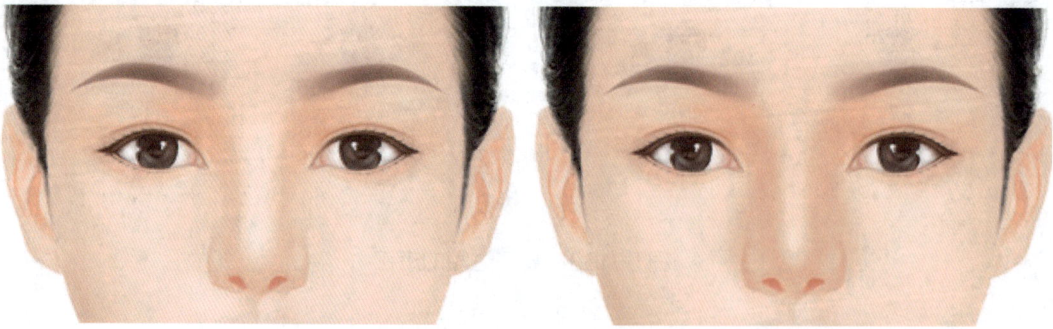

图 5–165　宽鼻梁的矫正

5）窄鼻梁

①缺陷特征。鼻梁宽度过窄，缺乏柔和感。

②矫正目的。增加鼻梁宽度，弱化鼻部立体感。

③矫正方法。加宽鼻梁提亮色区域的宽度，适当修饰鼻侧影，高光色与阴影色对比要弱，如鼻梁过窄则不宜修饰鼻侧影。窄鼻梁的矫正如图 5-166 所示。

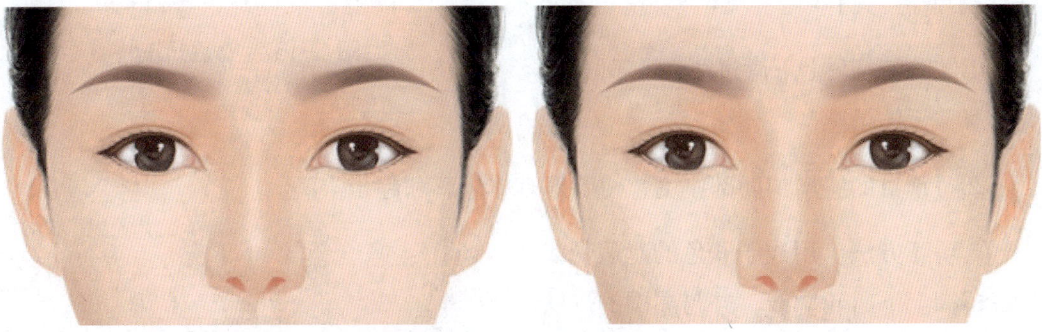

图 5-166　窄鼻梁的矫正

4. 唇形的矫正

（1）唇形。唇形矫正应该遵循自然唇的生理结构，唇形不能随意扩大、缩小及过度进行矫正，只能在唇缘的附近做细微的扩缩调整，不能为了加厚唇部将唇膏涂抹在与黏膜不同质地的皮肤上，也不能为了厚唇减薄形成双唇线而失去真实、自然的美感。应调整唇线弧度至理想形状，再运用明暗关系及色彩特性对唇形进行化妆矫正。

（2）唇形矫正方法

1）厚唇

①缺陷特征。上唇或下唇过厚，有的轮廓不清晰，不对称，或体量过大，比较抢眼。

②矫正目的。缩小轮廓，减轻体量感。

③矫正方法。厚唇矫正的方法有两种，可根据妆容的需要进行选择。

方法一：在打粉底时，用略深于肤色的遮瑕膏或粉底模糊上下唇轮廓线并与周围的皮肤自然衔接，再用蜜粉轻压起到定妆效果。用明度低或亚光唇膏由唇中部由内而外、由深至浅做渐变层次晕染。

方法二：用略深于肤色的遮瑕膏或粉底模糊上下唇轮廓线并与周围的皮肤自然衔接，用蜜粉轻压起到定妆效果，用略深于唇膏颜色的唇线笔，沿着唇内轮廓线描画出理想唇形，轮廓线弧度稍微平直，涂抹亚光或明度低的唇膏，与唇线自然衔接，也可同时适当加深唇中部颜色，从视觉上缩小唇部轮廓。

厚唇矫正如图 5-167 所示。

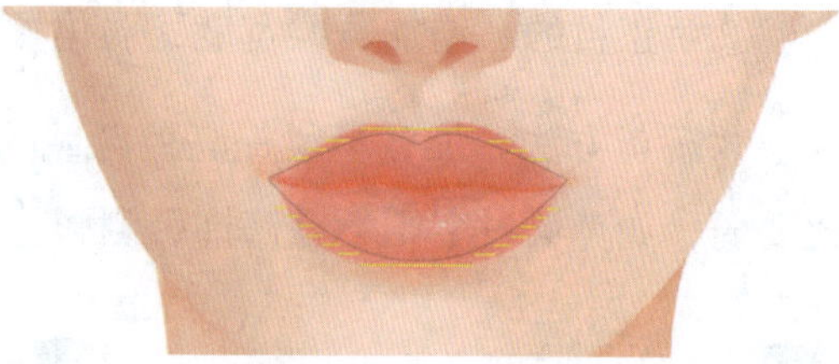

图 5-167　厚唇矫正

2）薄唇

①缺陷特征。上下唇过薄，唇部偏小，太单薄，无体量感。

②矫正目的。增加唇部厚度，使唇部有体量感和趋于丰满。

③矫正方法。用浅于肤色的遮瑕膏或粉底模糊上下唇轮廓线，并与周围的皮肤自然衔接，用蜜粉轻压起到定妆效果。用略深于唇膏颜色的唇线笔在唇缘外勾勒唇线，适度、自然地扩大唇形，再用蜜粉轻压使边缘柔和，然后用明度高或有珠光效果的唇部化妆用品涂抹唇部，也可在唇珠处增加高光效果，利用浅色膨胀、前进的色彩原理完成薄唇的矫正。薄唇矫正如图 5-168 所示。

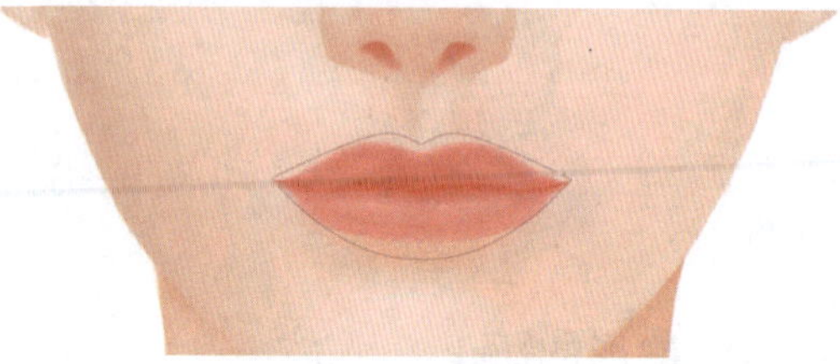

图 5-168　薄唇矫正

3）下挂唇

①缺陷特征。唇角位置偏低，嘴角下挂，面部有下垂感，给人忧愁的印象。

②矫正目的。提升唇角，重塑唇角位置，使唇角有上翘感。

③矫正方法。先用粉底遮盖原唇角，调整唇轮廓线的方向与角度，上唇线从唇角以平缓的弧线与唇峰自然衔接并加宽上唇角，下唇线从唇角以斜线与唇底线自然衔接，收敛提升下唇角，然后用比基础唇色略深的唇膏涂抹在嘴角部位增加立体感，最后用浅色粉底在唇角阴影处进行提亮，加强嘴角上提的视觉。下挂唇矫正如图 5-169 所示。

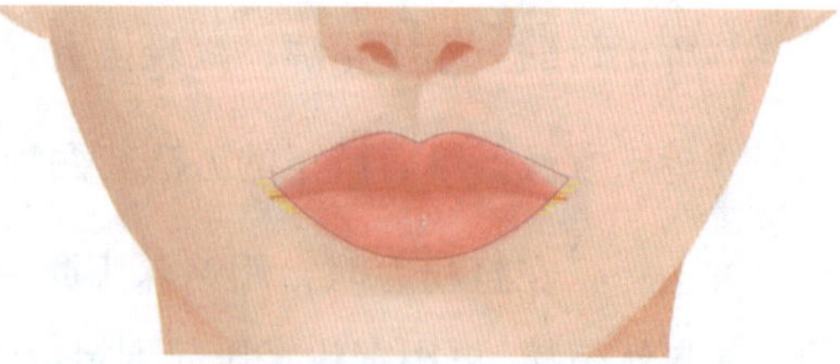

图 5-169　下挂唇矫正